Alimentación y migraciones en Iberoamérica

Alimentación y migraciones en Iberoamérica

F. Xavier Medina (ed.)

EDITORIAL UOC

Director de la colección: F. Xavier Medina

Este libro cuenta con el apoyo académico de la Cátedra UNESCO de Alimentación, Cultura y Desarrollo de la UOC (línea de investigación: alimentación y migraciones internacionales).

Diseño de la colección: Editorial UOC
Diseño del libro y de la cubierta: Sònia Poch

Primera edición en lengua castellana: julio 2014

Gran Via de les Corts Catalanes, 872, 3ª. planta, 08018 Barcelona
http://www.editorialuoc.com

Realización editorial: Oberta UOC Publishing, SL
Maquetación: Oberta UOC Publishing, SL
Impresión:

ISBN: 978-84-9064-235-1
Depósito legal: B-18.595-2014

Silvia Benza

Licenciada en Ciencias Antropológicas (UBA) y magister en Administración Cultural (UBA). Docente de la materia "Socioantropología", Escuela de Nutrición, Facultad de Medicina, Universidad de Buenos Aires (UBA). Integrante del Centro de Investigación para Problemáticas Alimentario-Nutricionales (CISPAN), Facultad de Medicina, UBA, y del equipo de Antropología de las Ciudades, Instituto de Ciencias Antropológicas, Facultad de Filosofía y Letras, UBA. Sus principales publicaciones vinculan los temas de migración con la producción cultural, las prácticas alimentarias, la transmisión de géneros dancísticos y las políticas culturales.

Miriam Bertrán

Licenciada en Nutrición por la Universidad Autónoma Metropolitana de México (UAM) y maestra y doctora en Antropología (Universidad de Barcelona). Profesora investigadora titular del Departamento de Atención a la Salud de la Universidad Autónoma Metropolitana de México UAM-Xochimilco, a cargo del Programa Alimentación y Cultura de la misma universidad. Es miembro activo del Observatorio de la Alimentación (ODELA) de la Universidad de Barcelona, y de la Red de Alimentación y Cultura de la Fundación Osvaldo Cruz de Brasil. Además de su docencia en licenciatura y posgrado en la UAM, ha dado clases en diversas universidades en México, España y Brasil. Sus intereses de investigación son sobre alimentación, cultura y salud; impacto sociocultural de los programas alimentarios, y gastronomía, turismo y desarrollo social.

Juanjo Cáceres

Doctor en Historia por la Universidad de Barcelona, diplomado en Ciencias Empresariales y máster en Investigación de Empresas. Ha dedicado su labor profesional a la investigación social aplicada a la alimentación y otros aspectos de los estilos de vida. Es autor de decenas de publicaciones, entre las que se encuentran artículos en revistas científicas especializadas y libros de divulgación como *Comensales, consumidores y ciudadanos* (2010), junto a Elena Espeitx, o *Comer y correr* (2014), junto a Julio Basulto. También ha participado en diferentes proyectos de investigación, en colaboración con universidades y administraciones públicas, y es colaborador docente de la Universitat Oberta de Catalunya.

Marilda Checcucci Gonçalves da Silva

Doctora en Antropología por la Universidade Estadual de Campinas (Brasil). Profesora de la maestría y del doctorado en Desarrollo Regional de la Universidade de Blumenau-Santa Catarina, y directora del grupo de investigación "Patrimonio

Cultural, Memoria, Identidad y Desarrollo Regional" (CNPq) de la misma universidad. Investigadora del: *Grupo de Pesquisas e Estudos Culturais* (CRISOL) de la Universidade Federal do Maranhão (UFMA). Miembro del grupo permanente de estudios "Patrimônios e Museus", vinculado a la Asociación Brasileña de Antropología (ABA). Estancia postdoctoral en la Universitat Oberta de Catalunya (UOC, Barcelona) dentro del programa de investigación "Alimentación y migraciones internacionales".

Elena Espeitx

Licenciada en Antropología (UB), licenciada en Psicología (UOC) y doctora en Antropología (UB). Profesora en el grado de Psicología, de la Universidad de Zaragoza. Ha participado y coordinado diversos proyectos de investigación, de ámbito nacional e internacional, sobre las dimensiones psicosociales y culturales de los comportamientos alimentarios, y es autora de numerosas publicaciones sobre cultura alimentaria. Miembro de la Sociedad para el Estudio Interdisciplinar de la Alimentación y los Hábitos Sociales (SEIAHS), y miembro del Grupo de Investigación de la Universidad de Zaragoza "Bienestar y Capital Social". Entre sus actuales líneas de investigación se encuentran las actitudes y representaciones de los ciudadanos ante la seguridad alimentaria y los efectos de la migración en los comportamientos alimentarios.

Nelly A. Flores

Licenciada en Nutrición Humana por la Universidad Autónoma Metropolitana de México UAM-Xochimilco y maestra en Salud Pública con área de concentración en Nutrición por el Instituto Nacional de Salud Pública. Ha participado en el Centro de Capacitación Integral para Promotores Comunitarios (CECIPROC) del Instituto Nacional de Ciencias Médicas y Nutrición Salvador Zubirán, y en el proyecto de investigación "Percepciones y prácticas alimentarias en población de estrato medio-bajo en México". Actualmente colabora en el programa de Alimentación y Cultura de la Universidad Autónoma Metropolitana, UAM-Xochimilco.

Catherine S. Gallin

Nació y creció en Nueva York y se licenció en Literatura y Lenguas Románicas en Carleton College, en Minnesota, EE. UU. En el 2009, se trasladó a Madrid con la beca J. William Fulbright y actualmente reside en Barcelona. Cursó el máster en Historia y Cultura de la Alimentación, en la Universidad de Barcelona y actualmente se está doctorando en Antropología Alimentaria en la Universidad de Barcelona. Es educadora y ha trabajado en varios ámbitos, desde granjas-escuela hasta las aulas tradicionales. Actualmente es profesora de inglés a través de las artes y también trabaja de panadera e impartiendo talleres de cocina y cultura a niños y adultos. Ha presentado sus proyectos sobre la comida, las migraciones judías, y la identidad alimentaria en talleres y congresos en Canadá, Grecia, Alemania y España.

Esther Katz

Licenciada, maestra y doctora en Antropología Social por la Universidad de Paris-X. Investigadora titular en el IRD (*Institut de Recherche pour le Développement*) en el equipo conjunto IRD/MNHN UMR 208 PALOC (Patrimonios Locales), ubicado en el MNHN (Museo Nacional de Historia Natural) en Paris. Sus principales temas de investigación se han centrado en la relación entre sociedades y medio ambiente (antropología de la alimentación, etnobotánica, antropología del clima). Actualmente investiga los cambios alimentarios y los procesos de patrimonialización de la alimentación en Brasil y México. Ha llevado a cabo investigaciones también en Centroamérica, el Congo, Indonesia y Laos.

Miguel Lisbona

Licenciado en Historia por la Universidad de Barcelona y maestro y doctor en Antropología por la Universidad Nacional Autónoma de México (UNAM). Investigador de la UNAM, actualmente es director del Centro Peninsular en Humanidades y en Ciencias Sociales (CEPHCIS) en Mérida (Yucatán). Miembro del Sistema Nacional de Investigadores de México desde 1998. Premio Fray Bernardino de Sahagún del Instituto Nacional de Antropología e Historia (INAH) 2006 a la Mejor Investigación. Docente y conferenciante, investiga la diversidad religiosa y étnica, así como sobre la historia cultural del sureste mexicano desde principios del siglo XX. Es autor de numerosas publicaciones relacionadas con el sureste de México.

Julián López García

Profesor titular de Antropología social en la Universidad Nacional de Educación a Distancia (UNED) en Madrid, y en la Universidad de Córdoba (en excedencia). Ha centrado sus investigaciones en el oriente de Guatemala, preferentemente sobre valores simbólicos de la comida y sobre el hambre. Actualmente es investigador principal en el proyecto de I+D+I nacional "Los pueblos indígenas y la modernidad en América Latina". Entre sus publicaciones cabe señalar los libros, *Símbolos en la comida indígena guatemalteca*, y *Alimentación y Sociedad en Iberoamérica y España. Cinco etnografías de la comida y la cocina.*

Lorenzo Mariano Juárez

Doctor en Antropología Social, es profesor en la Facultad de Terapia Ocupacional, Logopedia y Enfermería de la Universidad de Castilla-La Mancha, en Talavera de la Reina. Profesor visitante en la Universidad San Carlos de Guatemala desde el

2006. *Visiting scholar* en el Center for Human Rights and Peace Studies, en CUNY, New York. Trabaja desde el 2004 en la región Maya Ch'orti' del oriente de Guatemala, interesado en cuestiones como el hambre, la antropología del desarrollo o las lógicas y sentidos de la violencia, ámbitos que constituyen sus líneas de investigación americanista. En España participa en proyectos de investigación en el área de la salud: los diálogos interculturales y la medicina basada en narrativas.

Diana Mata-Codesal

Investigadora asociada al Centro de Investigaciones Multidisciplinares de la Universidad Autónoma de México y al Instituto de Derechos Humanos de la Universidad de Deusto. Doctora y máster en Estudios sobre Migraciones por la Universidad de Sussex, sus principales temas de investigación son alimentación y migraciones, remesas y transferencias migrantes, así como procesos de movilidad e inmovilidad humana, todo ello en el contexto de las migraciones latinoamericanas a Europa y Estados Unidos.

F. Xavier Medina

Licenciado y doctor en Antropología Social (Universidad de Barcelona). Director académico y de programas y profesor del Departamento de Sistemas Alimentarios, Cultura y Sociedad, Estudios de Ciencias de la Salud de la Universitat Oberta de Catalunya (UOC), Barcelona. Director de la Cátedra UNESCO de Alimentación, Cultura y Desarrollo. Presidente para Europa de la International Commission on the Anthropology of Food and Nutrition (ICAF). Autor de numerosas publicaciones sobre cultura alimentaria, entre las cuales las migraciones han sido uno de sus ejes de investigación más destacados.

Cecilia Montero

Doctora en Antropología Social por la Universidad de Barcelona. Sus estudios y trabajos de campo nacen en la zona andina y amazónica, donde forma profesores en educación bilingüe intercultural. En Barcelona, entre el 2000 y el 2008, dedicó su investigación a la alimentación de los inmigrantes en contacto con la población autóctona barcelonesa. Actualmente investiga, además de temas alimentarios y migratorios, sobre los matrimonios mixtos, la visión pública de la antropología o el reciclaje, el arte y el medioambiente. Tutora del grado de Antropología en la UNED.

Danielle Provansal

Profesora titular de Antropología social en la Universidad de Barcelona entre 1977 y el 2006, ha realizado trabajo de campo en Argelia, en Andalucía oriental y en Barcelona. Ha sido investigadora invitada en la universidad europea de Florencia

(Italia), en l'Ecole des Hautes Etudes en Sciences Sociales (EHESS, París), en el Laboratorio de Antropología social del Collège de France (París, 1994-1995) y en la Universidad de California, Berkeley (1995). Entre sus numerosas publicaciones destaca su libro *Els Mercats de Barcelona.*

Gloria Sammartino

Antropóloga y candidata a doctora en Antropología Social (Universidad de Buenos Aires) sobre los alimentos locales del área andina de Argentina. Profesora de la licenciatura de Nutrición-CISPAN (Centro de Investigación sobre Problemáticas Alimentarias) de la Universidad de Buenos Aires. Ha trabajado en diferentes proyectos de investigación vinculados a problemáticas alimentarias y es autora de diversos artículos.

Tiago Silveiro de Oliveira

Antropólogo y miembro del CRIA/FCSH. Licenciado (2007) y máster (2009) en Antropología por la Faculdade de Ciências Sociais e Humanas (FCSH) de la Universidade Nova de Lisboa (UNL). Fue distinguido por la misma institución como Melhor Mestre em Antropologia (2009-2010). Desde enero del 2012 tiene una beca de la Fundação para a Ciência e a Tecnologia (FCT) y trabaja en su doctorado europeo conjunto entre la Universidade Nova de Lisboa y la Universitat Oberta de Catalunya sobre la relación entre migración, alimentación, identidad y memoria en las comunidades de migrantes de Cabo Verde.

José A. Vázquez

Licenciado en Gastronomía por el Instituto Culinario de México, máster universitario en Historia y Cultura de la Alimentación por la Universidad de Barcelona, en convenio con la Universidad Francois Rabelais (Francia) y la Universidad de Bolonia (Italia), y experto universitario en Migraciones y Alimentación por la Universitat Oberta de Catalunya (UOC), en Barcelona. Ha trabajado en el sector alimentario en México y España, y ha sido también docente en universidades públicas y privadas en México. Actualmente asesora el proyecto de declaratoria de la cocina potosina como patrimonio inmaterial en la Secretaría de Cultura de San Luis Potosí y desarrolla su tesis doctoral en la Universidad de Barcelona, sobre la nostalgia culinaria como eje de poder y género en el contexto migratorio trasnacional México-Estados Unidos.

Ars Alimentaria

La alimentación es uno de los aspectos más ricos de la cultura y de la sociedad. Desde esta premisa inicial, el Departamento de Sistemas Alimentarios, Cultura y Sociedad de la UOC, conjuntamente con la Cátedra UNESCO de Alimentación, Cultura y Desarrollo, ha desarrollado una línea editorial sobre alimentación, entendida como hecho transversal, que afecta a todos los aspectos y a todas las etapas de la vida.

Esta colección nace con una voluntad interdisciplinaria, abierta y desmitificadora. Por un lado, la de dar información clara y precisa sobre los diversos aspectos que rodean el hecho alimentario. Por otra parte, se pretende ofrecer los máximos puntos de vista posibles sobre una temática que dista mucho de ser unidimensional.

La alimentación es un universo de conocimientos, de leyes y de reglas, al mismo tiempo natural y sociocultural; un lugar de encuentro y de síntesis de lo biológico, lo económico, lo social y lo cultural. Mucho más allá de los tópicos, la alimentación queda situada, sin duda, dentro del marco de las relaciones sociales de los individuos y de los grupos.

Índice

Capítulo I
Introducción. Alimentación y migraciones en Iberoamérica: nuevas perspectivas sobre eternos temas

F. Xavier Medina

Migrar es, posiblemente, un hecho casi tan antiguo como el de alimentarse. Las migraciones son siempre procesos extremadamente complejos y, a pesar de que tendemos a homogeneizarlas y etiquetarlas, podría entenderse que sus causas son casi tan diversas como las distintas trayectorias migrantes. Vivir transnacionalmente significa en ocasiones una multiplicidad de pertenencias[1] (ser de aquí y de allí simultáneamente) y otras veces genera sensación de desarraigo, al no ser del todo ni de aquí ni de allí. La migración tampoco implica un único punto de destino (estos pueden ser múltiples, diversos, e incluso sucesivos o alternativos), sino un presente migrante; ni necesariamente un proyecto fijo, o una voluntad de regreso al país de origen en algún momento, contando además con que buena parte de las migraciones que se dan hoy en día son de ida y vuelta, y hacia territorios que quizás no imaginaríamos necesariamente como receptores de migración. En este sentido, entendemos con Ulrich Beck que la cultura, siempre dúctil y en continuo movimiento, debe ser vista como un proceso o como un flujo inestable que acompaña la complejización de los sistemas sociales y, a menudo, la tendencia a una cierta *individualización institucionalizada* (Beck, 2001). Y las migraciones, como parte de la cultura, no son una excepción.

1. Ved al respecto el interesante trabajo biográfico de un migrante transnacional llevado a cabo por Gaspar Maza (2008).

El lugar de "origen" (sea este sentido como sea sentido) y los nexos con él, se viven de forma distinta y son reelaborados, reconstruidos, imaginados desde la distancia. Las trayectorias migrantes mismas, y la experiencia personal y/o grupal en los distintos contextos de residencia, marcan tanto los presentes migrantes como los proyectos de futuro. Y de esta misma manera se reconstruyen, en función del tiempo, del espacio y del contexto social y personal, las relaciones sociales y las celebraciones alimentarias.

Es cierto que, como señala Claude Fischler, la alimentación "es central en nuestro sentido de identidad. La manera en la que un grupo humano específico come, ayuda a afirmar su diversidad, jerarquía y organización y, al mismo tiempo, tanto su unidad interna como la alteridad frente a todo aquel que come de manera diferente" (Fischler, 1988: 275).

El mismo autor señala, sin embargo, que las transformaciones alimentarias y la adopción de nuevos alimentos o de nuevos modos de consumo crece en la población en general –incluidos los migrantes–, aunque persiste una cierta creencia en la *perennidad* (las *permanencias*) de la alimentación de los grupos socioculturales (*cf.* Fischler, 1995: 151 y ss.).

Como señalaba Calvo (1982), en una situación de migración, las prácticas alimentarias parecen ser de los factores cuyo cambio y/o aculturación presentan unas variaciones más lentas, una mayor permanencia. En un contexto como este, sin embargo, hace ya tiempo que se han levantado voces que relativizan el papel de las permanencias o continuidades en el marco general de la alimentación de los migrantes. En otro lugar (*cf.* Crenn, Hassoun y Medina, 2010) mostramos cómo las reformulaciones (no digamos ya las hibridaciones) no son en sí mismas continuidades, ni las rupturas ni las adopciones de las alimentaciones locales proceden tampoco de trayectorias puras. Los migrantes, como el resto de la población, plantean sus estrategias alimentarias atendiendo a distintos factores, entre los cuales su cualidad de migrantes es tan solo uno de de ellos. No se trata, pues, de una disyuntiva maniquea entre continuidad y ruptura, sino que las posibilidades intermedias son tan abundantes como interesantes, dependiendo de las personas, los grupos, las situaciones y los contextos.

En este sentido, y tal y como expresan Cáceres y Espeitx en esta misma obra, los cambios descritos entre la alimentación en origen y la alimentación en la sociedad de acogida son el resultado de diferentes dinámicas relacionadas con una oferta alimentaria distinta; por un lado, con la influencia de una cultura alimentaria diferente y, por el otro, con cambios en la estructura del hogar y en los estilos de vida, derivados de la incorporación a la sociedad de acogida y del mismo proceso migratorio. Y a todo ello, sumamos las trayectorias grupales y voluntaristas que aglutinan a su alrededor identidades, nostalgias, encuentros, comensalidades y momentos compartidos.

Asistimos por lo tanto a procesos complejos que, aun yendo en direcciones distintas, no son en absoluto contradictorios entre sí (más bien al contrario, son ampliamente complementarios) y que se enmarcan en las distintas construcciones de la realidad que los diferentes contextos sociales y culturales y las situaciones específicas permiten.

Este libro nace de un proyecto sobre migraciones y culturas alimentarias en Iberoamérica (incluyendo España y Portugal) iniciado en el 2009 y ligado en su última fase a la Cátedra UNESCO de Alimentación, Cultura y Desarrollo de la Universitat Oberta de Catalunya (UOC). Algunos de los textos publicados en este libro nacen directamente de este proyecto, mientras que algunos otros, de carácter claramente complementario, han sido invitados a participar y a dialogar en la misma obra. De este modo, el libro que aquí se inicia responde a distintas necesidades y objetivos. Por un lado, es una de las muy pocas obras en lengua castellana que se dedican específicamente al análisis de las culturas alimentarias en situación de migración, cubriendo así un hueco necesario en la bibliografía existente. Por otro lado, este libro intenta reunir en un mismo espacio y de manera dialogante los trabajos de distintos especialistas que se han dedicado al tema de la alimentación y las migraciones desde diferentes puntos de vista; trabajos que en muy pocas ocasiones han visto la posibilidad de situarse en un mismo contexto y en una situación que permita una revisión y una comparación conjuntas. E igualmente, a partir de esta situación, podemos articular también la detección de determinados ejes temáticos que aparecen vinculados a las distintas visiones de los diferentes investigadores, en distintos territorios y posiblemente con distintos intereses: permanencias y rupturas en los hábitos alimentarios; fronteras alimentarias; aprovisionamiento; etnicidad; nostalgia; restauración, etc. En las líneas que siguen analizaremos algunos de estos aspectos ligados tanto a los focos de atención de los distintos artículos que componen esta obra como a la filosofía general de la misma.

1. Alimentación y migración: fronteras e identidades

En un contexto de modernidad alimentaria, delimitar fronteras en torno a los consumos alimentarios es tarea harto compleja. Como señala Tiago S. de Oliveira en esta misma obra, la modernidad alimentaria, la diversidad de los bienes de alimentación, la variedad gastronómica en un contexto global, así como la alteración de los ritmos y de los territorios alimentarios, hace que el sujeto tenga una identidad cada vez más fragmentada, y que lo que se llama *comida tradicional* asuma nuevas perspectivas identitarias y nuevos simbolismos, donde incluso comprobamos una hibridación de consumos y territorios alimentarios.

Los alimentos se asumen y se verbalizan, de este modo, por los propios actores, como parte de identidades que se reconstruyen en los nuevos contextos sobre la base de las posibilidades existentes y los contactos disponibles (Medina, 2002). Vemos, sin embargo, que para que unos alimentos específicos adquieran dicha cualidad de identificadores deben haber sido, en primer término, interiorizados y asimilados desde dentro del grupo como "propios" y haber adquirido, siguiendo a Kaplan y Carrasco (1999: 12), el rango de "tradicionales"; entendiendo dicha tradición como el conjunto de normas y prácticas –de alto valor simbólico– compartido y ejecutado por un grupo en un período vivido o imaginado como estable, que llena de contenido su propia autoimagen en el presente.

Con relación a la migración, vemos que esta mencionada *tradición* alimentaria se refiere tanto al lugar de origen como a la memoria colectiva –la tradición siempre es grupal, compartida– y sirve a los miembros del grupo tanto como recreación interna –lo "nuestro" entre nosotros– como de presentación ante los demás y de creación de fronteras culturales –lo "nuestro" ante los otros.

Todos estos aspectos se construyen en el interior del colectivo y corresponden únicamente a esta parte de su realidad. Se asumen y se verbalizan como tales, pero no son, evidentemente, ni la única realidad ni las únicas prácticas posibles. Las estrategias cotidianas responden a criterios y a intereses diversos –a identidades cada vez más fragmentadas, como afirmaba de Oliveira más arriba–, y la cotidianidad está compuesta por distintos momentos y distintas necesidades que requieren distintas respuestas y adaptaciones. De este modo, tal y como señala Millán (2000: 76-77), la alimentación identitaria se ostenta en el ámbito ceremonial, colectivo, mientras que la alimentación cotidiana tiende a homologarse o a estandarizarse.

Pero los migrantes, por su parte, son también agentes de cambio social y de introducción y circulación de productos y de nuevos hábitos alimentarios. Esther Katz, por ejemplo, muestra en su artículo sobre las migraciones entre la Mixteca Alta oaxaqueña y los Estados Unidos cómo, por un lado, los migrantes se hacen traer del pueblo aquellos alimentos que consideran necesarios para reproducir en la migración la comida de su región; pero, por otro lado, señala también cómo ellos mismos son, a su regreso a sus localidades de origen, quienes introducen el gusto por el consumo de determinados alimentos norteamericanos a los cuales se han acostumbrado durante su estancia en el norte[2].

2. Aprovisionamientos

Como afirman Julián López y Lorenzo Mariano en esta misma obra, algunos enfoques sobre el cambio alimentario sostienen que la alimentación está expuesta a modificaciones a medida que se producen cambios en los elementos que la determinan. En los procesos migratorios, la alimentación y las prácticas construidas alrededor de la comensalidad son dependientes de los nuevos

2. Es de destacar, asimismo, que López y Mariano destacan justo lo contrario para el caso de los migrantes cho'orti retornados a sus localidades de origen en Guatemala desde los Estados Unidos.

contextos, como la disponibilidad de alimentos o el presupuesto para los mismos.

Si bien parece ser cierto que, de algún modo, los hábitos alimentarios tienden a mantenerse –a menudo de manera voluntarista–, también lo es el hecho de que modificar el contexto impone también a menudo una modificación –o al menos algunos cambios o restricciones– de los ingredientes, según la disponibilidad de los mismos en el lugar de destino (*cf.* Raulin, 1987).

El aprovisionamiento se convierte, de este modo, en el lugar de residencia, en un aspecto importante, tanto de manera grupal como individual, para el mantenimiento de las propias trayectorias alimentarias. Miriam Bertran y Nelly Flores señalan en su artículo en este libro, dedicado a las migraciones en la Ciudad de México, cómo los migrantes se constituyen ellos mismos agentes en la distribución de alimentos y de la transmisión de información sobre ellos. Y este es el caso también de muchos comercios promovidos por migrantes y relacionados con la alimentación.

Aunque comúnmente se considera que los patrones alimentarios aprendidos en la infancia marcan con gran fuerza las preferencias (Fischler, 1995), se observa también que la simple modificación de la oferta alimentaria y los problemas de aprovisionamiento –entre otros aspectos– pueden trastocarlos con aparente facilidad. Es necesario señalar, sin embargo, que si bien algunos de estos ingredientes pueden variar –y de hecho varían, tal como puede leerse en buena parte de los artículos que componen este libro–, buena parte de los procedimientos culinarios se mantienen y se utilizan de manera cotidiana, o cuando menos frecuente. En este sentido, y tal como señala González Turmo (1993), no podemos olvidar que muchas de nuestras cocinas están hechas más de procedimientos que de recetas. Tienen, así, una gran facilidad para adoptar nuevas materias primas a sus usos de siempre.

De este modo, Marilda Ceccucchi, en su artículo, nos comenta cómo un importante aspecto que observó sobre la "comida brasileña" que los brasileños afirmaban comer en Barcelona, era que a menudo los productos utilizados no eran de origen brasileño, sino productos locales (o foráneos comprados localmente) que funcionaban como sustitutos, intentando que estuviesen lo más cerca posible del gusto brasileño y cocinándolos utilizando los procedimientos reconocidos por ellos mismos como tradicionales.

3. Etnicidad y nostalgia

Señalaba Annie Hubert (2000: 10) que "(...) es al abandonar la propia cultura cuando uno se da cuenta de la importancia de su cocina. Los sabores que reafirman, que aseguran, las sustancias, las técnicas familiares, que reconfortan el alma, son esenciales para el bienestar, para la felicidad. Los antiguos esclavos negros de América tenían una hermosa expresión para ello: *soul food*, el alimento del alma. Es por ello por lo que, sin duda, la identidad culinaria perdura tanto entre los emigrantes".

La evocación a través de la alimentación marca las relaciones sociales y la reconstrucción identitaria en territorios y tiempos migrantes. El papel de la etnicidad, de las identidades, continúa estando en la base de las vivencias migratorias de los actores. Se trata en todos los casos de una construcción, de una elaboración cultural sobre la base de parámetros que, si bien pueden diferir en cada caso, distan mucho de ser aleatorios. Como señala Maffesoli (1990), se trata de una recreación social del "estar juntos", de la creación de un "nosotros" adaptado al tiempo y al espacio.

En otro lugar (Medina, 2002) expusimos ya que, mediante los fenómenos migratorios, la unidad espacial del grupo queda alterada, abocando a los actores a nuevas necesidades y formas de recreación de la identidad. Desde esta perspectiva, vemos cómo los comportamientos, las prácticas alimentarias en una situación de emigración sufren un proceso de reorganización a todos los niveles. Sin embargo y desde nuestro punto de vista, el sistema alimentario de los grupos migrantes se somete a una dinámica que le es propia, incluso si no se diferencia, en ocasiones, del de la sociedad receptora en sus elementos estructurales más importantes. Así, cada grupo posee un marco referencial que guía la elección de sus alimentos –algunos de ellos, compartidos por otros grupos; otros son (o se consideran como) exclusivos– del cual el conjunto constituye un corpus más o menos estructurado de criterios que le pertenecen y que, asimismo, le confieren una particularidad diferencial, distintiva.

Pero el marco en el cual nos movemos aquí es siempre el grupal. Como algunos de los artículos de este libro señalan, cocinar los platos "identitarios" en origen para una persona sola "no tiene ningún sentido". Es necesario, pues, el grupo para la recreación.

Diversos artículos aquí publicados centran su objeto de investigación más o menos directamente en el tema de la nostalgia y de las identidades alimentarias (Vázquez, de Oliveira, Mata Codesal, Lisbona, Gallin, pero también Ceccucchi, Sammatino y Benza o López y Mariano). Algunos de estos artículos señalan cómo la comensalidad, en un contexto migratorio, se convierte en uno de los momentos más fuertemente socializados de todo el sistema alimentario, dando sentido a la homogeneidad del grupo incluso en escenarios poco visibles y adversos a la convivialidad. Dicha comensalidad es, por lo tanto, una parte importante de la socialización, del establecimiento y del mantenimiento de lazos sociales y de estrategias, que van evidentemente mucho más allá de la alimentación, pero que se refuerzan a través de esta. Como señala el sociólogo francés Michel Maffesoli: "La sociabilidad es particularmente intimista. Lo mismo ocurre cuando queremos estrechar lazos o recordar eso que nos es común a todos. A este respecto, la comida es un verdadero sacramento (...) Técnica simbólica por excelencia, diremos de una manera más moderna. La comida es aquí metáfora de (...) todo lo que pone de relieve el calor afectivo, o al menos lo que muestra que este ocupa un lugar preferente en la estructuración o el objetivo social" (Maffesoli, 1990: 159).

Sin embargo, vemos cómo, dependiendo de la perspectiva y del enfoque, las situaciones varían; por un lado, la alimentación identitaria se desarrolla en el ámbito grupal, colectivo, incluso ritual; mientras que la alimentación cotidiana responde a parámetros más prácticos y tiende a homologarse o a estandarizarse. Así, por ejemplo, en un fructífero diálogo, tenemos los artículos de Diana Mata Codesal sobre los ecuatorianos en Santander, y de Juanjo Cáceres y Elena Espeitx sobre los migrantes de esta misma nacionalidad en Barcelona. Diana Mata enfoca el tema de los alimentos identificadores, del "estar juntos" y de la alimentación vinculada con la vida grupal, observando cómo la comida ecuatoriana tiene la habilidad de hacer que las personas ecuatorianas en Santander se sientan como "si estuvieran en Ecuador", mientras que la capacidad de los alimentos españoles para que se sientan integrados, "de aquí" (en el nuevo contexto de residencia) es mucho más débil. Por su parte, Cáceres y Espeitx muestran cómo, a pesar de que los ecuatorianos entrevistados afirmaban seguir comiendo "como siempre", se pone en evidencia que (fuera del ámbito grupal) habían experimentado realmente cambios notables en su alimentación: abandono o disminución de un buen número de productos consumidos en origen, por un lado, e introducción o incremento del consumo de otros, más accesibles en la sociedad de acogida que en origen.

Por otro lado, no es necesario destacar que distintos aspectos sociales, como puede ser la subdivisión interna en función del género, influyen también marcadamente en la vivencia de los propios migrantes. En diferentes artículos se destaca especialmente el papel de la mujer o del varón y sus modificaciones, tanto en la preparación de la comida en sentido práctico, como en el recuerdo nostálgico de un pasado alimentario en el origen. De este modo, López y Mariano muestran cómo los migrantes cho'orti guatemaltecos en los Estados Unidos *echan tortillas* e incluso *tortean* como mujeres, algo inimaginable en el lugar de origen, incluso aunque se pase hambre. Por otro lado, Ceccucchi o de Oliveira ponen en todo momento de manifiesto los recuerdos de la cocina de la madre o de la abuela entre sus informantes, convertidas estas en paradigma de la cocina auténtica y sabrosa del origen y, por lo tanto, en objeto de la nostalgia de la comida "de allá" y de un tiempo y un espacio frecuentemente más ligado a lo emocional.

Vemos, en este sentido, cómo las distintas realidades se superponen y también cómo los focos de atención se centran en uno u otro aspecto, dependiendo de aquello que se quiere o que se necesita destacar. Y ello sin que en ningún momento nada de lo expuesto tenga que resultar en absoluto contradictorio, sino más bien al contrario, complementario.

4. Espacios, contactos e hibridaciones: los restaurantes y los mercados como espacios de análisis de las realidades migrantes

Señala el antropólogo francés Jean-Pierre Hassoun (2014) en su reciente introducción a un dosier académico internacional sobre restaurantes, que estos son lugares sociales que permiten afirmar el estatus, la pertenencia comunitaria o afiliación política, y que son espejo de la historia y las transformaciones urbanas... El restaurante es pues, según este autor, un "espacio social total" donde pueden leerse los comportamientos y las relaciones humanas.

Desde nuestra perspectiva migrante, los restaurantes pueden ser considerados como espacios sociales trasnacionales con rasgos propios, donde se hacen visibles las nuevas dinámicas sociales asociadas al fenómeno alimentario y donde, como señala Vázquez en su artículo, no solo se hacen explícitas las manifestaciones de la nostalgia culinaria que impacta en las prácticas alimentarias de los migrantes, sino que, en el deseo de recrear el lugar de origen, se van configurando nuevas identidades alimentarias asociadas al fenómeno migratorio trasnacional.

Los restaurantes son ante todo establecimientos comerciales y su objetivo económico está claro. Pueden responder, sin embargo, a diferentes necesidades y enfoques, y dirigirse a unos públicos concretos y/o a unos segmentos sociales más que a otros. En este sentido, y en función de la clase social, el artículo de Sammartino y Benza en esta misma obra nos muestra dos caras de la restauración peruana en la Ciudad de Buenos Aires: por un lado, la migración peruana antigua en la capital federal, de bajo nivel económico y con escaso prestigio social en el país de residencia, que produce y utiliza restaurantes baratos, dirigidos a un público principalmente peruano y con pocos recursos económicos; confrontada, por otro lado, con la nueva restauración peruana, prestigiada por los grandes chefs internacionales de este país, y que presenta restaurantes de más alto nivel, dirigidos a un público con mayores posibilidades económicas, principalmente porteño o turista, y que cuentan con inversores que frecuentemente no son peruanos.

Los restaurantes se convierten, de este modo, en un escaparate "étnico" que viene a cumplir una doble función: por un lado, muestra un nosotros particular hacia el exterior, diciéndoles a los "otros", quienesquiera que sean, quiénes somos y qué hacemos (cosa que puede ser percibida desde fuera en un sentido tanto positivo como negativo); pero, por otro lado, pueden convertirse asimismo en un aspecto cultural vendible y rentable, en algo que interesa al público en general y de lo cual puede extraerse, por lo tanto, un beneficio comercial –que en determinadas ocasiones llega a ser, por cierto, nada despreciable– (Medina, 2003: 836).

Por otro lado, tenemos también el papel de los mercados en tanto que espacios sociales de comercio, de relación, de conocimiento y de intercambio a distintos niveles. El artículo de Medina, Provansal y Montero muestra en este mismo libro cómo ingredientes y preparaciones "de toda la vida" se mezclan o se combinan con ingredientes y recetas procedentes de fuera o, incluso, cómo determinados alimentos son sustituidos por otros en la dieta cotidiana, conformando un "nuevo estilo alimentario", y todo ello gracias a la interacción social que se establece dentro del espacio del mercado, y que no hace otra cosa que reflejar la sociedad que lo rodea.

Tanto restaurantes como mercados son espacios de relación social, de contacto y, por lo tanto, también de hibridación, de creación de elementos fruto de trayectorias distintas que finalmente se materializan como productos culturales. Las fusiones de los restaurantes, la utilización consciente e intencionada de elementos de una u otra procedencia, la circulación de recetas en los mercados o en los espacios públicos, privados e incluso virtuales... Todos ellos son elementos que revierten en la creación de híbridos que acompañan el avance y la evolución, no solo culinarias, sino también sociales.

Catherine Gallin, precisamente, expone en su artículo sobre la diáspora judía en Barcelona cómo la cultura judía alimentaria adapta otras comidas que no son precisamente "suyas", mezcladas con los platos específicamente judíos en el sentido religioso; da cabida a una comida que parece ser un simple híbrido de varias comidas del mundo, pero que tiene en su centro la preservación de una memoria colectiva judía. Igualmente, Miguel Lisbona analiza desde una perspectiva histórica la trayectoria de los chinos en el Soconusco chiapaneco, en México, y nos muestra algo realmente muy destacable: no solamente cómo los chinos han influido muy notablemente en la gastronomía local, incorporando platos, técnicas, e incluso creando un cierto gusto por determinadas preparaciones, sino dando una respuesta positiva a la pregunta sobre si una gastronomía de origen migrante puede llegar a convertirse en una gastronomía local, considerada como propia e incluso identitaria.

Como decíamos al principio de esta introducción, las migraciones son siempre procesos extremadamente complejos, y mucho más en un contexto que se mueve entre las viejas y castigadas fronteras de los estados-nación y la obligada apertura de mente que propicia una evolución cultural cada vez más acelerada y un contexto de globalización que se sitúa entre lo real y lo virtual, entre lo rechazado y lo reivindicado. Por su parte, la alimentación es necesaria para la supervivencia, pero, más allá de eso, es particular y significativamente utilizada por los individuos y los grupos como una vía de identidad privilegiada, como una estrategia social para estar juntos, para establecer y celebrar lazos, para apaciguar la nostalgia y para convertirse en un escaparate frente a los "Otros" o en una estrategia económica de supervivencia. Permanencias, rupturas, fronteras, aprovisionamiento, espacios, etnicidad, recuerdo... Todo ello nos habla de cómo somos y de quién somos. De migraciones, de comida y, en definitiva, de vida.

Bibliografía

Beck, U. (2001). "Vivir nuestra propia vida en un mundo desbocado. Individualización, globalización y política". En: A. Giddens; W. Hutton (ed.). *En el límite. La vida en el capitalismo global* (pág. 233-246). Barcelona: Tusquets.

Calvo, M. (1982). "Migration et Alimentation". *Social Science Information* (vol. 3, núm. 21, pág. 386-446).

Crenn, C.; Hassoun, J.-P.; Medina, F. X. (2010). "Introduction: Repenser et réimaginer l'acte alimentaire en situations de migration". *Anthropology of food* (núm. 7) (última consulta, el 19 de mayo del 2014).

Fischler, C. (1988). "Food, self and identity". *Social Science Information* (vol. 2, núm. 27, pág. 275-292).

Fischler, C. (1995). *El (h)omnívoro. El gusto, la cocina y el cuerpo.* Barcelona: Anagrama.

González Turmo, I. (1993). "El Mediterráneo: dieta y estilos de vida". En: I. González Turmo; P. Romero de Solís (ed.). *Antropología de la alimentación: ensayos sobre la dieta mediterránea.* Sevilla: Junta de Andalucía/Fundación Machado.

Hassoun, J.-P. (2014). "Introduction: Restaurants dans la ville-monde. Douceurs et amertumes". *Ethnologie Française* (núm. 1). París.

Hubert, A. (2000). "Cuisine et politique: le plat national existe-t'il?". *Revue des Sciences Sociales* (núm. 27). Estrasburgo: Université Marc Bloch.

Kaplan, A.; Carrasco, S. (1999). *Migración, cultura y alimentación. Cambios y continuidades en la organización alimentaria, de Gambia a Cataluña.* Bellaterra: Universitat Autònoma de Barcelona.

Maffesoli, M. (1990). *El tiempo de las tribus.* Barcelona: Icaria.

Maza, G. (2008). "Historia de vida, etnografía y transnacionalización. Apuntes para una reflexión metodológica. Barcelona man". *Simposio Internacional sobre nuevos retos del trans-*

nacionalismo en el estudio de las migraciones. Bellaterra: GEDIME, Universidad Autónoma de Barcelona.

Millán, A. (2000). "Cultures alimentàries i globalització". *Revista d'Etnologia de Catalunya* (núm. 17, pág. 72-81). Barcelona.

Medina, F. X. (2002). "Alimentación, etnicidad y migración. Ser vasco y comer vasco en Cataluña". En: M. Gracia (coord.). *Somos lo que comemos. Estudios de alimentación y cultura en España*. Barcelona: Ariel.

Medina, F. X. (2003). "Ciudad, etnicidad y alimentación. Restaurantes, tabernas y la construcción de territorios de identidad vascos en Barcelona". *Zainak* (núm. 24, pág. 835-846).

Medina, F. X. (2004). "Tell me what you eat and you will tell me who you are: Methodological Notes on the Interaction between Researcher and Informants in the Anthropology of Food". En: H. Macbeth; J. McClancy (eds.). *Researching Food Habits: Methods and Problems*. Oxford: Berghahn.

Raulin, A. (1987). "Où s'approvisionne la Culture?". En: J. Gutwirth; C. Pétonnet (dir.). *Chemins de la ville. Enquêtes ethnologiques*. París: Éditions du CTHS.

Capítulo II

Trascender los orígenes: comida china e identidad en la costa de Chiapas, México

Miguel Lisbona

1. A modo de introducción

Referir las migraciones históricas en el estado de Chiapas, en especial en su zona costera del Pacífico, conocida como el Soconusco, es hablar de la presencia de población china y de sus actuales descendientes, pero también es hacerlo de su huella transformada en identidad cultural local. Aunque esto último pueda parecer inverosímil en un territorio caracterizado por la existencia de poblaciones indígenas de origen mayance y zoque, o por las diferencias marcadas en muchos ámbitos de la vida social entre indígenas y no indígenas, no lo es si se observa el vivir cotidiano en algunas regiones chiapanecas y se toma en cuenta las manifestaciones hechas públicas en lugares como Tapachula, la segunda población en número de habitantes del estado y capital de la mencionada región del Soconusco. En concreto, el escritor Carlos Z. Cadena, de extensa trayectoria en el periodismo chiapaneco, manifestó hace pocos años, al exponer sus ideas sobre cómo promocionar el turismo en dicha ciudad, que era el momento de reconocer "oficialmente con bombos y platillos que la comida china es una gastronomía local que nos ha dado identidad, y que la mayoría de la que se cocina en la ciudad es ya hecha por manos de chinos tapachultecos" (Cadena, 2002: 4). De hecho, sus propuestas van más allá al señalar que se debe[3]:

> "(...) Levantar un acta donde se declare que la comida china es la carta de presentación e identidad de los tapachultecos. Que un día del año sea declarado como *Día de la Comida China* (...). Que cuando menos una vez por mes salga el *Dragón Chino* a bailar por la ciudad, o en pleno parque central, imponiendo ya una atracción turística que también es historia en Tapachula (...). Que en el recinto del Kuo Ming Tang, ubicado sobre la cuarta avenida sur, se edifique *El Museo Chino*, sitio que antes albergó la esencia social y política de los primeros chinos que llegaron a este lugar del Soconusco."
>
> C. Z. Cadena (2002). "Comentario Zeta". *El Orbe*. Tapachula (26 de noviembre, núm. 4, pág. 3).

Esta circunstancia, que podría parecer anecdótica, no lo es si tomamos en cuenta que el desaparecido cronista de la ciudad costeña también indicaba algo similar antes de su fallecimiento. Javier de León Orozco (1998: 3) señaló que se incorporaron a las festividades locales aspectos traídos por los pobladores descendientes de los chinos que se asentaron en Chiapas. Ejemplo de ello se encuentra en el carnaval, "cerrado con broche de oro por la danza del dragón chino, ejecutada por la comunidad china o por la Escuela de Danzas y Artes Marciales Chinas de Julio Pui Chong, representación que ha tomado ya calidad tradicional".

Para la ciudad de Tapachula, y en buena parte de los municipios del Soconusco, la histórica migración china representa en la

3. Una versión preliminar y más breve de este trabajo fue presentada en el año 2011 como comunicación en el Congreso Español de Antropología y publicada con el título "La comida china en el Soconusco. Las múltiples caras de la identidad no indígena en el Chiapas contemporáneo". En: L. Díaz Viana; Ó. Fernández; P. Tomé (coord.) (2011). *Lugares, tiempos, memorias. La antropología ibérica en el siglo XXI* (pág. 397-405). León: Federación de Asociaciones de Antropología del Estado Español/Universidad de León.

actualidad un referente de identificación cultural, a pesar de que tal circunstancia no haya sido explorada desde las ciencias sociales. Pocos son los análisis que sustentados en investigación de fuentes primarias o en trabajo de campo exhaustivo, han pretendido ubicar la génesis de la migración china en la región, o las formas de organización e integración de dichos pobladores. Salvo algunos textos divulgativos, las referencias a los chinos asentados en la entidad federativa del sureste deben buscarse en obras de carácter nacional que, de manera colateral, hacen mención a los inmigrantes asiáticos instalados en Chiapas. A pesar de ello, las siguientes páginas solo abordarán, en forma de apunte inicial, los orígenes históricos de dicha migración, así como el papel que la comida china juega como referente identitario en la región del Soconusco.

2. Huellas históricas y geográficas

La franja costera entre el océano Pacífico y la Sierra Madre de Chiapas, el Soconusco, lleva en su nombre uno de sus estandartes históricos, la producción de cacao. Igualmente registra, hasta el momento, a los primeros pobladores sedentarios conocidos en la región e identificados por el secado del camarón y por incipientes construcciones con distribución jerárquica de los espacios (Clark y Blakc, 1989).

Por otra parte, a la llegada de los conquistadores castellanos, los pobladores eran hablantes de algún idioma mixezoqueano, bautizado como tapachulteco por los lingüistas (Kaufman, 1964). Región de exuberante vegetación y sitio de paso para las conquistas aztecas y su intercambio comercial, se convirtió en un deseado espacio de explotación, tanto es así que incluso Miguel de Cervantes Saavedra lo solicitó en encomienda en 1590, aunque se le denegara la concesión (García de León, 1992; Archivo General de la Nación, 2005).

Este territorio, con distintas situaciones jurídicas durante el periodo colonial y en los inicios de las independencias de la América hispana, pasó a formar parte de los Estados Unidos Mexicanos a mediados del siglo XIX, hecho confirmado posteriormente con la firma de un tratado de límites entre México y Guatemala (De Vos, 2010: 181-183). También en los siglos de dominación colonial tuvo un castigo demográfico prácticamente constante, lo que significó la paulatina transformación étnica de sus habitantes y la desaparición de las lenguas indígenas propias (De Vos, *op.cit.*: 289). A pesar de ello, en el siglo XIX se erige como una panacea económica para las plantaciones de productos de exportación a gran escala. Españoles, estadounidenses y especialmente alemanes, monopolizaron el cultivo y venta internacional del café (Baumann, 1983; Spenser, 1988), aspecto que incrementó el arribo de población trabajadora de otras partes de Chiapas y también del extranjero, como fue el caso de los vecinos guatemaltecos y de los chinos.

Si la conquista castellana había sido en origen una posibilidad de evangelización católica de China, en un principio alentada por la confusión geográfica, tal interés se sostuvo una vez se corrigió el error, como lo recuerda Carmelo Lisón Tolosana (1992: 37-49). Sin embargo, el camino que se recorrió y que aquí se quiere destacar es el inverso. A finales del siglo XIX, pero especialmente a principios del XX, la paulatina pero continuada migración de chinos hacia el continente americano a través de diversas modalidades, tiene una constancia observable en el Soconusco chiapaneco.

2.1. Ser chino y también antichino

Según las fuentes primarias disponibles, no existe un único origen de la migración china a esta región del Pacífico mexicano, ni tampoco una actividad laboral que los hiciera llegar para su realización; sin embargo, es perceptible el incremento de asiáticos cuando en los Estados Unidos y en ciertos territorios del norte mexicano se toman medidas legislativas para prohibir la instalación de tal población e incluso se realizan expulsiones y persecuciones sistemáticas (Salazar, 2006; Yankelevich, 2009).

La Revolución mexicana y los gobiernos surgidos de este multifacético acontecimiento tendrán entre sus prioridades la construcción de un nuevo ciudadano mexicano y, para ello, amparados en las diatribas pseudocientíficas construidas en el siglo XIX, pero prolongadas en el XX, se toman una serie de medidas que restringirán el arribo de poblaciones asiáticas, consideradas como racialmente degeneradas. El surgimiento de Ligas Antichinas en la geografía nacional mexicana implicó un posicionamiento nacionalista, al mismo tiempo que tenía tintes de xenofobia plasmada en acciones concretas de agresión física, o a través de discursos públicos que convertían a los chinos en ejemplo de degeneración racial y portadores de enfermedades (Monteón y Trueba, 1988; Gómez Izquierdo, 1991), como bien lo recordaba Lisón Tolosana al referir que a "la enfermedad hay que hacerla exterior, ajena; viene conceptual y emotivamente asociada al extraño, al 'otro'" (Lisón Tolosana, 1992: 151).

El suelo chiapaneco no fue indiferente a esta circunstancia, sobre todo porque los chinos que llegaron a trabajar en las fincas agrícolas como braceros, cocineros o lavanderos, paulatinamente establecieron negocios propios en una región cuya expansión económica requería de servicios y, sobre todo, de distribución comercial de productos. Por tal motivo el comercio, en forma de buhonería en un principio, o mediante tiendas de abarrotes después, fue acaparado por los chinos instalados en el Soconusco y en algunos municipios de la Sierra Madre, como Motozintla.

A pesar de su visibilidad local a través del comercio especialmente, hay que señalar que los embates contra estos inmigrantes no tuvieron en Chiapas el carácter drástico y sumamente violento acaecido en otros estados de la República mexicana. Así, la población china residente en el estado del sureste mexicano, originaria en su mayoría de la provincia de Cantón, asentó su presencia en la región y constituyó formas de integración social mediante matrimonios con mexicanas, o estableciendo relaciones personales con los políticos de turno, muchas de ellas selladas a través de donaciones a la comunidad, como las de relojes públicos, o con la construcción de escuelas y parques, lo anterior gracias a las instituciones que agruparon durante varios años a los chinos inmigrados en Chiapas (Lisbona Guillén, 2013).

2.2. Migrar, residir o ser

A pesar de que este no sea el espacio para revisar los datos censales históricos indicativos del número de chinos que llegaron a la región, ni siquiera su distribución por la geografía de Chiapas, es pertinente señalar que en ningún momento se trató de un número que superara el 1% de la población estatal o regional (Lisbona Guillén, 2010). Los controles establecidos por las autoridades migratorias del momento y los datos de los censos así lo confirman, como también muestran los escasos retornos a su país de origen; como mucho, se conocen los traslados de hijos de inmigrantes a China para estudiar, con los problemas que algunos de ellos tuvieron para retornar a México una vez instalado el régimen comunista en el país.

En otro sentido, gran parte de la población china adquirió una posición económica de relevancia en la región, sobre todo debido a los rubros comerciales y, a posteriori, mediante los servicios, algunos de ellos ligados a la alimentación, como es el caso de los restaurantes. Durante la segunda mitad del siglo XX, la apertura de negocios familiares culinarios ofrece un panorama visible hasta nuestros días, donde la oferta gastronómica de la segunda ciudad en población de Chiapas, Tapachula, está ligada a la comida china o, al menos, a lo que se denomina comida china, puesto que su elaboración y productos tienen el marcado carácter otorgado a esta en California. Por lo tanto, la presencia china en la actualidad, si la referencia es el Soconusco chiapaneco, no está unida a un flujo constante de población china como ocurre en la capital del país, el Distrito Federal, o como es visible desde hace varias décadas en el caso español o en Europa en general, sino a los descendientes de los originarios inmigrantes. Hoy en día, tales descendientes son chiapanecos y tienen los mismos derechos y obligaciones que cualquier ciudadano mexicano. El comercio, las profesiones liberales o incluso la política están surcados de apellidos de origen chino. Es en buena medida por ello que las instituciones propias de los chinos se diluyeron paulatinamente en el tiempo, aunque existen proyectos de revitalización de la llamada "Comunidad China del Soconusco A. C.". Pese a esta circunstancia, lo que se observa con nitidez es una marcada integración de lo que se podrían llamar diacríticos chinos en tierras chiapanecas.

3. Cuando la identidad se convierte en comida

Como un ejemplo para mostrar lo que Jesús Contreras consideró como cocina nacional, por ser sus alimentos y forma de prepararlos algo propio y específico de un determinado país, además de constituirse como un elemento que otorga identidad a un grupo (Contreras, 1993: 72), puede considerarse el reconocimiento, a finales del año 2010, de la cocina mexicana como Patrimonio Cultural Inmaterial de la Humanidad por parte de la UNESCO. Sin embargo, esto que podría considerarse lógico y extensible a cualquier parte de la geografía mexicana, encuentra muchos matices locales, y el caso chiapaneco no es la excepción.

Respecto a los Altos de Chiapas, región donde indígenas y ladinos conviven desde hace cinco siglos, ya Pedro Pitarch apuntó cómo para la elaboración de los alimentos ambos hacen uso de "la tradición cultural de los otros (los ladinos, en el ámbito más doméstico y los indígenas, en los aspectos más públicos de la cultura)"; eso sí, con diferencias: los "indígenas emplean ambas tradiciones alternativamente pero sin mezclar sus elementos y por tanto distinguiéndolos y manteniéndolos conceptualmente separados, mientras que los ladinos los mezclan activamente hasta no distinguirlos" (Pitarch, 1995: 238). Estas aseveraciones hablan de un profundo mestizaje gastronómico, visible no solo en regiones compartidas por indígenas y no indígenas, sino en la geografía chiapaneca, surcada por grupos humanos de origen prehispánico y por inmigrantes que no solo procedían de la península Ibérica. Seguramente, el caso del Soconusco es el que muestra con mayor nitidez esta realidad.

3.1. Los asiáticos entran en escena

La abrumadora presencia de fincas agroexportadoras en el siglo XIX implicó la llegada de poblaciones de muy distinta procedencia, así como determinó un tipo de producción que incidía, sobre todo, en el mercado externo, más que en el interno. Por este motivo, y a pesar de ser el territorio de la costa de Chiapas productor de frutas y de aportar diversos artículos marinos, buena parte de los alimentos básicos consumidos tenían otra procedencia. No se puede hablar entonces de una cocina autóctona del lugar propiamente dicha, sino que su conformación tiene determinantes surgidos del consumo de la finca, de los productos ya existentes y de los que fueron requeridos comercialmente por los inmigrantes.

La llegada de los chinos, algunos de ellos utilizados como cocineros en las mencionadas fincas, no solo propició una elaboración distinta de ciertos productos y la determinación del género de quienes los preparaban, los hombres, sino que seguramente ofreció aquello que Jack Goody señalaba para los años veinte del siglo pasado en la propia China: una mejor transformación de los alimentos. Es decir, aunque la comida de los trabajadores chinos en su país se sustentaba básicamente en el cereal, su elaboración era cuidada por los cocineros (Goody, 1995: 175).

Por lo tanto, la comida china –aunque ya se dijo que para ser más precisos debería llamarse cantonesa– con su espacial énfasis en el arroz (Goody, 1995: 141-142), no solo formó parte del núcleo de inmigrantes orientales, sino que se incorporó al gusto de los trabajadores de las fincas desde que los chinos llegan a esta región de Chiapas.

Dos citas surgidas de entrevistas de la región confirman estas aseveraciones:

"Lo que sabemos es que en determinados lugares había chinitos, había chinos pobretones también, porque lo que entiendo desde aquella época es que, además de la habilidad que tenían para el negocio, eran muy diestros para el arte culinario. Entonces, el que menos por lo menos vendía comida."

Entrevista a Rosalío Morales Reyes, Huehuetán, 6 de marzo del 2007

"Mi papá se llamaba Manuel Liy Ley, vino procedente de Cantón, China, de la tierra de los cocineros (...). Mi papá dio a conocer 600 platillos que en ese entonces se condimentaban en la gran China, pero aquí él con todos los insumos y verduras que hay aquí, en nuestro México, él decía que se podían hacer del 200 a 300 platillos originales, como si fuera en China, porque había los suficientes materiales, insumos, para trabajarlos. Él nos enseñó a todos [los hijos] a cocinar."

Entrevista a Gilberto Liy Pérez, Tapachula, 22 de marzo del 2007

El incremento de población china en la región, así como su dedicación al comercio, facilitaron la llegada de productos básicos para la gastronomía oriental, al mismo tiempo que la mayor elaboración de sus guisos. En una zona donde la población no había sido estable en el periodo colonial –a diferencia de otras regiones de Chiapas–, dispuso que esta comida adquiriera un cierto estatus y, al mismo tiempo, se extendiera su degustación a través de establecimientos de comida.

3.2. Edificar una identidad

Si la historia de la alimentación humana se caracteriza por los cambios y las incorporaciones constantes (Flandrin y Montanari, 1996), el caso aquí estudiado remite a esta circunstancia, tal y como ha ocurrido en muchos otros territorios del ecúmene desde hace siglos; el caso de la pasta en Italia o de la patata en Irlanda son un nítido ejemplo que refuerza acontecimientos más recientes, como la carne con ciruelas marroquí, convertida en estandarte de la cocina de ese país, pero invención reciente, según lo expresado por Isabel González Turmo (2009: 329). Y lo mismo podría decirse de los cambios surgidos en la preparación y consumo de alimentos entre los migrantes oaxaqueños en Estados Unidos, aunque siga siendo la comida un elemento de identidad (Pérez, Handley y Grieshop, 2010), transformaciones que llevaron a denominar a esta gastronomía como la propia de OaxaCalifornia (Rusten y Kearney, 1994).

La conversión de la comida china en una bandera cultural regional, pero sobre todo de la capital del Soconusco, Tapachula, remite a dos aspectos de relevancia que este texto quiere resaltar; por una parte, la conformación poblacional en espacios construidos, en gran medida, por la inmigración y, por otra, la labilidad de los aspectos que supuestamente conforman la identidad cultural, en muchos casos asumidos con una profundidad histórica no demostrada.

Por lo que se refiere al primer punto y, por supuesto, guardando las distancias, la región del Soconusco muestra similitudes con lo estudiado por Christy Shields-Argelès cuando asevera que la asimilación del otro y la tradición culinaria en Estados Unidos pasan por las diferentes historias de los pueblos que han inmigrado: "En otras palabras, se buscan más bien las tradiciones en las comunidades étnicas que en áreas geográficas específicas" (Shields-Argelès, 2008: 266-267). Es decir, la comida china, aunque enseña regional hoy en día, no es la única que adquirió un estatus diferencial pero propio en el lugar, como es perceptible con la alemana identificada en Tapachula con la elaboración de postres. Un descendiente de chinos manifestaba con claridad esta singularidad en la construcción cultural de la capital del Soconusco:

> "Aquí llegaron muchos por lo mismo de que no había problemas, aquí llegaron alemanes, franceses, ingleses, árabes, judíos, españoles, chinos. Es una ciudad muy cosmopolita. Aquí en los negocios se encontraban puras cosas de importación, tanto comida como ropa, la gente andaba muy elegante con traje y corbata. Yo pienso que la misma hospitalidad de aquí de Tapachula, y que no se vio con recelo que se recibiera a gente de otra parte, permitió que se asentara aquí mucha gente. En particular la china fue una de las razas que más se fusionó con la gente local."
>
> Entrevista a Francisco Chong, Tapachula, 6 de febrero del 2007

La construcción de la tradición culinaria en el Soconusco, por lo tanto, se diferencia de otras regiones de Chiapas por hacer visibles a los inmigrantes y sus tradiciones culinarias. Esta región, bañada por el Pacífico y fronteriza con Guatemala, no tuvo una población estable, ni la presencia indígena propia se prolongó durante muchos años, por lo que su configuración actual está relacionada con el auge económico de la agroindustria exportadora, elemento fundamental para entender la incorporación de nuevas cocinas en su territorio a través de los migrantes.

El otro punto expuesto en párrafos anteriores, el que remite a la identidad, tampoco está alejado de la migración. Si en la actualidad este tema adquiere caracteres muy diversos en los estudios y prácticas cotidianas, especialmente en el continente europeo, tal vez la reflexión sobre migraciones históricas aliente perspectivas o posibilidades diferentes. La inmigración china a Chiapas, sin dejar de recordar los atisbos xenófobos iniciales, permite contrastar las múltiples formas en que se construyen las identidades grupales o territoriales.

Sin referentes hispanos o indígenas nítidos, la identidad cultural tapachulteca adquiere múltiples premisas, y la comida china se visualiza como una de ellas, aunque hay otras de tipo oriental como las mencionadas al principio de este trabajo, cuando se señalaba el baile del dragón chino en ciertas fiestas locales. La supuesta cohesión de la colonia china en la región, manifestada en sus orígenes a través de agrupaciones como la del Partido Nacionalista Chino (*Kuo Min Tang*) en los años veinte del siglo pasado y, posteriormente por la Asociación China del Soconusco A.C. y el Club de Mestizos Chino-Mexicanos, no tiene una continuidad en el tiempo, y la desaparición de estas agrupaciones así lo demuestra, aunque en la actualidad varios descendientes de chinos están pugnando por revitalizar la Asociación y recuperar la casa que albergó al *Kuo Min Tang*. Si estas formas de organización permitieron generar un cierto sentido de identidad nacional entre los inmigrantes chinos (Delgado Ruiz, 1998: 82), no es menos cierto que lo que prevaleció entre los llegados de oriente fue una paulatina integración por diversos mecanismos personales y laborales. La misma que facilitó la asunción de ciertos diacríticos culturales como representantes de la identidad local tapachulteca. La diferencia cultural aportada por los chinos adquirió el carácter de realidad cultural propia, y tal hecho habría que pensarlo, aunque fuera hipotéticamente, debido a que en el Soconusco, las identificaciones culturales existentes en otras regiones de Chiapas como marcadores étnicos no estaban presentes, sino que más bien eran las divisiones jerárquicas sustentadas en el poder económico las que se privilegiaron.

4. Conclusión

Jack Goody (1995: 192) había considerado, hace algunos años, "un error exagerar las continuidades en la cultura de la comida" (Goody, 1995: 192), afirmación que puede extrapolarse y hacerse extensiva a todo el territorio chiapaneco, puesto que resulta desproporcionado, aunque se haya convertido en un hábito, considerar que lo que ocurre en todo el territorio chiapaneco es, como lo criticó Pitarch, "una reiteración simple de tiempos anteriores, coloniales o prerrevolucionarios: allí el tiempo no avanza, se limita a repetirse" (Pitarch, 1995: 249). Lo expuesto en estas páginas de forma resumida evidencia que en la conformación de un estado federativo mexicano como el de Chiapas, las historias regionales muestran situaciones diferenciadas a la hora de establecer sus marcadores identitarios históricos. Otro ejemplo mexicano, en concreto sobre el estado de Yucatán, puede observarse con nitidez y profundidad analítica en la obra de Steffan Igor Ayora (2012).

La presencia china, foco de tensión en el norte de México en las primeras cuatro décadas del siglo XX, y que continúa mostrando puntos de rechazo en países como España –tal como lo demuestra el trabajo de Gladys Nieto (2007)–, se ha convertido en Tapachula en una existencia cálida y propia, hasta el punto de que la comida denominada china es el estandarte de la ciudad y no deja de asomarse en toda la mancha urbana a través de un sinnúmero de negocios dedicados a dicha especialidad. De hecho, ir al Soconusco y no degustar alguno de los platos ofrecidos en sus restaurantes de comida china, o los preparados en las casas particulares, aunque estas no tengan entre sus antepasados a migrantes orientales, no deja de ser observado con inquietud por los anfitriones, puesto que "es su comida local". Algo que es también aseverado por los descendientes de chinos:

> "Yo siento que en lo que es la zona de la costa (...) siento que la comida es una de las herencias que han dejado los chinos (...). Aquí, en cualquier casa de los tapachultecos se sabe guisar un chop suey, un arroz cantonés, como sea, a como lo ve la gente. La gente agarra y hace el intento porque hay todos los medios para hacerlo, se encuentran todos los condimentos para hacerlo. De hecho mucha gente de la que viene pregunta ¿cuál es la comida típica en Tapachula?, y le dicen que es la comida china. Culturalmente yo creo que ese ha sido un gran aporte."
>
> Entrevista a Guillermo Chong, Tapachula, 7 de febrero del 2007. Propietario del restaurante *El Bambú*

Expresiones como la anterior remiten, sin lugar a dudas, a la necesidad de efectuar observaciones más detalladas de los aspectos históricos de localidades o regiones a la hora de enumerar diacríticos culturales, referidos, en este caso, a la comida. Para el ejemplo abordado en estas páginas, tal afirmación permite destacar cómo la inmigración no debe ser entendida como la incorporación de un grupo uniforme sobre una realidad social y cultural dada; por el contrario, la presencia de chinos en Chiapas y la derivación de su llamada comida en un referente de identidad local, interrogan y cuestionan, a la vez, sobre las múltiples facetas que la migración ha tenido en la vida cultural de las sociedades humanas y las que seguirá ostentando en el futuro.

Bibliografía

Archivo General de la Nación (2005). *El Soconusco cervantino: cartografía de una encomienda imaginaria.* México: Archivo General de la Nación/Ministerio de Cultura de España (DVD interactivo).

Ayora Díaz, S. I. (2012). *Foodscapes, Foodfields and Identities in Yucatán.* Nueva York: Berghahn.

Baumann, F. (1983). "Terratenientes, campesinos y la expansión de la agricultura capitalista en Chiapas, 1896-1916". *Mesoamérica* (núm. 5, pág. 8-63).

Cadena, C. Z. (2002). "Comentario Zeta". *El Orbe.* Tapachula (26 de noviembre, núm. 4).

Clark, J. E.; Blake, M. (1989). "El origen de la civilización en Mesoamérica: los olmecas y mokayas del Soconusco de Chiapas, México". En: M. Carmona (coord.). *El preclásico o formativo. Avances y perspectivas* (pág. 385-403). México D.F.: Instituto Nacional de Antropología e Historia.

Contreras, J. (1993). *Antropología de la alimentación.* Madrid: Eudema.

Corbeau, J. -P. (2008). "Itinéraires de mangeurs". En: J. -P. Corbeau; J. -P. Poulain. *Penser L'Alimentation. Entre imaginaire et rationalité.* Toulouse: Privat.

De León Orozco, J. (1998). "Presencia china en Tapachula". *El Orbe* (núm. 153, pág. 3-6).

De Vos, J. (2010). *Vienen de lejos los torrentes. Una historia de Chiapas.* Tuxtla Gutiérrez, Consejo Estatal para las Culturas y las Artes.

Delgado Ruiz, M. (1998). *Diversitat i integració. Lògica i dinàmica de les identitats a Catalunya.* Barcelona: Empúries.

Flandrin, J. -L.; Montanari, M. (ed.) (1996). *Histoire de l'alimentation.* París: Fayard.

García de León, A. (1992). "La verdadera historia de un tal Miguel de Cervantes, gobernador del Soconusco" (Suplemento cultural de *La Jornada*, 11 de octubre de 1992).

Gómez Izquierdo, J. J. (1991). *El movimiento antichino en México (1871-1934). Problemas del racismo y del nacionalismo durante la Revolución Mexicana.* México D.F.: Instituto Nacional de Antropología e Historia.

González Turmo, I. (2009). "La frontera como horizonte culinario: Andalucía y Marruecos". En: F. X. Medina; R. Ávila; I de Garine (coords.). *Food, Imaginaries and Cultural Frontiers. Essays in Honour of Helen Macbeth* (pág. 319-331). Guadalajara: Estudios del Hombre, Universidad de Guadalajara.

Goody, J. (1995). *Cocina, cuisine y clase. Estudio de sociología comparada.* Barcelona: Gedisa.

Kaufman, T. S. (1964). "Mixe-zoque subgrups and the position of tapachulteco". En: *Actas y Memorias del XXXV Congreso Internacional de Americanistas* (t. II, pág. 403-411). México D.F.: Instituto Nacional de Antropología e Historia.

Lisbona Guillén, M. (2010). "Acercamiento a los estudios sobre la población china de Chiapas: problemas de investigación antropológica a la luz de los datos históricos".

Anuario de Investigación del Centro de Estudios Superiores de México y Centroamérica 2008 (núm. XIX, pág. 233-250).

Lisbona Guillén, M. (2013). "Obras, festejos y besamanos en la integración de los chinos en Chiapas. Del proceder histórico a la definición étnica presente". *Tzintzun. Revista de Estudios Históricos* (núm. 58, pág. 129-154).

Lisón Tolosana, C. (1992). *Individuo, estructura y creatividad. Etopeyas desde la antropología cultural.* Madrid: Akal.

Monteón González, H.; Trueba Lara, J. L. (1988). *Chinos y Antichinos en México. Documentos para su estudio.* México D.F.: Unidad Editorial-Gobierno de Jalisco.

Nieto, G. (2007). *La inmigración china en España. Una comunidad ligada a su nación.* Madrid: Universidad Autónoma de Madrid.

Pérez, Ramona L.; Handley, Margaret A.; Grieshop, J. (2010). "Savoring the Taste of Home: The Pervasiveness of Lead Poisoning from Ceramic and its Implications in Transnational Care Packages". *NAPA Bulletin* (núm. 34, pág. 105-125).

Pitarch Ramón, P. (1995). "Un lugar difícil: estereotipos étnicos y juegos de poder en los Altos de Chiapas". En: J. P. Viqueira; M. H. Ruz (eds.). *Chiapas. Los rumbos de otra historia* (pág. 237-250). México D.F.: UNAM-CIESAS-CEMCA-UdG.

Runsten, D.; Kearney, M. (1994). *A Survey of Oaxacan Village Networks in California Agriculture.* Davis, Institute for Rural Studies University of California.

Salazar, D. (coord.) (2006). *Xenofobia y xenofilia en la historia de México, siglos XIX y XX.* México D.F.: SEGOB-INAH-DGE Ediciones.

Shields-Argelès, C. (2008). "Alimentation et identité nationale: le soi et l'autre en France et aux États-Unis". En: C. Fischler; E. Masson (eds.). *Manger. Français, Européens et Américains face à l'alimentation* (pág. 250-269). París: Odile Jacob.

Spenser, D. (1988). "Los inicios del cultivo del café en Soconusco y la inmigración extranjera". En: B. Von Mentz *et al. Los empresarios alemanes, el Tercer Reich y la oposición de derecha a Cárdenas* (pág. 61-87). México D.F.: Centro de Investigaciones y Estudios Superiores en Antropología Social.

Yankelevich, P. (coord.) (2009). *Nación y extranjería. La exclusión racial en las políticas migratorias de Argentina, Brasil, Cuba y México.* México D.F.: Universidad Nacional Autónoma de México.

Capítulo III

Identidad, migración y comida en la globalización: algunos apuntes desde la Ciudad de México

Miriam Bertrán, Nelly A. Flores

La alimentación es un proceso determinado por características sociales, culturales, económicas y políticas; en la medida en que estos factores son dinámicos, provocan cambios en las maneras de comer de una población. En las sociedades contemporáneas hay una perpetua circulación de ideas y de mercancías, producto de la expansión del mercado con el proceso de globalización. Así, hoy se puede conseguir comida de cualquier parte del mundo casi en cualquier parte del mundo. Y no solo eso, sino que también circula mucha información sobre alimentos nuevos, de otras culturas, cómo usarlos y prepararlos y en qué ocasiones, o información sobre los efectos de la comida en la salud. La migración es uno de los procesos sociales que genera cambios en la alimentación.

Este proceso favorece la fusión de la cultura alimentaria a través de la adaptación de la alimentación de origen al nuevo espacio, incluyendo procedimientos, ingredientes y platillos específicos que a su vez refleja el grado de interacción social del migrante en el nuevo contexto (Rebato, 2009). También, y en la medida en que la migración permita una mejoría en las condiciones socioeconómicas, habrá acceso a una dieta más variada. Sin embargo, los migrantes también viajan con su comida aun en las condiciones más difíciles. Por ejemplo, según relata Mintz (1996), los esclavos africanos en Puerto Rico tuvieron en la preparación de su propia comida, utilizando lo disponible para sus guisos de origen, una posibilidad de sensación de libertad. Este ejemplo muestra también que la alimentación es un rasgo de identidad y juega un papel importante como marcador de pertenencia. Las ideas y valores sobre la comida, la organización social para obtenerla y prepararla, el sabor de los alimentos como referente de memoria, son elementos importantes en todos los grupos humanos. Entre los migrantes esto está exacerbado, ya que la búsqueda de referentes de identidad se vuelve más importante ante un contexto nuevo.

El estudio de la alimentación en los grupos de migrantes ha sido un tema de interés porque se considera un grupo socialmente vulnerable. La migración, en la mayoría de los casos, es una decisión involuntaria relacionada con la búsqueda de mejores condiciones de vida, ya sea por motivos económicos, sociales o políticos. En las sociedades contemporáneas, y como parte misma del proceso de globalización, la migración se ha intensificado y los migrantes se constituyen ellos mismos agentes en la distribución de alimentos y distribución de información sobre ellos.

En este texto presentamos algunas reflexiones sobre la alimentación en los migrantes, relacionando por una parte el papel que juega la comida en la identidad, y por otra, en la globalización. Para este fin hemos utilizado datos de campo obtenidos entre población migrante en la ciudad de México en dos periodos: uno entre 1994 y 1996, y otro entre el 2006 y el 2008. En el primer caso, se trata de datos de migrantes de origen mixteco que se obtuvieron con el fin de conocer sus cambios alimentarios (Bertran, 2001). Los datos de la segunda estancia provienen de un proyecto más grande en población de diferentes estratos sociales; usaremos el caso de una familia zapoteca y uno de una zona rural de Guanajuato. Adicionalmente, una breve revisión bibliográfica sobre la alimentación en grupos de migrantes nos ha ayudado a ampliar nuestra visión del fenómeno.

1. México: un país de migrantes

En México hay dos grandes fenómenos migratorios que caracterizan este proceso: la migración interna de las zonas rurales a las zonas urbanas, y la migración hacia Estados Unidos. En el caso de la primera, si bien es cierto que ha sido un proceso en buena parte de las capitales de todos los estados, el caso de la Ciudad de México y la zona metropolitana ha sido el de mayor expansión en número.

El crecimiento demográfico de la Ciudad de México se debe en buena medida a la migración, siempre constante, aunque ha tenido periodos más acelerados. Ha sido el centro político y económico del país, aun desde la época prehispánica. A la llegada de los españoles en 1519, en el territorio que es hoy el Distrito Federal se asentaba la Gran Tenochtitlan, una ciudad de unos 500 mil habitantes, que sorprendió a los conquistadores por sus dimensiones y por su planificación urbana. México Tenochtitlán era el corazón del imperio azteca, que controlaba a buena parte de los grupos que vivían en Mesoamérica.

Durante la conquista, la ciudad de México albergó a la capital de la Nueva España y fue el lugar donde se asentaron todos los niveles de gobierno, atrayendo más población del interior, sobre todo a partir del siglo XVII. A finales del siglo XIX la migración tuvo un gran impulso cuando el deterioro de las condiciones económicas de las zonas rurales coincidió con el auge de económico de la Ciudad de México (Acevedo, 1995). Esta migración mantuvo un ritmo sostenido, aunque moderado, hasta los años treinta del siglo XX. A partir de los cuarenta, la migración hacia la Ciudad de México aumentó notablemente como resultado del proceso de industrialización y de la demanda de mano de obra. Las políticas de apoyo a la industria incluyeron el abandono de programas para el campo, lo que aceleró la búsqueda de mejores opciones para la población rural, que encontró en la Ciudad de México no solo una opción de empleo, sino también de bienes y servicios. En buena medida, el cambio de la alimentación en México hacia una dieta con mayor consumo de alimentos industrializados arranca en esta época.

Si bien la migración rural urbana fue la forma de migración predominante, en la actualidad el principal flujo migratorio es de tipo urbano-urbano (Pérez-Campuzano, 2013). De acuerdo con los datos del Consejo Nacional de Población durante el periodo 1995-2000, alrededor de 6.9 millones de personas cambiaron de municipio de residencia: 2.2 millones se desplazaron entre municipios de una misma conurbación o zona metropolitana y 4.6 millones migraron entre municipios de ámbitos distintos (CONAPO, 2014). Durante este quinquenio, el 65% de los movimientos migratorios se realizaron entre ciudades y/o zonas metropolitanas; para 2005-2012, aumentó al 68% (Pérez-Campuzano, 2013).

Según el Censo de Población y Vivienda 2010, 3.3 millones de personas de 5 o más años de edad vivían en una entidad diferente que cinco años antes. El estado de la República con mayor población nacida en otra entidad es el estado de México, con 5.6 millones de personas, seguido por el Distrito Federal con 1.7 millones (INEGI, 2010). El mismo censo del 2010 registró que 1.1 millones de mexicanos mayores de 5 años vivían en otros países; el destino principal de los migrantes mexicanos es Estados Unidos, siguiendo en orden de importancia Canadá y España. De 1995 al año 2000, del total de personas que emigraron a Estados Unidos regresaron a México el 14.6%. El promedio de estancia en el extranjero durante 2005-2010 fue de casi 20 meses (INEGI, 2010). La migración México-Estados Unidos es un fenómeno constante e intenso con impactos diversos en ambos lados de la frontera.

Del total de población latina o hispana en los Estados Unidos, los mexicanos representan el 61.7% (Cervantes, 2010), lo que les coloca como uno de los grupos con mayor influencia en la sociedad norteamericana.

El principal motivo para cambiar de lugar de residencia en México es por cuestiones laborales, seguidas por las cuestiones familiares. Al estratificar por género, a nivel estatal el porcentaje de migrantes es más alto en las mujeres (50.7%) en comparación con los hombres (49.3%); estos datos difieren cuando se trata de migración internacional, en la que el 59.4% de los migrantes son hombres y únicamente el 40.6% corresponde a mujeres. (INEGI, 2010).

Las migraciones internacionales se consideran parte de los actuales procesos de integración de las economías y globalización de las sociedades, lo que en regiones como México y Centroamérica está generando cambios importantes a nivel económico, social, cultural y político (Alba, 2007).

2. Identidad y globalización

Según García Canclini, la globalización es fruto de los procesos de internacionalización y trasnacionalización que se han ido intensificando a medida que aumentaba la relación de dependencias recíprocas entre los países, en términos de redes económicas y culturales a escala mundial. La globalización es una forma de interacción más compleja e interdependiente entre focos dispersos de producción, circulación y consumo. Estos procesos están asociados a fuertes concentraciones de capitales industriales y financieros, a la desregulación y a la eliminación de controles de las transacciones internacionales (García Canclini, 1999: 46). La tecnología, si bien no ha sido determinante, sí ha jugado un papel facilitador para el intercambio. En este sentido, es muy importante considerar no solo el papel que ha jugado el desarrollo tecnológico en el intercambio de mercancías sino, y sobre todo, de información.

Según Appadurai (2001), en la actualidad, los medios de comunicación transmiten la idea de individuos sin verdadera pertenencia de lugar, "sin sentido de lugar", que parecen estar distantes unos de otros con los supuestos del desarraigo y la alineación, al mismo tiempo que se ofrecen fantasías electrónicas de cercanía. Esta, dice, es una de las características centrales del proceso cultural contemporáneo. Una forma de ilustrar este proceso es en el consumo de "nostalgia", donde a partir de las reediciones y reestrenos de cosas "de antes" se genera un imaginario social nostálgico, muchas veces incluso de algo que no se ha vivido. Es el caso de la moda "retro", ya sea en el diseño de muebles, de ropa, electrodomésticos, entre otros. En el caso de los alimentos, la expresión de este fenómeno se observa en la búsqueda de alimentos producidos o elaborados a partir de técnicas artesanales o naturales.

En la globalización, uno de los principales problemas es la tensión entre la heterogeneidad y la homogeneidad en los intercambios; al respecto, Appadurai (2001) considera que la penetración de bienes e ideas que se insertan en una sociedad, rápidamente se aclimatan y nacionalizan de varias formas, generando expresiones locales. Al respecto señala:

> "la nueva economía cultural global tiene que ser pensada como un orden complejo, dislocado y repleto de yuxtaposiciones que ya no puede ser captado en los términos de los modelos basados en el binomio centro-periferia (ni siquiera por aquellos modelos que hablan de muchos

centros y muchas periferias). (Una) complejidad de la economía, la cultura y la política que solo recién hemos empezado a teorizar."

A. Appadurai (2001). *La modernidad desbordada. Dimensiones culturales de la globalización*. Buenos Aires: Fondo de Cultura Económica (pág. 47).

En este aspecto se plantea hasta qué punto la globalización homogeneiza; sin embargo, en la medida en que se considera al consumo como una parte más del sistema sociocultural de un grupo determinado, necesariamente el acceso a los bienes globales y a la información tienen que pasar este filtro, es decir, tienen que insertarse en el sistema sociocultural existente.

Las prácticas alimentarias, como elemento de identidad grupal, marcan por igual las semejanzas que las diferencias y, en este sentido, los grupos sociales usan los alimentos o las formas de comerlos como marcadores sociales, de manera que no solo les otorgue identidad sino también que los diferencie de otros. La idea de que la globalización provoca que haya más interés por la identidad tiene que ver con la pertenencia a un grupo y a elegir una serie de rasgos –entre los cuales el consumo es una manifestación clara– que permitan al sujeto sentirse parte de un grupo, con su correspondiente contraparte: distinguirse de otro. Los rasgos que proveen identidad tienen esa doble función, por una parte ser un marcador de pertenencia a un grupo, y al mismo tiempo de no pertenencia a otro grupo con el que se tiene contacto. En México, en el análisis del sistema alimentario indígena en la sociedad contemporánea, planteamos que las formas de comer tradicionales son una manera de expresar la identidad al grupo étnico, pero la adquisición de nuevos patrones alimentarios puede responder más bien a mostrar que se ha dejado de pertenecer a un sector de la sociedad mexicana históricamente marginado (Bertran, 2005).

3. Migrantes, agentes de globalización alimentaria

Los alimentos viajan con los migrantes de maneras muy diversas y en condiciones también diversas, como el caso de los esclavos que mencionamos al principio de este texto. El papel identitario de la comida toma una expresión mucho más evidente entre los migrantes. Genera auténticos sistemas de abasto de sabores y tradiciones, donde la organización social de distribución, preparación y consumo agrupa a quienes están fuera de su lugar de origen. Es común que haya quienes se dedican a llevar alimentos del origen a la zona de destino y encuentre en esta actividad una forma de vida. En ocasiones, si el tiempo de estancia es relativamente corto, llevan algunos alimentos, por lo que además de cargar con vestimenta y dinero viajan con alimentos para disminuir la nostalgia por los sabores de casa (Sánchez, 2006). Sobre este punto, es casi un lugar común la idea de que los mexicanos viajan con salsas de chile para, cuando menos, tener el picante presente en los nuevos alimentos.

En el marco de la globalización, la migración ha generado la existencia de comercios especializados en productos originarios y tradicionales de diversos países, los cuales reciben el nombre de "productos nostalgia", definidos por la CEPAL como productos étnicos que forman parte de los hábitos de consumo, cultura y tradición de diferentes pueblos y naciones, y que consumen migrantes en su país de origen y en el extranjero (CEPAL, 2003). Este tipo de comercios incluyen tiendas de comestibles y restaurantes tradicionales de los países de origen de los migrantes, los cuales van desde comida económica a comercios sofisticados en los que acuden además de la población del país en cuestión, ciudadanos del país de acogida que están interesados en conocer diferentes culturas gastronómicas.

La demanda de este tipo de productos radica en que, aun cuando los negocios no puedan cubrir costos de promoción muy grandes, siempre existirá un público interesado en la compra de estos productos, lo que refleja la confianza del consumidor al demostrar su preferencia por cuestiones de cultura, arraigo, nostalgia, convirtiéndolos en bienes diferenciados. El consumo de estos productos es un consumo permanente que no se encuentra asociado solo a una moda, sino más bien a la cultura y al arraigo (Cruz *et al.*, 2004).

Según Vázquez (2012), el uso de los productos nostalgia o la nostalgia culinaria se observa en tres planos: en el plano individual, donde existe el deseo de recrear sabores que recuerden lugares, momentos y personas del pasado, particularmente el toque de las figuras femeninas ausentes. En los planos familiar y comunitario, la nostalgia culinaria se observa al tratar de recrear las maneras de preparar y consumir los alimentos de acuerdo a las costumbres tradicionales de las cocinas regionales mexicanas (Vázquez, 2012).

En muchas ocasiones, los comercios de los "productos nostalgia" se establecen inicialmente por migrantes, por lo que la mayoría son negocios informales y que no cuentan con apoyos institucionales. Aun cuando el costo puede ser caro, los migrantes están dispuestos a invertir una parte de sus ingresos tanto para cubrir el plano individual del que habla Vázquez (2010) como para tener lugares de encuentro con otros migrantes (Langreo, 2005). Estos comercios, o los restaurantes de comidas de origen de migrantes, en la actualidad y con la búsqueda de nuevas experiencias gastronómicas amplían su margen de acción hacia grupos de población locales o migrantes de otros lugares.

Otra forma en la que los migrantes mezclan las culturas alimentarias es a través de la población que se dedica al servicio doméstico, trabajo principalmente llevado a cabo por mujeres. En este contexto ellas introducen elementos gastronómicos de su cultura al consumo de los hogares, a la vez que aprenden preparaciones que después implementarán en su vida cotidiana (Langreo, 2005). Este es el ejemplo de uno de nuestros casos de estudio, una mujer originaria de Oaxaca que llegó a la ciudad de México como empleada doméstica. Más tarde, una vez casada, se dedicó a traer comida oaxaqueña a la ciudad para otros migrantes, quienes particularmente en las fiestas demandaban alimentos originarios. También expandió el negocio a Estados Unidos, en la zona donde vivían algunos de sus hermanos[4].

Sin embargo, también hay que decir que la globalización y sus efectos en la disponibilidad y acceso a los alimentos ha permitido que un sector de población migrante en la ciudad de México haya empezado a comer cosas diferentes, que vienen de otros países; es una muestra de su mejoría social y de que se adaptan a la forma de vida urbana. Es el caso de otra de las mujeres entrevistadas por nosotros entre el 2006 y el 2008, originaria de Guanajuato, que se expresó de esta manera:

> "Lo que viene de otros países (se refiere a alimentos), y uno que no se quiere quedar atrás, y si puede pues quiere comprar. Uno no se quiere quedar atrás en probar, por ejemplo las hamburguesas, cuando llegan pues uno quiere probar, las pizzas, lo mismo".
>
> Entrevista en profundidad. Ciudad de México, 2006.

El acceso a nuevos alimentos y a nuevas maneras de usarlos tiene impacto también en la zona de origen de los migrantes. Algu-

4. Entrevista en profundidad, Ciudad de México, 2007.

nos autores señalan que, cuando los migrantes mexicanos en Estados Unidos regresan a sus pueblos, enaltecen la vida americana, haciendo una invitación al consumo y preparación de la cocina de ese país, que por lo general tiene un alto contenido calórico y que muestra diferencias significativas con la cocina mexicana (Rosas, 2012). Se incorporan a la dieta familiar alimentos que se acostumbraron a comer en Estados Unidos, principalmente hamburguesas, pizza, comida china y sopas de fideos industriales. Además de los alimentos, se agregan nuevos instrumentos de cocina, como el refrigerador, el horno de microondas, la licuadora, la estufa de gas, entre otros, que sustituyen los utensilios tradicionales y que facilitan también la preparación de comidas típicas (Rosas, 2012). Existen datos que muestran que los migrantes de retorno han abierto sitios en su lugar de origen para la venta de estos productos, lo que facilita su compra y consumo (Arenas, 2013).

Nuestros datos de campo entre los migrantes mixtecos en la ciudad de México muestran que uno de los efectos económicos del envío de dinero de los migrantes a los familiares que se quedaron es el acceso a más bienes de consumo. Sin duda, esto tiene un efecto en el sistema alimentario, ya que permite una dieta más variada, tecnología doméstica o el cambio de combustible para cocinar. Nuestros entrevistados en los años 1990 señalaron, entre otras cosas, la introducción de estufas de gas en sus pueblos de origen a partir de su migración (Bertran, 2001). En este sentido, según Canales (2002), las remesas que reciben las familias de los migrantes no suelen constituirse como una forma de ahorro ni como una fuente de recursos para la inversión productiva, sino como un fondo salarial que se destina sobre todo al consumo y la reproducción material de hogar (Canales, 2002). También al respecto, Katz (2009) ha señalado que ha crecido la cantidad de alimentos industrializados consumidos entre comidas y, con ello, las pequeñas tiendas de alimentos, en las cuales se vende una gran variedad de refrescos y cervezas cuyo consumo va en aumento en las zonas rurales (Katz, 2009).

4. Reflexión final

Hasta aquí hemos presentado unos cuantos apuntes para mostrar que la migración es un elemento de cambio alimentario en diversos sentidos, con efectos tanto en la zona de origen como en la de destino. Por limitaciones de espacio, hemos señalado tan solo algunos ejemplos que pueden ser útiles en estudios sobre alimentación y procesos migratorios, planteando que, si bien el proceso no es nuevo, en las sociedades contemporáneas debe analizarse en el contexto de la globalización.

Entre quienes han cambiado su lugar de residencia, la relación entre alimentación e identidad tiene una importancia evidente, y en este sentido muestra que comer va mucho más allá que la satisfacción del hambre. Pero también, la alimentación es una forma de acercarse a otras culturas, de buscar nuevas experiencias, y la generación del comercio de "productos nostalgia" provoca también el comercio de lo que podemos llamar "productos experiencia exótica".

Bibliografía

Alba, F. (2007). El Informe de la Comisión Mundial sobre Migraciones Internacionales. México D.F.: CONAPO.

Appadurai, A. (2001). *La modernidad desbordada. Dimensiones culturales de la globalización.* Buenos Aires: Fondo de Cultura Económica.

Arenas, L.; Ruiz, M.; Bonilla, P.; Valdez, R.; Hernández, I. (2013). "Cambios alimenticios en mujeres morelenses migrantes a Estados Unidos". *Salud Pública Méx.* (vol. 1, núm. 55, pág. 35-42).

Bertran, M. (2001). *Hábitos alimentarios de los mixtecos en la ciudad de México: Un estudio de antropología de la alimentación* (Tesis de Maestría). México D.F.: Universidad Iberoamericana.

Bertran, M. (2005). *Cambio alimentario e identidad de los indígenas mexicanos.* México D.F.: Programa Universitario México Nación Multicultural. Publicaciones y fomento editorial, UNAM.

Bertran, M.;Pérez, A. B.; Roselló, M. E. (2006). *Postura del Colegio Mexicano de Nutriólogos sobre los problemas prioritarios de alimentación y nutrición en el país y los programas para atenderlos.* México D.F.: Colegio Mexicano de Nutriólogos, AC.

Comisión Económica para América Latina y El Caribe (2003). Pequeñas empresas, productos étnicos y de nostalgia: oportunidades en el mercado internacional. Los casos de El Salvador y México. Naciones Unidas.

Comisión Económica para América Latina y El Caribe (2006). "Los efectos de las remesas". En: CEPAL. *Migración internacional, derechos humanos y desarrollo.*

Cervantes, F. J. (2010). *El mercado de los productos nostalgia: Una oportunidad para las PyMes.* México D.F.: UNAM (documento).

Cruz, M.; López, C.; Schatan, C. (2004). *Pequeñas empresas, productos étnicos y de nostalgia: oportunidades en el mercado internacional. Los casos de El Salvador y México.* México D.F.: Sede Subregional de la CEPAL.

García Canclini, N. (1999). *La globalización imaginada.* México D.F.: Paidós.

Instituto Nacional de Estadística, Geografía e Informática (2010). *Censo de Población y Vivienda, 2010. Cuestionario básico.* Consulta interactiva de datos. México D.F.: INEGI.

Katz, E. (2009). "Emigración, transformaciones sociales y cambios culinarios en la Mixteca Alta (Oaxaca, México)". En: C. -E. de Suremain; E. Katz (eds.). *Anthropology of food* (núm. S 6). Modelos alimentarios y recomposiciones sociales en América Latina.

Langreo, A. (2005). "Inmigración y *glocalización* de la alimentación". *Distribución y Consumo* (pág. 42-45). Madrid.

Mintz, S. (1996). *Tasting Food, Tasting Freedom.* Boston: Beacon Press.

Rebato, E. (2009). "Las *nuevas* culturas alimentarias: globalización *vs.* etnicidad". *Osasunaz* (núm. 10, pág. 135-147).

Rosas, J. (2012). *Cambios recientes en los patrones alimentarios de hogares rurales y la migración internacional. El caso de Tlaxcala y Morelos* (Tesis de Licenciatura). México D.F.: UNAM.

Sánchez, A. V. (2006). "La metáfora del caracol o la transferencia de valores simbólicos en los migrantes mexicanos en Canadá". *Iztapalapa* (vol. 27, núm. 60, pág. 125-138).

Vázquez, J. A. (2012). "Nostalgia culinaria: Apuntes sobre los aspectos socioculturales de la preparación de alimentos en migrantes mexicanos retornados. El caso potosino". *Revista Alter, Enfoques críticos* (vol. 6, núm. 3, pág. 105-121).

Capítulo IV

Sabritas en el pueblo, *totopos* en el "Norte". Dinámicas alimentarias y migración en la Mixteca Alta (Oaxaca, México)

Esther Katz

De la región Mixteca, considerada en México como "zona marginada", los habitantes han emigrado desde hace décadas. A finales de los años noventa la emigración creció considerablemente, en especial a Estados Unidos. A partir de diferentes observaciones realizadas en una zona de la Mixteca Alta oaxaqueña a lo largo de treinta años, veremos cuál ha sido el impacto de la emigración sobre la alimentación de los que siguen viviendo en sus pueblos y, al revés, qué alimentos extrañan los emigrados cuando están lejos de casa.

1. Contexto de la investigación

Este estudio es el resultado de las investigaciones de campo realizadas a lo largo de treinta años y tiene su origen es un estudio que se llevó a cabo ininterrumpidamente en 1984-1985, en el marco de mi tesis doctoral. Formó parte del proyecto franco-mexicano IIA-UNAM/CNRS Biología humana y desarrollo[5]. Trabajé con toda la comunidad a través de entrevistas semidirigidas y de observación participante. Esta investigación fue continuada por

5. Esta investigación empezó en diciembre de 1983 en el marco del proyecto franco-mexicano CNRS/IIA-UNAM Biología humana y desarrollo, con el apoyo de una beca de la UNAM otorgada por las Secretarías de Relaciones Exteriores de México y Francia.

estancias de campo más cortas, de 1986 a 1995. En enero, febrero y mayo del 2004, así como en el marco del proyecto Bek(onal)-ENGOV[6] (en abril-mayo y septiembre del 2011) y con el apoyo del IRD (en noviembre del 2013) se estudiaron los cambios alimentarios.

El presente trabajo se basa en parte en las aportaciones expuestas en un artículo previo publicado en la revista *Anthropology of Food*[7] (Katz, 2008, 2009). Las investigaciones de 2011 y 2013 actualizan los datos iniciales publicados entonces, y aportan una nueva perspectiva temporal.

2. Situación de la región

La Mixteca se ubica en el sureste de México. Se extiende del Pacífico a los altiplanos, pasando por Sierra Madre del Sur. Su altitud va del nivel del mar a los tres mil metros. Cubre el oeste del estado de Oaxaca y una franja al sur del estado de Puebla, y se sitúa al este del estado de Guerrero. En la época prehispánica, allí se asentó la civilización mixteca. En el siglo XV, los aztecas conquistaron poco a poco la mayoría de los señoríos mixtecos. En 1524, los españoles se apoderaron de toda la región. Principalmente, se establecieron en los valles, y dejaron las laderas a los indígenas. Sin embargo, nunca fueron numerosos. En 1803, sus descendientes

6. Proyecto de la Unión Europea ENGOV (Gobernanza Ambiental en América Latina y el Caribe), subproyecto Bek(onal) (Construcción e intercambio de saberes sobre los recursos naturales) (FP7-2010) (SSH-CT-2010-266.710).
7. Agradezco al comité editorial de la revista Anthropology of Food que autorizara la reproducción de varios párrafos del artículo "Emigración, transformaciones sociales y cambios culinarios en la Mixteca Alta (Oaxaca, México)", publicado en francés en el 2008 y en español en el 2009.

constituían el diez por ciento de la población, mientras los indígenas alcanzaban el ochenta y seis por ciento (Pastor, 1987). A finales del siglo XIX, algunas comunidades indígenas abandonaron su lengua y se las llegó a considerar mestizas. Actualmente, más del treinta por ciento de la población del estado de Oaxaca todavía habla una lengua indígena. La mayoría de los indígenas de la Mixteca son mixtecos, tercer grupo indígena de México, con 475000 hablantes (INEGI, 2010). Los lingüistas dividen el mixteco en ochenta lenguas (INALI, 2010). En medio de la Mixteca existen pequeños enclaves. Hay indígenas chochos y popolocas en el norte, triquis en el centro, y en el sur, amuzgos. Todos ellos son hablantes de lenguas otomangues.

El estudio se llevó a cabo, sobre todo, en la parte sur de la Mixteca Alta, en pueblos mixtecos del distrito de Tlaxiaco. Se centró en el pueblo de San Pedro Yosotato. Hasta hace poco, la principal actividad de esos pueblos era la agricultura de subsistencia, de maíz (*Zea mays*) asociado con el frijol (*Phaseolus spp.*) y la calabaza o chilacayote (*Cucurbita spp.*), lo que en México se llama *milpa*. Sin embargo, la mayoría de los habitantes no llegaba a una autosuficiencia alimentaria por falta de tierras y de productividad. Según un diagnóstico agrícola realizado en 1985 por agrónomos de la Universidad de Chapingo, el setenta y uno por ciento de los agricultores de la Mixteca Alta y Baja compraban maíz; el cuarenta y siete por ciento lo hacía durante más de seis meses al año (Romero Peñaloza *et al.*, 1986). En San Pedro Yosotato, en aquel tiempo, las cosechas alcanzaban entre tres y seis meses. Agosto y septiembre (cuando el maíz está creciendo y las lluvias son más fuertes, y cortan los caminos y los puentes) eran conocidos como "los meses del hambre". También se cultiva café, como en todos los pueblos de la vertiente húmeda orientada hacia el Pacífico; así, los campesinos trataban de comprar maíz y frijol en la estación de sequía (de noviembre a abril) con el dinero de la cosecha de café, para guardar su propia producción para la estación de las lluvias, pero no alcanzaba para todos hasta agosto (Katz, 1993). El precio del café cayó a partir de 1991 y solo volvió a subir a principios de siglo. Eso sí, sin llegar a los niveles anteriores.

3. Migraciones

3.1. Migraciones y movilidad dentro de la Mixteca

Dada la pobreza de la región y la falta de autosuficiencia alimentaria, los habitantes migran desde hace mucho tiempo. Están arraigados a su comunidad y a su tierra, pero eso no es óbice para que haya un alto grado de movilidad. Por ejemplo, circulan[8] desde hace siglos entre la Mixteca Alta y la costa para intercambiar productos. En la zona estudiada, varias personas cuentan que caminaban hasta Pinotepa Nacional para comprar sal, chile (*Capsicum annuum*) y jícaras[9], hasta que construyeron la carretera[10]. Circulaban también dentro de la región en migraciones temporales. En la zona estudiada, los campesinos se dedicaban al cultivo de su milpa en la estación de las lluvias. En la estación de sequía, iban a trabajar en los cafetales de las haciendas del valle colindante con

8. Fuentes coloniales describen también comerciantes mixtecos que circulan con mulas entre Ciudad de México, la Mixteca y Guatemala (Terraciano, 2001).
9. Recipientes elaborados con la cáscara del fruto de la *Crescentia cujete*.
10. Todavía en los años ochenta había comerciantes ambulantes, llamados chirinos, que circulaban con mulas entre la Mixteca Alta y la Mixteca de la Costa.

sus pueblos. En esas haciendas azucareras, el café se introdujo a finales del siglo XIX (Pastor, 1987). De ahí, los campesinos mixtecos lo llevaron a sus pueblos, para beneficiarse de algunos ingresos, pero eran los hacendados mismos los que lo compraban a un precio muy bajo.

La migración a las haciendas acabó en los años treinta, cuando se aplicó la reforma agraria elaborada durante la revolución. Los hacendados fueron expropiados. Sus tierras se repartieron como ejidos[11] entre diferentes comunidades. Los habitantes de los pueblos colindantes recuperaron algunas tierras que habían perdido en la época colonial, con acceso a irrigación, lo que permitía contar con dos cosechas de maíz al año (Monaghan, 1990). Los pueblos donde se cultivó el café atrajeron, a su vez, para trabajos estacionales (en particular la cosecha), a jornaleros de pueblos cercanos donde no se daba el café[12]. Esas migraciones internas temporales todavía suceden hoy en día. Del mismo modo, continúa la migración de zonas rurales hacia las pequeñas ciudades de la región, como Tlaxiaco, que ha crecido mucho en los últimos quince años. Personas que migraron al "norte" invirtieron en terrenos alrededor de la ciudad. A veces, al regresar, se establecieron ahí, en lugar de volver a sus pueblos. La ciudad de Oaxaca, que está a unas dos horas en automóvil de Tlaxiaco, era más un lugar de emigración que de inmigración. Sin embargo, en los últimos diez o quince años, ha sufrido un auge económico que ha atraído a inmigrantes de zonas rurales del estado. Al recibir una población mayor, todos los pueblos que rodean a la ciudad se han ido urba-

11. Los ejidos son tierras que pertenecían al Estado y que se otorgaron en usufructo a una comunidad.

12. Los cafetaleros empezaron a tener mejores precios para el café a partir de finales de los años setenta con el impulso de cooperativas locales y del Instituto Mexicano del Café, que redujeron la actividad de los acaparadores.

nizando. Se formaron suburbios, donde se han establecido, entre otros, inmigrantes mixtecos.

3.2. Migraciones externas

En San Pedro Yosotato, la emigración fuera de la región empezó en 1950, cuando varios jóvenes contratados por el Ejército se alistaron en el batallón de San Juan Teotihuacán, cerca de la Ciudad de México. A partir de los años sesenta, con la expansión de las carreteras, muchos habitantes siguieron a esos pioneros hacia la capital; ahí las mujeres trabajaban como empleadas domésticas. También en los años cincuenta, algunas familias del pueblo se fueron al istmo de Tehuantepec, cerca de Matías Romero, donde se les ofrecieron terrenos a bajo precio, después de la expropiación de una plantación de látex que pertenecía a una compañía norteamericana. Finalmente, solo dos familias dejaron a algunos de sus miembros encargados de criar ganado. Los otros volvieron a Yosotato. Del istmo, se llevaron con ellos la malanga (*Colocasia esculenta*), tubérculo que no se conocía en la Mixteca. Mientras tanto, los habitantes de otros pueblos iban también a la capital o migraban temporalmente a los campos agrícolas de las regiones del centro y del norte (a cortar jitomate –tomate– en Morelos, por ejemplo); a veces iban hasta Estados Unidos, en particular a California (Edinger, 1985; Kearney, 1986; Lestage, 2008a).

La importancia de la migración en un pueblo podía medirse por el tamaño y el arreglo del edificio municipal, ya que los emigrados mandaban dinero no solo para ayudar a su familia, sino también para obras de prestigio. De Yosotato, los primeros en emigrar a Estados Unidos fueron tres jóvenes que, en 1985, viajaron para trabajar en los campos agrícolas en el estado de Washington. Poco a poco, el movimiento migratorio se fue haciendo más y más grande.

En los años noventa, no solo los campesinos no alcanzaban una autosuficiencia alimentaria, sino que el precio de los productos agrícolas que cultivaban para vender, como el café, cayó en picado. Este fenómeno afectó a todos los productos agrícolas mexicanos. La liberalización exagerada de la economía nacional, impulsada en 1994 por la entrada en vigor del TLC (Tratado de Libre Comercio entre los países norteamericanos) provocó la desaparición de muchas pequeñas empresas, el alza del costo de vida y el fin de las subvenciones al sector agrícola. Como consecuencia, la emigración a los Estados Unidos aumentó en todo el país (Musset, 1998). El éxodo rural alcanzó entonces zonas más prósperas de la Mixteca, como la Costa. Al mismo tiempo, un violento conflicto agrario enfrentó a San Pedro Yosotato con un pueblo vecino, Zimatlan. Esto incentivó a más personas a salir de la comunidad[13]. Una buena parte se fue para Estados Unidos.

Al principio, solo emigraban hombres jóvenes. Después se sumaron mujeres, hombres mayores y familias enteras con niños. La mayoría de los emigrantes de Yosotato se fueron hacia zonas urbanas del estado de Nueva Jersey, cerca de Nueva York (en las pequeñas ciudades de Long Branch, Red Bank, Ocean, en el norte del estado) o hacia áreas rurales del estado de Washington (a trabajar en la cosecha de manzanas, de cebolla..., en Tacoma, Walla-Walla...), donde emigraron también habitantes del pueblo vecino de Yucuiti.

13. En 1998, habitantes de Zimatlan invadieron con armas de gran calibre el ejido de Yosotato, ubicado en un fértil valle irrigado que esa comunidad había obtenido en la reforma agraria de 1931, después de la expropiación de las haciendas. Sobre ese conflicto ver López Bárcenas y Espinoza Sauceda (2003).

Anteriormente, los emigrantes trabajaban durante una estación agrícola en Estados Unidos, regresaban a México y cruzaban de nuevo la frontera para la siguiente temporada de cosecha. Poco a poco, las fronteras se cerraron y los inmigrantes tuvieron que quedarse durante varios años. Muchos ya no piensan regresar. A los ilegales se les conocía como "mojados", por atravesar los ríos fronterizos. Cuando esas zonas volvieron a ser controladas, tuvieron que pasar por el desierto de Sonora, caminando de noche. Ese fue el trayecto que numerosos migrantes mixtecos usaron a partir de los años noventa. Sin embargo, últimamente, las fronteras se han vuelto mucho más difíciles de atravesar. Exinmigrantes comentan que el Gobierno estadounidense ocupó a los soldados que volvieron de Irak en la frontera mexicana, que hoy en día está mucho mejor controlada. De hecho, un buen número de emigrantes que, recientemente, regresó de visita a México, no pudo volver a Estados Unidos, por lo que terminó por restablecerse en su pueblo. Del mismo modo, en los últimos años, con la crisis económica que ha afectado a Estados Unidos, la migración ya no ha traído consigo tantos beneficios. De hecho, en la región puede encontrarse a mucha gente que decidió volver definitivamente a la Mixteca.

4. El impacto social de las migraciones

La emigración, sobre todo la masiva hacia el "norte", ha impactado de diversos modos en las sociedades campesinas mixtecas. En primer lugar, ha modificado la demografía de los pueblos y la composición de los hogares. Muchos pueblos han perdido una buena parte de su fuerza de trabajo. Aunque haya mujeres y niños que también emigran, son muchos más los hombres que salen de su pueblo dejando tras de sí a su esposa y a sus hijos. Muchas mujeres se convierten durante años en las cabezas de familia, por lo que deben soportar el doble de trabajo. A veces tratan de contratar a jornaleros para trabajar en sus campos, pero no siempre los encuentran. Cuando una mujer (soltera o separada) o una pareja emigran, y dejan atrás a sus hijos, estos suelen quedarse con los abuelos, quienes, en función de su edad, encuentran más o menos dificultades para hacerse cargo de los niños. Por otra parte, a veces las personas mayores ya no tienen en el pueblo hijos o nietos que los ayuden. En general, las familias numerosas han ido menguando y menguando, y ya no se puede contar tanto con un apoyo mutuo. Nos encontramos, pues, con familias descompuestas. Como en otras zonas rurales (Pépin-Lehalleur, 2003), las mujeres están cada vez más implicadas en los programas de desarrollo del Gobierno (en particular, *Oportunidades*, lanzado en el 2002) y pasan mucho tiempo en reuniones. Los subsidios que pueden recibir repercuten entonces en cambios domésticos, en el equipamiento de la cocina, en la salud y en las prácticas relacionadas con el embarazo, el parto o la alimentación infantil.

Con la llegada de remesas, los recursos económicos se repartieron de manera diferente dentro del pueblo. En los años ochenta, San Pedro Yosotato ya presentaba profundas diferencias económicas. Las familias más ricas eran las que, por ejemplo, poseían las huertas de café más extensas. En cambio, a partir de los años noventa, los hogares que recibían más remesas de Estados Unidos se convirtieron en los que contaban con más recursos. En algunos casos, los dos tipos de acumulación económica se combinaban; al revés, las familias que cultivaban poco café y cuyos miembros no habían emigrado reunieron las desventajas. Con las remesas, se construyeron casas de tabique y cemento, signos evidentes de ascensión social; los habitantes accedieron más fácilmente a bienes exteriores de consumo (alimentos, objetos industrializados, ropa) o a ciertos servicios, tales como la atención médica. Del mismo modo, el número de tiendas de alimentación aumentó (Katz, 2008). Sin embargo, a causa de los conflictos internos que se derivaron de tal situación a partir del 2005 y de la disputa agraria con el pueblo vecino, hubo homicidios, y varias familias se vieron expulsadas de Yosotato o decidieron marcharse; por otra parte, se produjeron incendios en casas y cafetales. En general, surgió un ambiente de temor y desconfianza. Mientras el progreso económico siguió en los pueblos vecinos, en Yosotato se produjo un retroceso. Se dejaron de construir casas y el número de comercios disminuyó. Hogares, milpas y huertas de café quedaron a su suerte, abandonados.

Por otro lado, que hubiera tanta emigración trajo consigo una falta de mano de obra local, pues pocas personas estaban dispuestas a trabajar como jornaleros por salarios mucho más bajos que los que podían recibir en Estados Unidos. Así pues, para las tareas agrícolas, los agricultores tuvieron que recurrir de nuevo al sistema tradicional de la "mano vuelta" (llamado localmente *gueza*), que casi había caído en el olvido cuando el café se vendía a buen precio. Las mujeres tuvieron que participar en la siembra de maíz, pese a que esta, cargada de connotaciones simbólicas, se consideró siempre una tarea masculina (Katz, 2008). De hecho, algunas familias dejaron de cultivar la tierra. Pasaron a vivir únicamente de las remesas. Muchas de ellas solo siembran una parcela mínima que les da *elotes* (mazorcas tiernas de maíz) para la celebración de Todos los Santos. En algunos pueblos, como en Cuquila, un buen número de parcelas de las partes altas de las laderas dejaron de cultivarse. Por ejemplo, el frijol de burro (*Phaseolus coccineus*), que crece en altitud y ocupa mucho espacio, ya no se cultiva tanto. Los productos de la milpa (maíz, frijol, calabaza) ya no tienen valor económico, y con el café sucede casi otro tanto. Sin embargo, en varios pueblos, algunas personas que regresaron también invirtieron su dinero en tierras (*milpa* y cafetales), que suelen combinar con otras actividades. Por ejemplo, tienen un comercio o un taxi al mismo tiempo que se dedican a la agricultura.

5. La influencia de la migración sobre la alimentación

Los mixtecos son, ante todo, agricultores. Como en toda el área cultural mesoamericana, la milpa es el eje central de su subsistencia y de su cosmovisión. Los mixtecos obtienen también alimentos de la recolección (arvenses en particular), así como de la cría de animales y, en menor proporción, de la caza y la colecta de insectos. También adquieren alimentos del exterior. Su alimentación se basa en los mismos principios que imperan en el resto del México rural y permanece estrechamente ligada a la prehispánica (Katz, 1996), cuyo núcleo principal (tortillas de maíz, frijoles y chile) constituye el modelo alimentario básico de todas las clases sociales mexicanas (Katz, 2004).

5.1. Las preparaciones culinarias

Hasta los años sesenta, el equipamiento de las cocinas campesinas mixtecas estaba próximo al del Neolítico: cestos de palma (tenates) para cargar alimentos; un metate (piedra para moler el maíz) y un molcajete (mortero para machacar el chile) de piedra;

ollas, comal (placa circular), recipientes, jarros y cajetes (platos hondos) de barro; recipientes de bule (*Lagenaria siceraria*); jícaras para beber agua o bebidas fermentadas; palos o cucharas de madera para menear la comida; un fuego de leña entre tres piedras. Fue en aquel tiempo cuando las carreteras llegaron a la Mixteca, lo que permitió importar utensilios industriales: de cocción de peltre o aluminio (comales, ollas, sartenes), recipientes de metal o de plástico, loza de plástico, de peltre o de vidrio. En los últimos años, se generalizaron y compitieron con la cerámica regional, ya que se cocina menos en leña y más en estufas de gas. En la década de los ochenta, solo las familias más ricas tenían estufas de gas, que utilizaban ocasionalmente, y una licuadora, utensilio indispensable en las cocinas urbanas mexicanas, para hacer las salsas picantes. Con las remesas, una mayoría de familias pudo adquirir tales bienes. Además, las mujeres que deben encargarse del trabajo del marido ya no pueden pasar tanto tiempo en la cocina. Por otra parte, en el 2002, el programa de desarrollo *Oportunidades* dio su apoyo para que las mujeres del campo pudieran adquirir molinos eléctricos, que están reemplazando progresivamente al metate, utensilio central de la cocina. Estos molinos muelen la masa de maíz más finamente que los molinos colectivos anteriores (de motor). De hecho, las mujeres que no poseen uno pagan algunos pesos a una vecina para que les realice el servicio.

Moler y cocer son técnicas básicas de la cocina mixteca y de la cocina indígena en general. Las técnicas para cortar los alimentos no son muy elaboradas, ya que es más común molerlos: el maíz en el metate, con varias consistencias según la receta, y el chile en el molcajete. Una joven se vuelve mujer cuando ya puede moler en el metate y hacer tortillas. Ya puede casarse y cumplir con el papel nutricional femenino. El metate representa también la fundación del hogar (Katz, 2006a). Antes de la introducción de los molinos de motor, las mujeres pasaban cuatro horas moliendo maíz y haciendo tortillas. En los años ochenta, "repasaban la masa" en el metate para afinarla antes de elaborar las tortillas, cocidas enseguida en el comal. De esta manera, el tiempo de fabricación de las tortillas se reducía de cuatro a dos horas.

Con el nuevo tipo de molino, llegado con el comienzo del siglo, las mujeres ya no necesitan el metate, a menos que el molino falle. Sin embargo, ellas siguen "torteando" las tortillas encima del metate, que queda cerca del fuego de leña. Ese trabajo solo dura entre treinta y cuarenta y cinco minutos (*ibid.*). Desde hace algunos años, los habitantes también completan las tortillas hechas en casa con las de una tortillería localizada en un pueblo vecino, Miramar. En todas las zonas rurales de México, los hombres se opusieron por mucho tiempo a la tecnificación de este proceso culinario (Bauer, 1990), considerado elemento crucial del papel de las mujeres. Así pues, cuando los hombres emigraron, las mujeres de Yosotato dejaron de moler la masa en el metate; ellos ya no estaban ahí para exigir la calidad de las tortillas, y ellas tenían que dedicarse a otras tareas (Katz, 2008).

Tradicionalmente, la mayoría de los alimentos se cuecen directamente en el fuego, en ollas o en un comal. Algunos alimentos, como las tortillas, se asan sobre el comal; los animales de caza se pueden asar directamente en el fuego. Otros alimentos como los tamales[14] se cuecen al vapor, pero la mayor parte de los alimentos se hierve. Para las fiestas, se cuecen alimentos en el "horno de barbacoa" (horno de tierra). Algunas mujeres aprendieron por medio de las mestizas las técnicas de panadería, y se hicieron construir hornos para elaborar y vender pan dulce. Hace algunas décadas, pocas mujeres mixtecas sabían freír los alimentos, una téc-

14. Los tamales son una masa de maíz envuelta en hojas de maíz (totomoxtle) o de plátano.

nica traída por los españoles; se limitaban a agregar un poco de manteca al final de la cocción, en los frijoles, por ejemplo. Según Méndez Mercado (1993), las mujeres que emigraron y trabajaron como empleadas domésticas aprendieron esa técnica culinaria en la ciudad y la trajeron a los pueblos, junto con algunas preparaciones. Ahora que las estufas de gas son más comunes, las preparaciones rápidas y fritas también lo son. En el pueblo triqui de Chicahuaxtla, que colinda con Yucuiti, una mujer joven me comentó que la cocina sin freír era una "cocina de abuela". De hecho, su abuela asa huevos o nopales en el comal y no fríe las salsas de chile, como ella.

5.2. El consumo cotidiano

Las tortillas constituyen, junto con los frijoles y el chile, la base de la alimentación campesina tanto en la Mixteca como en el resto de México. Los campesinos suelen tomar dos comidas fuertes por día, por la mañana y al mediodía, y otra más ligera por la noche. Una comida (*neyu*) en casa es habitual que se componga de un caldo (*neyu*) de frijol (*nuchi*), tortillas (*shita*) y chile (*ya'a*) crudo o en salsa (*nute ya'a*). El caldo de frijol se puede sustituir o se le pueden agregar uno o varios platillos aguados: un caldo de quelites[15] (*yuwe*) o de carne, un mole[16] (*neyu u'wa*, "caldo espeso") (salsa de chile espesa) con carne o frijol. La comida consumida en la milpa o durante un viaje se basa en los mismos ingredientes, pero sin caldo, comidos dentro de una tortilla o en un *totopo* (tortilla

15. Los quelites (del náhuatl *quilitl*) son brotes tiernos de hierbas silvestres, arvenses o, en algunos casos, cultivadas; algunas se comen crudas; la mayoría, cocidas.
16. Los moles (del náhuatl *molli*), tradicionalmente, se preparan en el centro de México y en el estado de Oaxaca. Hoy en día, se consumen en todo el país.

tostada que se conserva mucho tiempo). Las frutas y otros dulces (*avishi*, "lo dulce") se consumen entre comidas; a veces se ofrece a los visitantes al igual que los refrescos o las bebidas alcohólicas (Katz, 2006b).

Los cambios alimentarios ocurren dentro de un marco que se mantiene como tal. La estructura de las comidas continúa siendo la misma, los alimentos básicos se siguen consumiendo. Desde hace varios años, hay una mayor cantidad y variedad de alimentos llegados de fuera. Gracias a las remesas, los habitantes disponen de más dinero para adquirirlos. Sin embargo, en Yosotato, a causa de los conflictos internos, la situación económica ya no es tan buena como en el 2004. Así pues, lo que observé en aquel tiempo todavía es válido hoy en día en los pueblos vecinos, aunque sí que allí es un poco diferente.

Ya vimos que, en los años ochenta, cada familia producía maíz para tres o seis meses de autoconsumo; sin embargo, como algunas redujeron o abandonaron sus actividades agrícolas, la proporción de maíz y frijol comprados fuera es ahora más importante. Esos productos provienen de lugares diferentes, de México mismo o del extranjero. Se supone que hubo variedades transgénicas de maíz que se vendieron en las tiendas de la región. Algunos agricultores que quisieron experimentar con ellas las cultivaron; y lo mismo hicieron algunos campesinos que trajeron semillas de Estados Unidos[17]. Asimismo, los quelites, que generalmente se recolectan al lado de los caminos o durante el deshierbe de las milpas y de los cafetales, eran muy consumidos (Katz, 1992). Hoy en día no son tan buscados, ya que las actividades agrícolas han disminuido; además, siempre se ha tenido por un alimento de po-

17. Elena Lazos, comunicación personal, 2005.

bres. Muchos jóvenes prefieren comer carne, y los desprecian[18]. Sin embargo, en Yosotato, donde la situación económica no es tan buena, la gente los sigue comiendo. En el pueblo triqui de Chicahuaxtla, su consumo había disminuido, pero ahora los médicos lo recomiendan, sobre todo en casos de diabetes. Hay gente que cultiva quelite de mostaza (*Brassica napus*), que se vende muy bien en el mercado local.

En los años ochenta, la mayoría de las familias consumía carne (sobre todo de aves de corral) una vez cada quince días, aproximadamente. Se comía sobre todo en las fiestas, cuando se mataban animales de cría (pollo, pavo, puerco, cabra, cordero y, a veces, res). Solo los más ricos comían carne más regularmente. Hoy en día, algunas mujeres compran pollos de granja vivos, los crían durante algunos días y luego los venden ya desplumados. Los mixtecos solían desconfiar del consumo de animales, en particular de lo que se les daba para alimentarlos (Katz, 2006b). Por eso mismo, hace treinta años, los pollos de granja se despreciaban, al menos en comparación con los de rancho. Sin embargo, ahora que los campesinos tienen más poder adquisitivo y que no se produce localmente bastante carne para abastecer al pueblo, se conforman con los primeros. En Yosotato, parece que ahora no se come tanta carne como en el 2004.

Las actividades de caza, que siempre fueron minoritarias, disminuyeron todavía más, al igual que las de recolección (hongos, frutos, quelites). Muy poca gente se dedica a explotar los recursos naturales. Además, dados los litigios agrarios, los recorridos por lugares aislados o cercanos a los límites del pueblo vecino se volvieron peligrosos. Se siguen recolectando insectos, sobre todo

18. Estas tendencias de consumo (la disminución de quelites y el aumento de carne y productos industrializados) siguen un patrón que ya se observó en otras zonas rurales al inicio de los años noventa (Allen, 1992).

especies muy apreciadas como las chinches (*Edessa cordifera*), llamadas jumiles en Morelos y Guerrero, y las hormigas chicatanas (*Atta mexicana*).

La gente cultiva árboles frutales en su jardín o en su huerta de café, pero los periodos de fructificación son limitados. Además, perdieron el usufructo de los mangales y de otros árboles de frutas tropicales que crecen en el ejido. Algunas de las frutas, verduras y condimentos provenían de tierras más altas o más bajas de la región (chile, tomate, limón, banana, mango, manzana, melocotón, zanahoria y patata). Actualmente, los comerciantes de frutas y verduras que venden en los mercados semanales vienen del estado de Puebla. El número de agricultores locales que venden su pequeña producción en los mercados ha disminuido mucho.

Sobre todo a causa de las remesas, la cantidad de alimentos industrializados consumidos entre comidas creció mucho, y con ello las pequeñas tiendas de abarrotes (en Yosotato, su número disminuyó hace muy poco). Allí se venden una gran variedad de refrescos y cervezas, cuyo consumo ha crecido en los pueblos. En algunas tiendas equipadas con refrigerador, se ofrecen estas bebidas frías, cosa que antes no ocurría. Se venden también muchas sabritas de maíz con sabor a chile, dulces y galletas, así como pan y pasteles que vienen de las ciudades aledañas. Se encuentra azúcar, chile enlatado y aceite, muy usado en la actualidad. Los lácticos, como el yogur con frutas, llegaron hace poco y no siempre se conservan en el refrigerador.

El aumento del consumo de carne, de grasa, de sal y azúcar ha hecho que crezcan los casos de diabetes, enfermedades cardiovasculares, sobrepeso y obesidad. Esas enfermedades empezaron a afectar a los residentes en las ciudades a partir de los años setenta (Allen, 1992: 231), aumentaron drásticamente en todo el país durante los noventa, y desde hace unos años amenazan seriamente a las poblaciones indígenas (Bertrán, 2005). En la zona estudiada, se han registrado casos de diabetes.

5.3. El consumo festivo

Las comidas de fiesta son más variadas. Además, como la circulación monetaria es mayor, se dan con más frecuencia. Es el caso de los tamales, platillo indispensable en los ritos funerarios, pues representan, como las tortillas, los órganos genitales femeninos y a los difuntos, considerados fuente de abundancia (Katz, 2006a). Los tamales son servidos "blancos" (sin ningún relleno) o con azúcar, rellenos de frijoles o, en general, con carne y mole. Algunas mujeres saben cocinar el mole negro[19], platillo muy elaborado, rico y caro, hecho a base de chiles secos de color oscuro, de almendras, nueces, frutas, pasas, tortilla carbonizada y cacao. Este platillo se sirve en Navidad, en algunas fiestas comunitarias de santos, pero sobre todo en las bodas. El mole amarillo, típico de la cocina oaxaqueña y desconocido en otras regiones, es más común en las fiestas locales. Se elabora con chile de color rojo claro y masa de maíz blanco que, mezclada con el chile, le da un color anaranjado; se condimenta con epazote (*Chenopodium ambrosioides*), hierba santa (*Piper sanctum*) u hoja de aguacate (*Persea americana*). Los caldos o moles de frijol también pueden constituir un platillo festivo, así como el *pozole*, que es una sopa aguada de granos de maíz blanco, acompañado de carne y mole. Los caldos de carne (pollo, guajolote o pavo, cabra, cordero, res) son otro elemento que pueden componer dichas comidas festivas, siempre acompañados de frijol y tortillas. Sin embargo, como se han convertido en

19. No todos pueden consumir este platillo caro y elaborado. Es más común en las ciudades de la Mixteca y en el valle de Oaxaca.

platos cotidianos, ahora es poco frecuente encontrarlos servidos en las grandes ocasiones.

En las fiestas civiles o domésticas, se sigue sirviendo carne de barbacoa (carne cocida en horno de tierra, en mixteco: *itu*), condimentada con hojas de aguacate y acompañada de masa de barbacoa (maíz quebrado, cocido en el mismo horno), que suelen preparar los hombres. Su confección está relacionada con la fertilidad (Katz, 2006a). El atole (mazamorra de maíz) está cada vez menos presente en las fiestas, pues se la ha sustituido por el café, que a veces se acompaña con pan dulce. En la fiesta de Todos los Santos, se sirve pan dulce en forma de personajes humanos y frutas. La cerveza y los refrescos casi nunca faltan.

Finalmente, cabe apuntar que la composición de las comidas de fiesta casi no ha cambiado en los últimos treinta años. Los platillos festivos representan lo más rico de la alimentación local y han resistido mejor los cambios que otros elementos (Katz, 2008). Bertrán (2005) y Good y Corona (2011) han observado, tanto en otras regiones indígenas como en antiguos pueblos indígenas, ahora incluidos en la Ciudad de México, que las comidas festivas, más prestigiosas y más cargadas de valores identitarios, son las que han sufrido menos cambios. Estos platillos festivos (tamales, mole, barbacoa) coinciden también con los del modelo nacional, aunque poseen ligeras variantes regionales (mole amarillo, modos específicos de acomodar los platillos...). Por lo tanto, no están estigmatizados, sino que, por el contrario, son fuente de orgullo.

6. Los migrantes y la nostalgia de los alimentos mexicanos

Las encuestas de Lestage (2008b) hechas entre migrantes mixtecos en la Baja y la Alta California indican que, en el exilio, buscan este tipo de platillos festivos (mole negro, pan dulce), así como alimentos típicamente regionales (quesillo de Oaxaca[20], chapulines u hormigas asadas, chiles locales y condimentos tales como las hojas de aguacate). Una mujer de Yosotato, en particular, ilustró particularmente bien la circulación de alimentos emblemáticos que van de la Mixteca al "Norte", que Lestage describió a partir de California. Para Todos los Santos, ella había mandado a su marido y a su hija, que viven en dos ciudades diferentes del estado de Nueva Jersey, pasta de mole negro, totopos y chocolate, alimentos que se ponen en los altares de los difuntos. En otras ocasiones, ella mandaba regularmente totopos, así como frijol, frijol molido[21], café molido, quesillo[22], semillas de calabaza, jamaica[23] y pescado salado de la costa mixteca.

En Putla existe un servicio de paquetería que envía directamente mercancías a Estados Unidos en tan solo dos días. Además, su marido le pedía frecuentemente recetas por teléfono. En el periodo de Todos los Santos, pude observar en el correo de la ciudad de Oaxaca a varias personas empacando *tlayudas* (totopos) y chocolate para mandar a Estados Unidos. Lestage no solo había observado esa circulación a través de redes individuales, sino tam-

20. El quesillo, o queso de hebra, es un queso hecho a base de leche cocida, típico de la ciudad de Oaxaca, que forma unas hebras enrolladas en forma de bola.
21. El frijol molido es un frijol asado y pulverizado. Se puede usar como comida de viaje. Se diluye en agua y se cocina hasta que quede espeso.
22. La paquetería de Putla no acepta queso fresco, como el queso hecho en Tlaxiaco.
23. La jamaica son flores secas de *Hibiscus sabdariffa* usadas en decocción para hacer una bebida, muy popular en México.

bién para suministrar a comercios que emigrantes oaxaqueños, ya establecidos en California desde hacía varios años, habían abierto para suplir a la demanda nostálgica de sus paisanos. Ahora que es más difícil circular de ida y vuelta entre los dos países, el correo y las paqueterías cumplen la función de las redes individuales en las partes de los Estados Unidos, donde los oaxaqueños todavía no han abierto comercios.

Un joven que emigró a Tacoma (Washington) me contó que ahí, por tener un salario bajo y querer ahorrar dinero, le tocó comer hamburguesas en los restaurantes de *fast-food*, y no le gustó nada. Dice que le fue mejor cuando encontró restaurantes baratos de comida coreana[24], que, por ser picante, le pareció más atractiva. De vuelta a México, no echaba de menos nada de la comida americana. Al contrario, en Estados Unidos sentía muchísima nostalgia de la comida mexicana. Otro joven de Miramar (ranchería de Yucuiti) que trabaja de taxista me contó que, cuando estuvo en Wala-Wala (Washington), también extrañaba la comida mexicana, pero que le había gustado la carne. Con algunos amigos de su pueblo que trabajaban como él en el campo, los fines de semana iba a un restaurante donde podía comer tanta carne como quisiera. De vuelta en Miramar, él extrañaba la carne, pero estaba contento de volver a comer lo que le faltaba en Estados Unidos. Y es que las comidas que se venden en las calles de Tlaxiaco, tacos de carne, hamburguesas, papas fritas, pizza, y que desplazan a las tradicionales vendedoras de tamales y atoles, deben su éxito, posiblemente, al regreso de los emigrantes. Bertrán (2004) observó que los emigrantes mixtecos de la Ciudad de México conservan los mismos hábitos alimentarios, tratan de cocinar de idéntica manera que en el pueblo, enriqueciendo su comida cuando pueden,

24. En el estado de Washington hay una importante población asiática, sobre todo de Japón, pero también de Corea.

con el consumo de carne, frutas y verduras accesibles todo el año. Sin embargo, los hijos de los emigrantes que nacieron fuera del pueblo son susceptibles de cambiar sus gustos y sus hábitos. Posiblemente, con el paso de los años, las cosas seguirán cambiando.

7. Conclusión

La comida de los campesinos mixtecos está bien arraigada en siglos de tradición. Hasta la fecha, su esquema general se conserva: la estructura de las comidas es la misma, los alimentos básicos son idénticos, la mayoría de los ingredientes se conservan, los platillos que se preparan para las fiestas subsisten. Sin embargo, en la región, se observa un aumento del uso de aceite, sal y azúcar, del consumo de carne, de productos y de bebidas industriales, que están causando problemas de salud. Asimismo, se constata una disminución en el consumo de quelites.

Cuando los habitantes del pueblo comen más sabritas y otra comida chatarra, los emigrados tienen ganas de comer totopos en el "norte". En Estados Unidos, no encuentran el sabor y la calidad de la comida de su región. Los que migran a la Ciudad de México casi la pueden reproducir, pero en el norte les faltan muchos ingredientes. Así, se hace necesaria una circulación de los alimentos que provienen del pueblo. A pesar de los cambios, la comida mexicana se caracteriza por haber sobrevivido a través de los siglos. Sin embargo, solo el futuro nos podrá decir si se va a consolidar entre los descendientes de los emigrados a Estados Unidos, así como averiguaremos si los campesinos mixtecos van a seguir cultivando sus milpas y a consumir las plantas cultivadas y recolectadas en sus tierras. ¿Se volverá la agricultura una actividad marginal y el modelo de consumo urbano alcanzará totalmente el campo? ¿O, por el contrario, los productos tradicionales del campo llegaran a ser aún más apreciados?

Bibliografía

Allen, L. (1992). "The Mexican food system, traditional and modern". *Ecology of Food and Nutrition* (núm. 27, pág. 219-234).

Bauer, A. J. (1990). "Millers and grinders: Technology and Household Economy in Meso-America". *Agricultural History* (vol. 1, núm. 64, pág. 1-17).

Bertrán, M. (2005). *Cambio alimentario e identidad de los indígenas mexicanos*. México: UNAM.

Bertrán, M. (2004). "Migración y hábitos alimentarios en la ciudad de México: un acercamiento antropológico". En: A. Romero Martínez *et al* (ed.). *Quehacer científico. Un panorama actual en la UAM-Xochimilco* (tomo 2, pág. 173-181). México: UAM-Xochimilco.

Edinger, S. (1985). Mixtepec: un pueblo en la Sierra y su encuentro con la economía *norteamericana*. M. A. Thesis. Berkeley: University of Berkeley.

Good, C.; Corona, L. E. (ed.) (2011). *Comida, cultura y modernidad en México*. México: CONACYT/INAH-ENAH/CONACULTA.

Inali (2010). "Variantes linguisticas". Instituto Nacional de Lenguas Indígenas.

Inegi (2010). *Censo de Población y Vivienda 2010*. México: INEGI.

Katz, E. (1992). "La cueillette des adventices comestibles au Mexique". *Ecologie Humaine* (vol. 1, núm. 10, pág. 25-41).

Katz, E. (1993). "El papel de la etnobiología en el estudio de los sistemas de producción agrícola: el ejemplo de una zona cafetalera de la Mixteca Alta (México)". En: H. Navarro; J. P. Colin; P. Milleville (eds.). *Sistemas de producción y desarrollo agrícola* (pág. 321-327). México: ORSTOM/CONACYT/Colegio Posgraduados.

Katz, E. (1996). "La influencia del contacto en la comida campesina mixteca". En: J. Long (ed.). *Conquista y comida: consecuencias del encuentro de dos mundos* (pág. 339-363). México: UNAM.

Katz, E. (2004). "Tortillas, haricots et sauce piquante: l'alimentation au Mexique". *Savoirs Partagés*. Montpellier: Agropolis Muséum.

Katz, E. (2006a). "Cuisine quotidienne et cuisine festive en pays mixtèque (état d'Oaxaca, Mexique). Espaces, ustensiles et préparations culinaires à l'épreuve du changement". *Cahiers de l'OCHA, Faire la cuisine* (núm. 11, pág. 180-190).

Katz, E. (2006b). "Les normes alimentaires des paysans mixtèques (état d'Oaxaca, Mexique)". *Journal des Anthropologues* (núm. 106-107, pág. 205-223).

Katz, E. (2008). "Emigration, mutations sociales et changements culinaires dans le haut pays mixtèque (Oaxaca, Mexique)". *Anthropology of Food* (núm. S 4, *Modèles alimentaires et recompositions sociales en Amérique Latine*). C.-E. de Suremain; E. Katz (ed.).

Katz, E. (2009). "Emigración, transformaciones sociales y cambios culinarios en la Mixteca Alta (Oaxaca, Mexico)". *Anthropology of Food* (núm. S 6, *Modelos alimentarios y recomposiciones sociales en América Latina*) C.-E. de Suremain; E. Katz (ed.).

Kearney, M. (1986). "Integration of the Mixteca and the Western U.S.-Mexico region via migratory wage labor". En: I. Rosenthal-Urey (ed.). *Regional Impacts of US.-Mexico Relations.* La Jolla: Cent. U.S.-Mexico Relat., Univ. Calif., San Diego.

Kirchhoff, P. (1943). "Mésoamérica: sus límites geográficos, composición étnica y caracteres culturales". *Acta Americana* (vol. 1, núm. 1, pág. 92-107).

Lestage, F. (2008a). *Les indiens mixtèques dans les Californies contemporaines : migration et identités collectives.* París: Presses Universitaires de France.

Lestage, F. (2008b). "De la circulation des nourritures. La perpétuation et l'extension des liens sociaux des migrants mexicains via l'approvisionnement en produits alimentaires". *Anthropology of Food* (S 4, *Modèles alimentaires et recompositions sociales en Amérique Latine*).

López Bárcenas, F.; Espinoza Sauceda, G. (2003). *Derechos territoriales y conflictos agrarios en la Mixteca: El caso de San Pedro Yosotatu.* México: Redes/COAPI/Droits et Démocratie.

Méndez Mercado, L. I. (1985). *Migración: decisión involuntaria.* México: INI.

Méndez Mercado, L. I. (1993). "Cambio de dieta entre los migrantes mixtecos". *Antropológicas* (núm. 7, pág. 32-40).

Monaghan, J. D. (1990). "La desamortización de las propiedad comunal en la Mixteca: resistencia popular y raíces de la conciencia nacional". En: M. A. Romero Frizzi (ed.). *Lecturas históricas del estado de Oaxaca* (tomo 3, pág. 343-385.). *Siglo XIX.* México: INAH.

Musset, A. (1998). *Le Mexique: économies et sociétés.* París: Ellipses.

Pastor, R. (1987). *Campesinos y reformas: la Mixteca, 1700-1856.* México: Colegio de México.

Pépin-Lehalleur, M. (2003). "(Des)affiliation et identité: Entre liens associatifs et communautaires, des femmes indiennes face aux politiques publiques au Mexique". *Ateliers (Identités, nations, globalisation)* (núm. 26, pág. 29-65).

Romero Peñaloza, J. *et al* (1986). *Diagnóstico de la producción agrícola de las Mixtecas oaxaqueñas alta y baja.* Chapingo: Universidad Autónoma Chapingo/Conacyt/Centro Régional Universitario Sur (Informe de Investigación).

Terraciano, K. (2001). *The Mixtecs of Colonial Oaxaca: Ñudzahui history, sixteenth through eighteen centuries*, Stanford (California): Stanford University Press.

Capítulo V

"No es comida para güeros": resistencia alimentaria e identidad transmigrante en establecimientos de comida mexicana en Estados Unidos

José A. Vázquez

El presente estudio explora las dinámicas de la comensalidad entre los preparadores de alimentos que laboran en restaurantes de comida mexicana en Estados Unidos a través las resistencias alimentarias que se visibilizan en el interior de las cocinas de dichos establecimientos. Asimismo, se explica cómo estas prácticas forman parte de la identidad alimentaria transmigrante.

Se pretende demostrar, en un primer plano, que la comensalidad, en un contexto migratorio, se convierte en uno de los momentos más fuertemente socializados de todo el sistema alimentario, dando sentido a la homogeneidad del grupo, como apunta Calvo (1982), incluso dentro de los escenarios menos visibles y con más factores adversos a la convivencia. Lo anterior se puede explicar debido a las características intrínsecas que caracterizan el funcionamiento del interior de las cocinas de los restaurantes, como lo son los ambientes de tensión debido a la premura del tiempo para el servicio y las jerarquías del poder altamente estratificadas.

Este artículo, basado en un trabajo de campo llevado a cabo en tres contextos norteamericanos difentes: El Valle de San Joaquín (California); el área metropolitana de Chicago (Illinois); y la ciudad de Houston (Texas), propone que la manifestación de la resistencia por mantener las costumbres alimentarias de México se exacerba cuando los migrantes se encuentran en un contexto que les permite disponer de los medios (ingredientes, utensilios y equipo especializado) para recrear las comidas tradicionales que se preparan en el país de origen. Asimismo, se sugiere que esta resistencia puede obedecer a la vulnerabilidad que enfrentan los preparadores de alimentos cuando tienen que elaborar comida mexicana que se desmarca de los procesos, ingredientes, combinaciones y presentaciones de las elaboraciones propias que se confeccionan en el territorio mexicano y que se venden bajo el sello de cocina mexicana en los lugares donde laboran en Estados Unidos. Así, a partir del análisis de nuevas dinámicas sociales visibles en la manifestación de las resistencias alimentarias presentadas por cocineros en restaurantes mexicanos, se analizarán los cruces e intersecciones de constructos sociales como identidad y migración dentro del fenómeno alimentario.

1. La comida mexicana en Estados Unidos

El impacto del fenómeno migratorio mexicano hacia Estados Unidos difícilmente puede medirse o cuantificarse. En efecto, la diferencia entre las cifras oficiales del Consejo Nacional de Población (CONAPO) y las cifras no oficiales de algunas ONG difieren en un margen alto. Mientras que las primeras estimaban que para el 2010, eran alrededor de 25 millones los mexicanos emigrados y/o nacidos en Estados Unidos, las cifras no oficiales de las ONG sugieren que para el 2012, eran más de 29 millones. La diferencia entre las cifras se puede atribuir, además de a la situación legal de algunos mexicanos que viven en el anonimato, a la circularidad migratoria, que cada vez es de menor duración.

Las cifras anteriores ayudan a poner en perspectiva la presencia, consumo y difusión de la cocina mexicana en Estados Unidos. Jeffrey Pilcher (2012) apunta que la cocina mexicana se ha posicionado, junto con la china y la italiana, entre las más aceptadas y difundidas en el territorio estadounidense. De acuerdo con la Cámara Nacional de la Industria de Restaurantes y Alimentos Condimentados (CANIRAC) para el 2007, se estimaba que en Estados Unidos los restaurantes de comida mexicana aumentaban en un promedio del 15% anual, con ventas de ocho mil millones de dólares, y que se podían contabilizar alrededor de 90 mil comercios de este tipo en aquel país, de los cuales 22.000 son propiedad de mexicanos[25].

La opción recurrente por parte de migrantes mexicanos de ingresar a trabajar en restaurantes a la llegada a Estados Unidos permite, por un lado, perpetuar la red migratoria en la estructura de llegada, acogimiento, capacitación y la búsqueda posterior de otro trabajo. Por otro lado, el que el restaurante se considere como opción laboral a la llegada dentro del colectivo mexicano, favorece la reconfiguración identitaria a partir de las memorias individuales y colectivas que se manifiestan en las dinámicas de intercambio de información culinaria y en las maneras de comer de los preparadores de alimentos:

> "Aquí hemos tenido cocineras de todos lados. Tuvimos una de Puebla que nos enseñó a hacer el mole, pero también aprendió a hacer asado como el de San Luis. Luego estaba una de Veracruz que también traía su sazón de allá."
>
> Propietaria (Illinois)

25. "Negocios de comida mexicana conquistan EU" del 13 de junio del 2007, edición digital del periódico *La Jornada*.

La suma de los fenómenos anteriores puede obedecer a la fragmentación de la cocina mexicana nacional cuando se deslocaliza en Estados Unidos, así como a la reconfiguración de la misma gracias a los flujos de información culinaria proveniente, principalmente, de los preparadores que confluyen en los restaurantes mexicanos, que proceden de distintas regiones del territorio mexicano. Sin embargo, en esta reconfiguración no se puede restar importancia a la disponibilidad y accesibilidad a los ingredientes y, mayormente, a la infraestructura y equipo disponible para preparar alimentos que obligan a una adaptación y a una restructuración de la cocina mexicana tradicional:

> "El arroz de aquí no sirve. Por eso lo meto un rato a la freidora para que quede bonito, queda bien esponjado, es como arroz hecho en casa."
>
> Cocinera (California)
>
> "Aquí tenemos cocineros, no cuchareros de esos que hacen todo con cosas ya preparadas. Aquí hacemos todo de cero."
>
> Propietario (Illinois)
>
> "El tomate verde de aquí es diferente y la salsa queda más aguada y sin consistencia. Yo le metía pepita para espesar, pero aquí me dijeron que lo intentara con papa, o hasta con harina y ya nada más la sal goya, pa' que le dé el sabor."
>
> Cocinero (Chicago)

Ante estas afirmaciones: ¿se puede considerar la comida mexicana que se prepara en Estados Unidos como una *cuisine* propia que represente la cocina nacional mexicana? ¿Cuál es la caracterización y el contenido de la cocina mexicana que se elabora en Estados Unidos? Ante el problema de considerar las preparaciones que se confeccionan en los restaurantes mexicanos en Estados Unidos bajo un sello único de *cocina mexicana*, se hace evidente una *politización del concepto* de cocina mexicana como una categoría social que incluye no solo aspectos de identificación entre los miembros relativas a cuestiones sensoriales, facturas artesanales o la utilización de ingredientes específicos, sino también las cargas afectivas, cognitivas y sociales asociadas a la memoria implícitas entre los migrantes trasnacionales.

Para explicar este panorama, diversos estudios sobre el fenómeno migratorio mexicano hacia Estados Unidos consideran necesario incluir y analizar, además de las dinámicas poblacionales y los flujos económicos, las prácticas culturales y las dinámicas sociales que genera (Portes 2007; Ariza y Portes, 2011). Garduño puntualiza que la definición de conceptos necesarios para analizar el fenómeno migratorio, como comunidad, identidades y frontera, se debe entender como "entidades no estáticas ni territorialmente delimitadas"; es por ello por lo que "debe reconocerse el aspecto activo y dinámico de los nuevos sujetos sociales" (Garduño, 2003: 67).

En este orden, distintos autores (García Canclini, 2004; Giménez, 2009; Faret, 2010), que analizan los procesos migratorios transnacionales y las reconfiguraciones de las identidades de los actores y de las comunidades expulsoras y de recepción, señalan la necesidad de analizar la recodificación y reestructuración de los espacios, las prácticas y las representaciones sociales implicados en el proceso de la configuración de la identidad en el fenómeno migratorio. Ante esta restructuración de los espacios, como señala Faret (2010: 84):

> "No solo se reconfiguran las identidades de los sujetos en las trayectorias de vida, sino también se dota a los objetos y prácticas involucradas de nuevos significados, individuales y compartidos, que se vuelven par-

te de la vida cotidiana y sirven como marcadores identitarios para los transmigrantes."

L. Faret (2010). "Movilidades migratorias contemporáneas y recompensas territoriales: perspectivas multiescala a partir del caso México-Estados Unidos". En: S. Lara Flores (coord.). *Migraciones de trabajo y movilidad territorial*. México: CONACYT-Cámara de Diputados. Faret (pág. 84).

Dentro de estas categorías en constante proceso de recodificación que configuran el contexto migratorio transnacional, se posiciona el fenómeno alimentario. Por ello, Contreras y Gracia afirman que:

"La comida es un elemento importante que sirve a los grupos sociales para tomar conciencia de su diferencia y de su etnicidad –entendida como el sentimiento de formar parte de una entidad cultural distinta, de manera que compartirla puede significar el reconocimiento y la aceptación o incorporación de estas diferencias."

J. Contreras; M. Gracia (2005). *Alimentación y cultura. Perspectivas antropológicas*. Barcelona: Ariel (pág. 217).

Las prácticas alimentarias, explican los autores, son primordiales en el establecimiento y mantenimiento de la sociabilidad humana y han servido, históricamente, para marcar las diferencias étnicas y sociales en la medida en que sirven para clasificar y jerarquizar a las personas y a los grupos, así como para manifestar las formas de entender el mundo. En efecto, el comer sirve de signo entre los que participan en la ocasión comensal, pues constituye un marcador de pertenencia, a la vez de inclusión y de exclusión social. Por ello "se consumen aquellos platos que se consideran propios ante las comidas de los otros. Es así como la cocina se convierte en un medio para salvaguardar ciertos trazos identitarios, a pesar de que la estandarización modifica los modelos alimentarios contemporáneos" (Contreras y Gracia, 79).

Calvo (1982), por su parte, señala que en los procesos migratorios, los migrantes tratan de mantener un *continuum* alimentario que se reconoce, visibiliza y que genera nuevas prácticas y valores asociados a la alimentación de la sociedad originaria. Este proceso se caracteriza por el intento de retención de los hábitos alimentarios, que van cediendo conforme avanza el proceso de inserción en la cultura de encuentro (a menudo también compleja y multifactorial) y que atraviesa por un sistema de legitimaciones y valorizaciones de los sistemas y hábitos alimentarios de la sociedad de origen.

En el contexto actual, en el que la circularidad migratoria se ha convertido en un patrón de estilo de vida cada vez con menor duración, la alimentación y en especifico, el proceso de preparación y el consumo de los alimentos, así como las maneras de comer, devienen prácticas que fungen como medio de anclaje necesario para la estabilización y la toma de conciencia transmigratoria de los sujetos que viven esta condición. El tener este anclaje permite posicionar a los restaurantes como un escenario conciso en el que, por sí mismos, funcionan como espacios sociales transnacionales.

Por lo anterior, las prácticas alimentarias en el contexto trasnacional no solo se pueden entender como un marcador de identidad étnica autorreconocida, sino como un mecanismo que fortalece la memoria colectiva de los lugares de expulsión que, a su vez, materializa la toma de conciencia multilocal en los establecimientos que ofrecen comida mexicana cuando los migrantes mexicanos consumen platillos que, aunque son preparados con los mismos ingredientes que en México, se desmarcan de las preparaciones de las cocinas mexicanas tradicionales. Este tipo de comportamientos alimentarios, tal como lo explica Medina (2002:

124), "son contemplados y valorados socioculturalmente dentro del marco de las sociedades que los producen. Y son, asimismo, un instrumento útil y explicito con que los emigrantes cuentan para recrear su identidad en la emigración". El comer, apunta Medina:

> "Se sitúa como instrumento dentro del campo de la identidad colectiva y se convierte, de este modo, en una de las fronteras simbólicas que cabe tener en cuenta entre grupos de contacto, convirtiéndose en una evidencia de la participación diferencial de los individuos en un marco sociocultural más amplio."
>
> J. Contreras; M. Gracia (2005). *Alimentación y cultura. Perspectivas antropológicas*. Barcelona: Ariel (pág. 123).

2. Metodología

Para recabar la información, se realizó una aproximación etnográfica consistente en observación participante por medio de una inmersión en las cocinas de los restaurantes. Por ello, trabajé como cocinero y auxiliar de cocina en tres contextos diferentes: El Valle de San Joaquín, en California; el área metropolitana de Chicago, en el Estado de Illinois, y la ciudad de Houston (Texas). Esta inmersión se llevó a cabo durante un mes en cada una de las áreas y localidades mencionadas, cubriendo un total de seis restaurantes que abarcan desde las pequeñas *taquerías* a los restaurantes mexicanos "gastronómicos".

La etnografía culinaria realizada obedece a considerar los restaurantes como unidades de análisis fundamentadas a partir de los estudios de Fine (2009) y de Berris y Sutton (2007). El primero afirma que, en los restaurantes, se materializan de manera clara las manifestaciones e interacciones de constructos sociológicos asociados al fenómeno alimentario como son: la organización, la autoridad, el poder, el género y el status, con otras categorías como la producción, la preparación, el servicio y el consumo de alimentos. Fine (*op. cit.*) añade que, para recabar información de esta naturaleza donde se pueda testificar de manera fidedigna sobre las dinámicas sociales generadas al interior de las cocinas, el observador debe ser parte de la estructura de los establecimientos y no ser solo un elemento ajeno a ella, ya que ello podría modificar las situaciones y dinámicas generadas en ese escenario. Berris y Sutton (*op. cit.*), por su parte, argumentan que los restaurantes son un microcosmos de procesos sociales y simbólicos que proveen el contexto adecuado para responder a cuestionamientos sobre etnicidad, género y distinción enmarcados bajo el fenómeno alimentario. Por ello, los restaurantes son espacios de encuentro donde se codifican, expresan y exponen nuevas reconfiguraciones en las maneras de comer que se generan dentro del espacio de la preparación de alimentos.

Cada una de las localidades que sirvieron como escenario de esta investigación refleja distintas perspectivas de contexto asociadas a los tiempos y los ritmos alimentarios implicados en el estudio. El Valle de San Joaquín se caracteriza por la importancia de los mexicanos como fuerza laboral en los sectores de la agricultura[26]. En el área metropolitana de Chicago se observa un tipo de "guetificación" de mexicanos en zonas delimitadas del área urbana, haciendo visibles las resistencias alimentarias en el nivel comunitario. En Houston, en cambio, la dispersión de los mexicanos ofrece diferentes dinámicas de interés para este trabajo en cuanto a la reconfiguración de la cocina mexicana y sus espacios

26. Según datos de la Universidad de California son más de un millón y medio de mexicanos los que trabajan en el sector agrícola en ese Estado (Dato recuperado el 29 de mayo del 2013 de la versión digital del periódico *El País*.

de visibilidad, debido a su presencia perceptible en toda la mancha urbana y, por lo tanto, a las opciones disponibles que procuran replicar de manera fidedigna la comida tradicional mexicana.

3. La resistencia como factor articulador de la identidad alimentaria en las cocinas de los restaurantes mexicanos en Estados Unidos

En el contexto migratorio transnacional, el escenario dentro de las cocinas de los restaurantes mexicanos en Estados Unidos permite a los cocineros el acceso con facilidad a los ingredientes, equipo e infraestructura necesaria para intentar recrear la cocina tradicional mexicana, favoreciendo, más que una hibridación alimentaria[27], una reterritorialización[28] de la cocina, donde se configuran y se hacen visibles nuevas dinámicas de maneras de comer, como la elaboración de comidas comunitarias que evocan las comidas festivas en México.

Estas dinámicas se manifiestan, sobre todo, en resistencias alimentarias que visibilizan el deseo de mantener las maneras tradicionales de comer en México, que rigen las pautas de la comensalidad entre los trabajadores de los restaurantes y que constituyen prácticas asociadas a la configuración de la identidad alimentaria transmigrante. Como señalan Contreras y Gracia:

---

27. Entendida en esta investigación, más que en la sustitución de los ingredientes para realizar platillos tradicionales, como procesos de confección de los platillos con la utilización de equipo y utensilios profesionales de poco o nulo uso en México.
28. Asumida como un proceso de elaboración de platillos que se favorecen de la disponibilidad de la oferta de los ingredientes y la confluencia de distintos frentes y conocimientos culinarios gracias al flujo de información culinaria procedente de la confluencia de los cocineros de distintas partes de México.

"De la misma manera que se habla de innovaciones alimentarias y tan importantes como ellas, puede hablarse de resistencias a dichas innovaciones. También, las resistencias muestran la relación de la alimentación con el conjunto de valores sociales, con las estructuras económicas, sociales y políticas, con las tradiciones culinarias específicas, y con sus relatos de identidad étnica, nacional o de clase..."

J. Contreras; M. Gracia (2005). *Alimentación y cultura. Perspectivas antropológicas*. Barcelona: Ariel (pág. 228).

La manifestación de las resistencias alimentarias ejercidas por los cocineros se puede explicar a partir de la fragmentación de las maneras de comer que se cobijan bajo el sello de cocina mexicana y que rompen los ritmos tradicionales de los platillos que se elaboran en México. De esta manera, los cocineros tienen que apegarse a los estándares establecidos en los negocios donde trabajan, en los cuales, generalmente, la labor culinaria y las preparaciones que se elaboran en estos establecimientos abren sus posibilidades para atraer a un mayor número de clientes de diferentes etnicidades.

Lo anterior obliga a un repliegue que se queda dentro de la cocina y que genera una microdinámica de comensalidad entre los preparadores, donde se manifiesta, e incluso se exacerba, la totemización de los ingredientes, los platillos y las maneras de comer tradicionales de las cocinas mexicanas gestadas en territorio mexicano:

"¿Y usted, primo, tiene 'papiros'? ¿Por qué si está estudiando cocina viene a aprender aquí?" (jefe de cocina, Chicago). Fueron las primeras preguntas para tratar, en un solo intento, de romper el hielo y descifrar mi posición en el restaurante una vez repartidos los 24 aguacates reglamentarios para hacer el guacamole para el servicio de la mañana y las dos cajas de arrachera que requería ser limpiada y porcionada para el fin de semana. 'No sé si allá, en México, le harán igual, pero así se hace aquí...', dijo mientras que, con absoluta destreza, le quitaba la grasa a la carne y la porcionaba para ponerme la muestra de cómo ejecutar la operación. Al escuchar que tenía visa de turismo que me posibilitaba el regreso a México, el silencio se hizo más incómodo. Al acabar con la tarea asignada, la siguiente instrucción que escuché fue un 'Coma primo. Prepárese lo que quiera'. Su cara de desconfianza cambió completamente cuando llegué con taco en mano, preguntando por una salsa picosa. '¿A poco si come chile?'. Al escuchar una respuesta afirmativa, su actitud cambió completamente. 'Es que como aquí viene a comer casi puro güero no podemos hacer la salsa picosa'. Acto seguido, puso a torear[29] unos chiles jalapeños sobre la plancha y salió al comedor del restaurante con prisa por un par de vasos de agua para regresar e improvisarse unos tacos. Sin embargo, el convencimiento y la aprobación cedieron en su totalidad al inspeccionar la manera en cómo yo era capaz de acompañar mi comida alternando un bocado y una mordida a los chiles toreados. Días después me comentaría que llegó a Chicago hace veintiún años con su familia, procedentes de Moroleón (Guanajuato) y que desde hace quince años ha trabajado en cocinas. Solo en cocinas de restaurantes mexicanos."

Notas del trabajo de campo de mi tesis doctoral en curso, realizado en Estados Unidos entre febrero y mayo del 2013.

Estas resistencias por replicar las maneras tradicionales de comer se pueden explicar de acuerdo a lo que Vertovec (1999) afirma en cuanto a que, en el proceso de adaptación y aculturación en un contexto migratorio, siempre va estar el deseo, consciente o no, de reconstruir la comunidad a través de la repetición de prácticas cotidianas que fortalezcan los vínculos con el país de origen. Ello obliga a los transmigrantes a construir nuevos espacios donde tengan cabida en la arena colectiva estas prácticas, en las que encuentren un medio de reproducción cultural donde se distingan como nuevos sujetos que son conscientes de una multilocalidad.

29. Término coloquial para nombrar a los chiles que pasan por un proceso de asado directo hasta casi quemarse. Este proceso sirve además de acentuar el sabor, para intensificar el picor del chile.

Esto responde, según Vertovec, al deseo de componer la memoria colectiva fracturada a partir de la deslocalización.

Estas prácticas están asociadas con la memoria individual y colectiva de los migrantes y constituye, tal como dice Giménez (2009), un pilar para la caracterización de las identidades colectivas de quienes experimentan el fenómeno migratorio transnacional. Por un lado, los cocineros se convierten en juez y parte sobre la autenticidad de la cocina mexicana ante la fragmentación y recodificación de la misma que cada vez ofrece más alternativas de alimentos que se venden bajo el sello de cocina mexicana y que se despegan de las preparaciones, técnicas y sabores propios de las preparaciones identificadas como tradicionales que se elaboran en territorio mexicano. Por otro lado, esta vulnerabilidad obliga a exacerbar el intento de mantener las maneras de comer tradicionales, que se ven traducidas en dinámicas de inclusión y exclusión a aquellos actores de quienes participan en ellas dentro de las cocinas de los restaurantes.

Según Contreras y Gracia (2005), cada grupo social posee un cuadro de referencias que guía la elección de sus alimentos, cuyo conjunto constituye un corpus más o menos estructurado de criterios que le corresponden y, por esta razón, le confiere una particularidad ya sea diferencial o distintiva.

> "El primer día que llegué a trabajar a un restaurante, en Houston, coincidió también con el primer día de trabajo de la señora que sería encargada de lavar los platos. A mitad de la jornada, y por equivocación, un desayuno fue devuelto intacto a la cocina. Rápidamente, una de las cocineras hizo un taco para cada uno de los que estábamos ahí con el plato devuelto. La señora de los platos rechazó el taco argumentando que había desayunado tarde y que había llevado comida de su casa para comer en el descanso. Ante esta negativa, la cocinera, con una notoria molestia, dijo para el resto de los trabajadores que nos encontrábamos

> ahí: 'Ella ya no se cree mexicana. Ha de ser chicana o ya ha de creer que es de acá y por eso no quiere el taco'".
>
> Notas del trabajo de campo, tramo Houston.

Desde una perspectiva histórica, Jeffey Pilcher (2012) explica que el fenómeno de fragmentación y reconfiguración de la cocina mexicana es perceptible desde mediados del siglo XX, con el boom de la cocina *texmex* y *calmex* dirigidas al mercado anglosajón, que tenía curiosidad de probar la cocina mexicana pero que tuvo que sufrir una homologación al paladar de los anglosajones. Este movimiento, según Pilcher, tuvo su auge durante el periodo de la Guerra Fría, en la segunda mitad del siglo XX, que consagró la cocina *texmex* como representante de la cocina mexicana para el mercado anglosajón.

En este contexto histórico, se han desarrollado nuevas expresiones culinarias que se venden bajo el sello de cocina mexicana, lo que ha generado puntos de tensión más allá de los consumidores que prefieren comerla o no, entre los preparadores que fungen como jueces, debido al saber culinario desarrollado en la experiencia laboral y a los puntos de referencia de memoria individual y colectiva que hacen ver desde una perspectiva más crítica estas manifestaciones que distan de las cocinas mexicanas tradicionales.

> "En el otro restaurante donde trabajo no es comida para güeros. Es cocina más casera, más tradicional de por allá, aunque es un restaurante chiquitito, allá sí está bueno."
>
> Cocinero (Chicago)

El trabajo de Kalcik (1984) postula que, en el momento de reproducir las comidas tradicionales y las maneras de comer a la usanza tradicional, en prácticas tanto públicas como domésticas, se alivia el choque cultural en la comunidad y cultura receptora y que, además, se vincula a los individuos y, en su caso, a los grupos, con el pasado y con el terruño. Sin embargo, la perpetuación de las prácticas alimentarias también representa situaciones de tensión en distintos aspectos. Por un lado, la reproducción constante de las prácticas alimentarias tradicionales sirve como vehículo de señalización del individuo o del grupo inmigrante desde una óptica segregadora por parte de la comunidad receptora. De esta manera, los hábitos alimentarios pueden ser observados desde un punto de vista desfavorecedor, como un marcador identitario de grupos inmigrantes renuentes al cambio y, por tanto, a la aculturación en los miembros de la comunidad receptora.

Por otro lado, según la misma autora, el proceso de hibridación alimentaria siempre genera situaciones de conflicto dentro de las esferas más privadas, sobre todo por la carga afectiva que representa, por un lado, la incorporación de nuevos productos, platillos e ingredientes, que se manifiesta con el sentimiento de pérdida de la identidad y, por otro, los ajustes en los hábitos alimentarios, que algunas veces son incapaces de ser reproducidos en los lugares de recepción de los migrantes.

> "Yo empecé con el restaurante, llevo ya seis años y he visto pasar a todos los chefs. El único momento en que pensé en irme fue cuando trajeron a un chef güero. ¡Imagínate! Se puso a hacer puras porquerías, quería meter en el menú hasta hamburguesas y le quitó el chile a todo."
>
> Subchef (Chicago)

Como explican Contreras y Gracia (2005: 455), la aplicación rigurosa de las reglas alimentarias ha sido, a lo largo del tiempo, una protección contra la aculturación y la pérdida de la identidad ante el contacto cultural con otros grupos y es muy lógico que los colectivos de inmigrantes no quieran abandonar ciertas prácticas sino, por el contrario, crear en sus sociedades de destino los espacios adecuados para satisfacer las demandas de productos axiales en su alimentación.

4. Conclusiones

Los restaurantes pueden ser considerados como espacios sociales trasnacionales con rasgos propios donde se hacen visibles las nuevas dinámicas sociales asociadas al fenómeno alimentario, y donde no solo se hacen explícitas las manifestaciones de la nostalgia culinaria que impacta en las prácticas alimentarias de los migrantes sino que, en el deseo de recrear México, se van configurando nuevas identidades alimentarias asociadas al fenómeno migratorio trasnacional. Sin embargo, para poder entender la concepción del restaurante como un espacio social transnacional, es necesario tomar en cuenta la configuración del mismo a través del contexto histórico y social en el que están inmersos. El conocer estos contextos –que han favorecido considerar estos establecimientos como escenarios donde la información y la circulación de bienes, significados y representaciones le confieren una carga axiológica particular a la preparación de los alimentos en el contexto migratorio transnacional– ayuda a explicar por qué los restaurantes son espacios donde los migrantes, además de desarrollar una conciencia de la multilocalidad, reconfiguran sus identidades transmigrantes a partir de las maneras de comer.

Otro elemento a tomar en cuenta para entender las nuevas configuraciones de la identidad alimentaria es el fenómeno de la reterritorialización de la cocina mexicana. Como se ha visto, los restaurantes son un punto de referencia de llegada de los connacionales. Ello implica un constante flujo de información culinaria respectiva a los saberes culinarios de las regiones expulsoras, construyendo así un corpus de conocimiento culinario empírico que se forja en Estados Unidos, pero que se enfrenta con nuevos equipos, utensilios, sistemas de trabajo y con la incorporación, en algunos casos, de ingredientes sustitutos para confeccionar preparaciones tradicionales que son referentes identificativos de la cocina nacional mexicana y que, muchas veces, no encuentra un punto de corroboración en la propia memoria individual de los preparadores de alimentos, aunque sí se convierte en un elemento identificador avalado por la memoria colectiva de los connacionales que se encuentran en Estados Unidos.

Por tal motivo, el proceso de reterritorialización involucra, indiscutiblemente, situaciones de tensión y conflicto que implica esta nueva reconfiguración de la cocina mexicana. Estas situaciones se manifiestan, por un lado, en las resistencias alimentarias presentadas por los preparadores de alimentos para tratar de recrear de manera fidedigna las maneras tradicionales de preparar alimentos en el ambiente de trabajo; por otro lado, el tratar de reproducir las preparaciones tradicionales en un ambiente de nuevas tecnologías en el equipo y los utensilios, así como en las maneras de confeccionar los alimentos en lo que según Ritzer (1985), obedece a la "Mcdonalización de la sociedad" donde se "deshumaniza", en diferentes grados, la labor culinaria, se exacerban las situaciones de tensión pero, a su vez, se materializa la conciencia multilocal y configura la identidad alimentaria transmigrante.

Además de los contextos, es necesario considerar el papel que juega la memoria colectiva que se activa como un mecanismo de cohesión, catalizando nuevas manifestaciones ante la fragmentación y recodificación de la cocina nacional mexicana cuando se relocaliza en Estados Unidos. Es decir, el fenómeno de activación de la memoria obliga a entender la existencia de la nostalgia culinaria como una fuerza que permea en los planos individual y colectivo, y que se materializa en nuevas dinámicas sociales que son evidenciadas a la hora de preparar y consumir alimentos en los establecimientos de cocina mexicana.

En este trabajo se ha evidenciado la complejidad que involucra los cruces e intersecciones entre migración, alimentación e identidad en el contexto transnacional mexicano-americano. A partir de una práctica cultural como es la alimentación y, en específico, la preparación, el consumo y las maneras de comer, se ayuda a ejemplificar las razones y factores que determinan las nuevas configuraciones de las representaciones sociales en el fenómeno migratorio transnacional.

Bibliografía

Ariza, M.; Portes, A. (coords) (2011). *El país trasnacional. Migración mexicana y cambio social a través de la frontera.* México: UNAM-Instituto Nacional de Migración-Miguel Porrúa.

Basu, A. (2002). "Breaking the mould". En: A. Jershen (ed.). *Food in the migrant experience* (pág. 149-178). Londres, Ashgate.

Berris, D.; Sutton, D. (2007). "Starter: Restaurants, Ideal postmodern Institutions". En: D. Berris; D. Sutton. *The restaurant book, ethnographies of where we eat* (pág. 1-17). Nueva York: Berg.

Calvo, M. (1982). "Migration et Alimentation". *Social Science Information* (vol. 3, núm. 21, pág. 386-446).

Chavez, J.; Granados, J. *et al.* (2011). *Migración internacional, identidad de género y participación social de las Mujeres.* Pachuca: Universidad Autónoma del Estado de Hidalgo.

Contreras, J.; Gracia, M. (2005). *Alimentación y cultura. Perspectivas antropológicas.* Barcelona: Ariel.

Faret, L. (2010). "Movilidades migratorias contemporáneas y recompensas territoriales: perspectivas multiescala a partir del caso México-Estados Unidos". En: S. Lara Flores (coord.). *Migraciones de trabajo y movilidad territorial* (pág. 81-100). México: CONACYT-Cámara de Diputados.

Fine, G. A. (2009). *Kitchens. The Culture of Restaurant Work*. Berkeley: University of California Press.

Garcia Canclini, N. (2004). *Diferentes, desiguales y desconectados. Mapas de la Interculturalidad*. Barcelona: Gedisa.

Garduño, E. (2003). "Antropología de la frontera, la migración y los procesos transnacionales". *Frontera Norte* (vol. 30, núm. 15). México: El Colegio de la Frontera Norte.

Gimenez, G. (2009). "Cultura, Identidad y Memoria. Materiales para una sociología de los procesos culturales en las franjas fronterizas". *Frontera Norte* (vol. 41, núm. 21, pág. 7-31). México: Colegio de la Frontera Norte.

Hirai, S. (2009). *Economía política de la nostalgia. Un estudio sobre la transformación del paisaje urbano en la migración transnacional entre México y Estados Unidos*. México D.F.: UAM.

Kalcik, S. (1984). *Ethnic Foodways in America: The performance of the Identity*. En: L. Keller; K. Mussell (comp). *Ethnic and Regional Foodways in the United States. The performance of Group Identity* (pág. 37-65). Knokville: University of Tennessee.

Medina, F. X. (2002). "Alimentación, Etnicidad y Migración. Ser vasco y comer vasco en Cataluña". En: M. Gracia (ed.). *Somos lo que comemos, estudios de alimentación y cultura en España* (pág. 123-147). Barcelona: Ariel.

Pilcher, J. (2012). *Planet taco, a Global History of Mexican Food*. Oxford: Oxford University Press.

Portes A.; Guarnizo, L.; Landolt, P. (1999). "The study of transnationalism: pitfalls and promise of an emergent research field". *Journal of Ethnic and Racial Studies* (núm. 32, pág. 218-237).

Portes, A.; Dewind, J. (eds.) (2007). *Rethinking Migration. New theoretical and Empirical Perspectives*. Nueva York: Berghahn.

Portes, A.; Rumbaut, G. (2009). *América Inmigrante*. Barcelona: Anthropos.

Ritzer, G. (1996). *La Macdonalización de la sociedad*. Barcelona: Ariel.

Sercia, P.; Girard, A. (2009). "Migrer et manger dans un espace social alimentaire transculturel". *Cuizine: The Journal of Canadian Food Cultures/Cuizine: revue des cultures culinaires au Canada* (vol. 1, núm. 2).

Vertovec, S. (1999). "Conceiving and researching transnationalism". *Journal of Ethnic and Racial Studies* (núm. 22, pág. 447-461).

Vertovec, S. (2007). "Migrant transnationalism and Modes of Transformation". En: A. Portes; J. Dewind (eds.). *Rethinking Migration. New theoretical and Empirical Perspectives*. Nueva York: Berghahn.

Capítulo VI

Migraciones, comida y orden social entre los Ch'orti' del oriente de Guatemala. Desplazamientos y relatos culinarios de vuelta

Julián López García, Lorenzo Mariano Juárez

1. Comida, orden social e identidad en el oriente de Guatemala

Los ch'orti' constituyen un grupo indígena maya que habita la zona oriental del departamento de Chiquimula, cerca de la frontera con Honduras, en cuyo occidente se han reportado también varias comunidades ch'orti' (Metz, 2006). Desde hace muy pocos años, los ch'orti' buscan en el viaje peligroso "a los Estados" el logro de un ideal de fortuna que les permita el retorno con los dólares suficientes para emprender una nueva vida. Sin una idea clara de lo que les aguarda, empeñan lo que tienen para pagar a un coyote, emprenden un duro y peligroso camino de no menos de 30 días y, si la suerte les acompaña, serán empleados en duros trabajos que aceptan con alegría pues entienden que ese es el precio a pagar para escapar, al menos durante algún tiempo tras su retorno, de la pobreza y de sus estigmas más lacerantes. El incremento de población, la cada vez más notoria pobreza de las milpas, los avatares climáticos cada vez más adversos, la experiencia del "hambre perpetua" (López García, 2009) y la observación del progreso de aquellas familias que tienen a algún miembro en alguna ciudad de Estados Unidos, hacen que para muchos el viaje al norte sea un asunto obligado.

Junto a la irrupción del discurso desarrollista de la última década, los relatos de esos "viajes" construyen hoy los vectores de la modernidad en unas reglas sociales y culturales hoy en discusión. El desplazamiento, no obstante, ha tenido siempre un lugar protagónico en la vida social indígena. Las comunidades se organizan en casas con una gran dispersión, pero no son infrecuentes las visitas a familiares y amigos, además de otros desplazamientos más ritualizados como el "recubal" –el agasajo ceremonial con comida de un padre a su compadre– (López García, 2003). Antes de que los intentos de emigrar de manera ilegal a los Estados Unidos se convirtieran en el anhelo de una gran parte de los campesinos en edad de trabajar, los ch'orti' se veían abocados a la necesidad de viajar varias semanas al año a las fincas de la costa sur de Guatemala y del Petén, contratados como asalariados para completar los ingresos de unas tierras cada vez más empobrecidas. En todos estos "desplazamientos" encontramos ciertos elementos comunes, de los que aquí abordamos dos: en primer lugar, se trata de viajes de ida y vuelta (se entienden dentro de un campo amplio de la visita pues siempre está implícita la idea de retorno) y, dos, son traslados donde la comida –y los relatos en torno a ella– ocupa un lugar central.

La importancia otorgada a la comida en esas narraciones no es sino el correlato de la del estatus destacado de la comida y las prácticas culinarias en la definición de la *ethos* y el orden social y moral indígena. Más allá de la idea de Ortner (1973), para quien la alimentación es siempre un "símbolo llave" (López García, 2003:18) a través del cual abordar la interpretación cultural, o las más modernas tesis que entienden las prácticas culinarias como formas encarnadas de memoria (Holtzman, 2006:361-378), pensamos que la comida es también un medio performativo de dirimir los procesos de cambio. Los traslados a los que antes nos referíamos suponen de esta forma desplazamientos de hombres y de comida. Las visitas[30] a parientes y amigos esperan siempre la reciprocidad envuelta en forma de comida, y desatender esa obligación es uno de los motivos de mayor vergüenza en la comunidad[31]. Las visitas entre dos familias que preceden y siguen a un casamiento e, igualmente, las visitas previas y posteriores al *recubal*–generalmente realizadas por intermediarios rituales: los "personeros"– implican envíos de comida; el "personero" que lleva un mensaje va cargado igualmente de comida. Los diálogos con la divinidad y el mundo sobrenatural –como en las ceremonias para pedir la lluvia– (López García, 2003; Mariano Juárez, 2011) son catalizados con la inevitable presencia de comida. Y, en fin, en el traslado simbólico más importante en el ciclo vida ch'orti', el matrimonio, la comida igualmente ocupa un lugar central. El contrato social del matrimonio está basado igualmente en un tipo de intercambio alimentario. El esposo se compromete a que la esposa "tenga la palma de la mano caliente" –la metáfora que hace referencia a que podrá tortear porque él se encargará de hacer milpa y llevar maíz a la casa– y a la vez la esposa se compromete a alimentar al esposo teniendo buenas y suficientes tortillas en la casa y a cuidar de los hijos de manera adecuada. Desde la óptica tradicional, la tortilla de maíz[32] se configura como el alimento

30. La concepción de visita implica necesariamente la idea de comida. En las visitas informales, será el visitante el que se beneficie de comida, y en las visitas formales suele suceder lo contrario, que el visitante sea quien lleve la comida, pero esta siempre está presente (López García, 2003).

31. "Una de las peores reputaciones que una familia puede tener es la de no ser hospitalaria con sus visitantes, sean amigos o extraños, indígenas o ladinos (...) El visitante o el viajero tiene el derecho a pedir que se le trate como un miembro de la familia, por lo menos durante una noche" (Wisdom, 1961:296).

32. El maíz y el frijol son los únicos alimentos considerados absolutamente indispensables, y probablemente tengan mayor importancia que los restantes cultivos domésticos juntos. Las tortillas de maíz y el frijol simbolizan el alimento y sus nombres nativos con frecuencia significan "comida" (Wisdom, 1961:32). La tortilla es el alimento cargado de un tono emo-

por excelencia, el único capaz de saciar el hambre (López García, 2003; Mariano Juárez, 2011). Parece un hecho contrastado que la tortilla es indispensable para sustentar el cuerpo y para posibilitar el trabajo común. El sentido de la comida se expresa cuando se refieren a ella como *nipa* (mis tortillas). Una mujer, al ofrecer comida, nunca preguntaría ¿Va a querer su comida?, sino que diría: ¿va a querer sus tortillas?

En otro lugar (López García, 2000b) hemos abordado las relaciones entre estética, orden social y moralidad de las prácticas culinarias ligadas a la preparación de la tortilla de maíz. A través de categorías estéticas como "tortilla galana" (bella, buena, agradable, afectiva) o "tortilla fiota" (fea, mala, desagradable, desafectiva) se ponen en juego representaciones sobre el gusto que son usadas como metonimias del orden o el desorden social: la presencia de tortillas mal preparadas son la consecuencia evidente de desorden, la mayor parte de las veces porque la mujer, según el correlato oficial construido, desatiende sus obligaciones y anda chismeando. Por supuesto, ese orden define de manera clara los roles de cada uno de los géneros. En palabras de Wisdom:

> "En términos generales, los varones son responsables de la siembra, el cultivo y la cosecha de las milpas, los huertos y los vegetales. "Milperos" o "sembradores de maíz" son los principales nombres con los cuales se designa a los varones (...) se dice que todo el trabajo relacionado con la producción y almacenaje de alimentos corresponde a los hombres (...) El trabajo femenino más importante es el doméstico, que comprende las actividades de cocinar, moler maíz, llevar agua para consumo familiar, limpiar la casa y atender a los niños. El trabajo primario de las mu-

tivo más evidente; "sustenta" el cuerpo y "sostiene" el alma, pero además hace lo propio con la vida social indígena. A diferencia del resto de comidas –que pueden ser aburridas (k'o'yranemix, "ya me he aburrido") –, ni cansan ni aburren, desafiando una de las leyes de la afectividad, la que nos dice que lo repetitivo cansa, empalaga.

jeres consiste en atender los asuntos del hogar[33], y se piensa que ellas no debieran desempeñar ningún otro."

C. Wisdom (1961). *Los Chortís de Guatemala.* Guatemala: Seminario de integración Social de Guatemala (pág. 224-226).

Tales representaciones tiene un hondo componente emocional, hasta tal punto que diversos programas de desarrollo o ciertas iniciativas en la lucha contra el hambre en la región han fracasado estos años por no entender las significaciones que operan en estas prácticas culinarias (López García y Mariano Juárez, 2006; López García, Francesch Díaz y Mariano Juárez, 2011; Mariano Juárez, 2014). Un ejemplo de todo ello puede ser el de las "estufas mejoradas", un proyecto recurrente en el que se entregaban a grupos de familias con la intención de que sustituyeran a la cocina en el comal[34]. Estas estufas han acabado durmiendo el sueño de los justos en la mayoría de las familias, abandonadas en los márgenes de las casas, podridas de herrumbre. La explicación de esa desafección descansaría en la ruptura de ese orden estético y mo-

33. El cuidado de los niños, la preocupación por la higiene o por la alimentación constituían un terreno evidentemente femenino, y el propio Wisdom relata cómo este hecho podía llegar a ser un objeto para la burla al comentar como "varios varones indígenas explicaron por qué no llevan en brazos a los niños, diciendo en son de broma que 'solo las mujeres cargan las criaturas'". La broma estriba en el doble significado de la palabra *cargar*, pues tanto en español como en ch'orti' se dice que una mujer "carga" (o lleva) a su hijo durante el periodo de la preñez" (*ibid.*,: 226).

34. Desde la lógica occidental, una sustitución en la que solo se obtendrían beneficios, como en el ámbito de la salud pública, al disminuir el contacto de las cocineras con el humo que suele inundar las cocinas con comal; en la cocina tradicional, la necesidad de madera para encender el fuego con el que cocinar conlleva la deforestación de los campos, lo que influye en la desertización de la zona y favorece la disminución de las precipitaciones, hecho que se traduce en una pérdida del rendimiento de las milpas. A todo ello hay que añadir el tiempo destinado a la recolección de madera. Las perspectivas que abren las estufas las convierten en una magnífica inversión, pues el consumo de madera es mucho menor.

ral: el poder calorífico de estas estufas dificultaba la cocción[35] y la tortilla se alejaba de los cánones de la tortilla galana. Los relatos incluían la desafección por los sabores a herrumbre que parecían adherirse de los hornillos. En resumen, un ejemplo de modernidad culinaria disruptiva.

Aquí abordamos tres de estas particulares "migraciones" emprendidas por los ch'orti'. En la primera, nos centramos en las descripciones de aquellos que, tras "morir tres días" y pasear por la Gloria, vuelven contando cómo es "el estilo de Dios" y con énfasis particular cómo es el estilo culinario allá en el otro mundo. En el segundo, nos centramos en los relatos de experiencias de las migraciones a las fincas –llanuras latifundistas de milpa y grandes propiedades de café fundamentalmente–, entendidas en la región como vivir en un pedacito de infierno en la tierra. Y frente a estos dos modelos de migración tradicional, nos encargamos después de los relatos y sentidos otorgados a las primeras experiencias de emigrar hacia "los Estados". Tales narraciones son el fértil espacio cultural en el que se dirimen las reglas sociales y los procesos de cambio en ámbitos tan cruciales como el *ethos* comunitario, la sociabilidad o la moralidad del grupo. Desde este punto de vista, la migración se entiende como una experiencia de cambio y para el cambio, a partir, en buena medida, de las decantaciones ideológicas del orden sensible del gusto y del orden moral de las maneras de mesa. Las nuevas narraciones sobre la comida y las prácticas culinarias llevan a replantear las relaciones biunívocas entre sujeto, sociedad y orden social.

35. Algo parecido había ocurrido con otro proyecto similar realizado en otras comunidades de la región: las estufas solares que fracasaron porque no podían cocer el maíz a la temperatura suficiente para que la masa, después, pudiese molerse con la finura deseada para las tortillas (López García, 2001a).

2. La migración a la Gloria: relatos de "morir tres días"

Los mayas-ch'orti' se refieren a estos viajes como visitas a la Gloria. Un lugar donde viven Dios, los Hombres Trabajadores – los *chicchanes* en la identificación prehispánica, los Ángeles en un nuevo perfil– y los Santos, que comparten estancia con las "almitas buenas", aquellas que tras la muerte "ganan" la Gloria y tienen allí su aposento. En realidad, aunque se dice que es una visita a la Gloria, se trata de un viaje más amplio, es un viaje en el que se conoce además el mundo que habitarán las almas malas, las de los hombres que no han ganado la Gloria y que muchos, por influencia del catolicismo, llaman el Infierno. Se trata de un viaje de ida y vuelta, pues el muerto resucita. Aunque hay alguna variación, parece establecido que el plazo para estar muerto es de tres días al cabo de los cuales el alma del difunto regresa a su cuerpo y el muerto al mundo de los vivos. De hecho, muchos de los relatos que hablan del viaje a la Gloria comienzan generalmente así: "yo me morí tres días[36]".

Todos los relatos siguen un esquema más o menos parecido: en primer lugar se cuenta cómo la persona, generalmente enferma y postrada en el lecho, deja de respirar y "muere". El difunto, su alma, sale del cuerpo y ve cómo los familiares y allegados se lamentan y lloran. Se inicia el viaje siguiendo una senda por la que caminan otras almas, desorientadas y con incertidumbre, esperando que les señalen cuál es su destino, dónde está su defi-

36. En realidad es una fórmula retórica, realmente no están "muertos" tres días sino apenas unas horas. El suceso real es que a alguien que aparentemente está muerto no se lo entierra porque notan alguna "seña" de vida, y aunque los deudos lo lloran y sienten que está muerto, en realidad no empiezan los trámites rituales para el entierro formal porque tienen la esperanza de que pueda "resucitar" como a veces sucede. Para un análisis de esta experiencia ver López García (2000a).

nitivo aposento, su "traspatio". Hay sin embargo una diferencia esencial entre el camino de los muertos definitivos y estos que, aunque no lo sepan, son muertos temporales, solo "por tres días": el viaje al otro mundo de los primeros ha estado preparado por sus familiares, que junto a la tumba le colocan unos caites (sandalias) especiales para el viaje, además de un tecomate con agua y un guacal para beber; en cambio los segundos al no haber muerto plenamente no han recibido ninguna ayuda por el viaje, que es dificultoso y penoso, entre otras cosas, por el hambre y la sed que padecen. En fila, estas almas van llegando a un lugar donde hay una reina o un "puertero" personificado como San Pedro de Gloria o San Antonio Mandarín, que va separando a las almas buenas de las almas malas: unos entran en la Gloria y otros "van para abajo". El destino no es caprichoso sino que responde a unas máximas que están escritas en un gran pizarrón que hay en esa puerta: "si hiciste el bien, el bien esperarás; si hiciste el mal, el mal esperarás". Cuando le toca el turno al alma del protagonista del relato, es advertido por el "puertero" de que su día no ha llegado todavía, se le indica que está ahí solo para visitar y observar "cómo es el estilo de Dios", aquello que le gusta y lo que le disgusta, cómo es la vida en la Gloria y cómo es la vida de los que no ganan la Gloria; él tiene permiso para observarlo todo y preguntar al "centinela" que lo va acompañando en la visita. El "muerto", en efecto, divisa la Gloria y también el lugar donde están las almas malas. Pasea, observa, pregunta al "centinela" y obtiene respuestas de este. Tras su paseo se le invita a regresar conminándole a "noticiar", a pregonar en el mundo, a su vuelta, lo que ha visto. El alma del muerto regresa a su cuerpo y revive.

Entre los personajes que aquel que muere tres días puede observar en el otro mundo tras la muerte, destacamos aquí dos por las implicaciones culinarias que tienen: el mezquino y el "fiestero" (aquel a quien le gusta beber, comer comidas especiales y bailar). El primero aparece con un perfil similar en los relatos: está en el infierno con un guacal, un recipiente de calabaza, lleno de comida o bebida que ofrece a quienes pasan cerca pero cuando estos miran el guacal se encuentran que este está lleno de gusanos y lo desprecian. El visitante, ignorante de quién es ese tipo y por qué está en esa pose, inquiere al vigilante que lo acompaña, que responde: "Esos son ruines, mezquinos... si [durante su vida en la tierra] tenían una cosa –de comida especialmente– y no la querían vender o no regalaban comida a otra persona, en la otra vida ya no reciben nada porque es un gusanero lo que tienen en el guacal... Una persona que tiene fresco de chicha y al llegar un paseante, de pronto lo embroca, lo esconde para no regalar, en la otra vida es un gusanero lo que tiene en el jarro, porque no hizo su regalía, como no convidaba en el mundo, aquí no tiene permiso... Por eso aquí en la tierra hay que extender la mano, hay que regalar: si hay chilate, regalar un traguito de chilate a otra persona".

El consenso narrativo se rompe no obstante con la figura del "fiestero". Algunos lo sitúan en la Gloria y otros en el Infierno aunque ciertamente los ch'orti' presionan al mito y al ritual para cambiar el estatus de la Gloria y hacer de esta un ámbito emotivo con palabras, vestidos y comidas especiales (López García, 2001b). Así, cada vez con más frecuencia obtenemos relatos que hablan de que en la Gloria la vida es como en la tierra pero más alegre, con sus bailes, sus bebidas y comidas especiales, hay de todo y la vida es muy fácil: uno puede comer cualquier comida siempre y conseguirla sin esfuerzo... Don Ricardo López, de la Aldea Tunucó Arriba comenta así la presencia de la fiesta y del "fiestero" en la Gloria:

> "Allá tú estás contento, echás tu baile en la cantina y tenés una botella de vino, ya viene uno: ¿no quiere? o si sós bailador: ¿echás un baile, amigo?, como tenés tu amigo acá, tenés arriba... como cantina mirás aquí, más cantina hay allá, hay acordeones y hay violines, allí hay alegría, usted... allí están con su *guacalito*, un traguito, un traguito... ya están contentos... hay mujeral y hay personas grandes; está aquella cantina como mirás en Jocotán [la cabecera municipal de la región], allá estás contento, comprás una tu cerveza, vas cantando... así es en la Gloria."

El relato de doña Dominga, una partera de Candelero, ahonda en esta idea de la Gloria:

> "... frutales son don Lencho, si no me lo cree, porque yo estos tiempos cuando yo me escapé y que mis hijas son testigas cuando enfermé, y no había ni fruta y yo se que comí naranjas, comí mango, y es que yo miraba bonito aquellos jardinales... ¡chulo! (...) no ahorita no es hora de que te vayas, me dijeron, porque ahorita tus hijos están llorando, mejor ¡regresáte! Así don Lencho, cuando yo me desperté, ese fue un sueño que hice, cuando yo me desperté, ¡llorando estaban mis hijas! Y yo tendida...eso de lo que yo vi es que para caminar no cuesta tanto (...) verdad es que si es bonito en otra vida, ¡porque se nota que hay naranjales, y mangos! Y yo sentí en ese momento de octubre, yo quisiera comerme un mango, porque me quedó el sabor en la boca, le decía yo que tenía un sabor tan horriblemente que quisiera comerme otro mango; ¡y dónde hallamos, si ahorita no hay! Ay, no, y vayan a buscar, yo quiero comerme un mango; no, coma su tortilla, me decían."

Así, podríamos decir que las "noticias" que generan estos viajes aluden explícitamente al estilo de Dios pero implícitamente también al que debería ser el estilo, el modo de ser, de los hombres. Un estilo para los hombres donde destaca una norma de moral culinaria podríamos decir: la advertencia de la necesidad de no ser ruines y regalar comida. Parece, pues, que en la figura del mezquino adquiere sentido el significado de la metáfora de la corrupción alimenticia: la comida que no se regala a otros, se pudre, como la sociedad que no hace "regalías" acaba desintegrándose en soledad. Y donde destaca igualmente el premio a la corrección social: quien se comporta de manera congruente –regalando cosas al otro, especialmente comidas–, obtendrá como premio las mejores comidas, aquellas con sabor especialmente apetitoso, aquellas más bonitas en su configuración, las que tiene un olor más apreciado. En definitiva el mandamiento que se extrae de la emigración temporal a la Gloria es que el disfrute sensual de la comida va unido a ciertas obligaciones morales.

De algún modo, la emigración a la Gloria sirve para refrescar normas de comportamiento social –que tienen una clara expresión gramatical en las normas culinarias– e integrar posibles cambios –también en el terreno culinario– dentro de un orden moral. Emigrar a la Gloria tiene el sentido de impulsar la idea de comunidad sobre todo cuando se van presentando indicios de desequilibrio individualista.

3. Viajar al infierno: gusto y moralidad en las migraciones a las fincas

La vida económica indígena ha girado siempre en torno al cultivo de la milpa, a inestables formas locales de comercio y de las ventas de artesanía a pequeñísima escala. Junto a ello, las precarias economías domésticas se complementan con el salario percibido por trabajar varias semanas al año en lo que se conoce como "ganar a las fincas". Antes de que se presentase la oportunidad de migrar a los Estados Unidos calculamos que aproximadamente el 60% de los varones mayores de 10 años se desplazaba como temporero durante algunas semanas al año (López García y Metz,

2002: 107). El relato de estas migraciones las define como pedacitos de infierno en la tierra. Y en esa definición, la comida y las prácticas culinarias se resuelven como un hecho central en dicha categorización. Así lo relataba don Aroldo:

> "... Allá uno solo puede platicar con su compañero porque llegan bastantes del Altiplano, cada quien con su plática que ninguno sabe lo que platican, triste... engalerado vive uno, como que es animal, encerrado... quien se lleva a sus hijos ahí andan desnuditos, todo chirajiados... la cosa de la comida es triste. Va un "flonque" [encargado de la comida] o dos en cada grupo, es el que va a servir, a cocer maíz con frijol y le da de comer a la gente. Normalmente van dos "flonques" y dos molenderas; las molenderas son mujeres que van a moler; el "flonque" se encarga de cocerlo, lavarlo, llevarlo al molino que lo muele. A veces muele el grano de frijol para ponerle a las tortillas; cada seis tortillas una ración. Y, a veces, el frijol sancochado lo hacen y así lo muelen; cuando uno va a comer, ¡aquel olor a sancochado!, que le quiebra a uno la cabeza y, a veces hay mujeres que pueden tortear en casa de ellas, pero como agarran 30 y 40 personas a tres raciones son 120 raciones son casi 800 tortillas... ni las redondean ni las apachan bien; partes cocidas y partes crudas y ahí es donde está la enfermedad, y que a veces hasta ni el almuerzo come uno de ver aquellas tortillas y lo que más hay allí de crianza es el mosco, que las mujeres no tapan la masa, son nubes de moscos. En la mesa se están moliendo, se ponen que frijol negro tuviera esa masa, porque no lo tapan. Y a veces, en la tortilla que uno va a comer ahí están pegadas las moscas. Ahí pega duro la disentería y la diarrea. Y ese olor a sancochado, que le quiebra la cabeza a uno... Así digo yo que debe ser el infierno."

Frente a lo "rechulo" de la experiencia vital en la Gloria, la experiencia de migrar a las fincas se concibe como vivir en la fealdad y el desagrado del Infierno. Aunque las propiedades nutricionales de las tortillas comidas en las fincas pudieran ser las mismas que las que tienen las tortillas de la casa e incluso las mejores tortillas que se puedan degustar en la Gloria, los valores simbólicos de la estética y el gusto y las prácticas culinarias que las envuelven restan emotividad a la comida y hacen de la experiencia algo profundamente desagradable, infernal. Recordemos aquí la idea: la tortilla galana remite a un cuidado y un mimo especial de la mujer de la casa, presentada con un grosor, una redondez y un peso concreto, con la fineza de la masa adecuada, caliente y con el olor tan característico recién sacadas del comal y presentadas con la adecuada higiene.

En el polo opuesto, se consideran poco emotivas las "memelitas", tortillas gruesas y pequeñas; los "topopostes", tortillas tostadas, duras y sin dolor que comen las mujeres durante la dieta; las "valhumosas", que parecen papel y que casi no pesan, típicas de las que se pueden comprar en los puestos del pueblo; las "conchudas", como con sarna, que no han cocido con la suficiente cal o la masa no ha sido suficientemente repasada. El nombre con que se despacha a estas tortillas carentes de emotividad es el de tortillas "fiotas". Tampoco se valora las tortillas hechas con la última porción de masa, que se emplean para hacer memelas para los perros. En ocasiones se critica a una mujer diciendo que hace "memelas de chucho" en vez de tortillas. Como antes señalábamos, conseguir la emotividad de la tortilla galana requiere de la donación de un tiempo, cuidados y atención de la mujer, lo que delimita el escenario del orden social y moral. La tortilla fiota es la imagen paradigmática del desorden, explicitando valores de poca diligencia, "ruindad" y haraganería, lo que pone en cuestión el sistema de relaciones no solo con el esposo, sino entre vecinos y amigos. La negación de la comida a la que conduce la haraganería del hombre –como proveedor– y de la mujer tienen sus correlatos en el uso de la palabra: el gusto por el chisme y la palabra "desinhibida", la mentira y el insulto que están en la base de la disyunción social en los esquemas comunitarios tradicionales.

De esta manera, la pena del relato de don Aroldo se comprende mejor. Vivir como se vive en "las fincas" es la representación de la vida en el infierno, que no es otra cosa que la ruptura del orden social y moral. Los "flonques" hacen una labor tradicionalmente reservada a mujeres. Las molenderas apenas tienen tiempo para prestar la atención adecuada a las tortillas, no repasando bien la masa y despreocupándose de la necesaria higiene. En la versión ch'orti' del infierno no es el olor a sulfuro de la tradición cristiana, sino el desagradable olor de cocimientos poco humanos podríamos decir, ese olor a sancochado "que le quiebra la cabeza a uno". Al igual que en los relatos de los "desplazamientos" a la Gloria, aquí se pone en juego esa particular relación entre normas, experiencias culinarias y orden social tradicional que refuerzan los modos adecuados de estar en el mundo.

Y ¿cuáles son los relatos de vuelta? El relato fundamental que traen de esa experiencia es el de haber vivido en un paréntesis de deshumanización en todos los sentidos, pues se experimenta la negación absoluta de las cosas que hacen la vida más agradable y placentera, de manera destacada en el ámbito culinario. En las fincas comen como si no fueran personas, sino como animales a los que simplemente hay que cebar para que sigan trabajando. Es cierto que la llegada de los trabajadores a sus casas después de haber estado unas semanas en las fincas tiene un aspecto entrañable. Llegan con algunas cositas especiales que compran cuando retornan: algún vestido, algunas comidas diferentes y dulces para los niños... pero comerlas resulta incluso desagradable cuando al mismo tiempo se ha narrado la vida en el infierno.

4. La nueva emigración a Estados Unidos: fascinación, inversión y desconcierto culinario

Desde hace pocos años, no antes de comenzar el siglo XXI, los jóvenes ch'orti' han comenzado un nuevo y diferente tipo de emigración: el que los lleva a los Estados Unidos y que otros indígenas del altiplano y mestizos de la región habían emprendido años antes. Los ch'orti' han llegado tarde a esta emigración y la están viviendo en uno de sus peores momentos y, sin embargo, la suma pobreza de la región acentuada en los últimos años la convierte en una estrategia clara de lucha contra la pobreza. Aunque el objetivo final de esta emigración sea similar al que tienen cuando emigran a las fincas, las implicaciones y presupuestos son muy diferentes.

La decisión de emprender el viaje va siendo cada vez más fácil a medida que más jóvenes la toman. Sucede como en muchos procesos que parecen voluntarios, pero que, a medida que otros los toman, se van haciendo casi obligatorios para el resto. Es cierto que en la balanza que sopesa la toma de decisión hay dos fuertes argumentos en contra; por un lado, el costo: actualmente, los coyotes están cobrando unos 50.000 quetzales, lo que da derecho a dos intentonas de paso; si no se logra pierden, si no todo el dinero que habría que pagar en caso de éxito, al menos "el enganche" de unos 10.000 quetzales, una suma de dinero difícil de generar para cualquier ch'orti' si no es a costa de empeñar tierras y bienes de toda la familia; y, por otro, el peligro de un viaje tan arriesgado por topografías geográficas y sociales desconocidas.

Actualmente las conversaciones sobre estos viajes son compartidas y conocidas por todos, de manera que hace falta ánimo, valor y también ayuda sobrenatural para emprender el viaje. Pero en la balanza pesan más los argumentos que animan a la aventura:

en primer lugar, el conocimiento de que la mayoría de los intentos ha resultado exitosa; de hecho, en la comunidad de Tunucó Abajo conocemos a 15 jóvenes que en los últimos años se han lanzado a la aventura y solo uno de ellos ha tenido que regresar a la comunidad habiendo fracasado en sus dos intentos. Y, en segundo lugar, el hecho también visible de que, después de un año en el que el dinero que ganan sirve para pagar al coyote, a partir del segundo año comienza a llegar dinero a las casas y pronto, antes del tercer año, cada emigrante comienza a construir su casa con un estilo radicalmente diferente a la de sus padres: no de caña y palma sino de *block*, con porche, con pisos cerámicos y con enganche eléctrico. A pesar de las dificultades del trabajo en Estados Unidos, para los jóvenes ch'orti' parece obligado emprender el viaje.

Al cabo del tiempo regresan. Parece que el número tres es otra vez clave. En este caso suelen ser tres años, aunque conocemos algún caso en el que la estancia se prolonga más tiempo. La duración depende, sobre todo, de si dejaron esposa e hijos. Generalmente regresan a su casa nueva, ya hecha, pues la construcción se hace mientras ellos están fuera y regresan. Junto con los dólares llegan los relatos de experiencia migratoria. Aunque hay relatos de fracaso, de frustración y de incumplimientos de los objetivos, la mayoría de los relatos que hemos conocido en Tunucó habla de éxito. Un éxito no obstante que habría que relativizar tomando en cuenta que fueron años en los se podría decir que solo se vivió para trabajar. Agustín, como la mayoría de los tunuqueños, trabajó en Nueva York, en una comunidad llamada Hayak, a apenas una hora y media de Manhattan. Manuel cuenta que en esos tres años nunca fue al centro de Nueva York; de hecho, prácticamente no salió del pueblo. En esos tres años solo descanso unos días pues, aunque los miércoles tenía libre, aprovechaba para trabajar en alguna otra cosa –como jardinero, por ejemplo– para ganar más dólares. La idea de suspensión de la vida queda clara en la falta radical de sociabilidad. El trabajo en la pizzería era solitario, comía con frecuencia solo y tenía escasa interacción con el resto de empleados, pues no aprendió prácticamente ni una palabra de inglés... En la casa que alquilaban vivían seis hispanos, pero tampoco había ocasión para muchas interacciones: no descansaban el mismo día y los horarios eran muy diferentes. De hecho, Agustín llegaba a su casa a las 12 de la noche, encontrando a todos sus compañeros ya dormidos. A la falta de sociabilidad se une un fuerte impulso para el ahorro, con la idea de que así se aprovecha mejor ese tiempo de "otra vida". Por eso, Agustín explica que durante el primer año no tuvo teléfono y apenas habló con su familia de Tunucó; por eso, la experiencia de la curiosidad sensible propia de los mayas quedó en espera. Y por eso la experiencia de una culinaria diferente genera sentimientos encontrados y desconcierto.

El fin de eso que estamos llamando tiempo en espera llega en un momento que podemos denominar como punto de los rendimientos decrecientes en la ecuación entre beneficio económico y gasto emocional; un punto que suele situarse, como decíamos, en torno a los tres años. En ese momento se decide volver, esta vez en avión, porque para salir no hay ningún problema. La llegada se certifica con algún acto ritual de acción de gracias: visita al Señor de Esquipulas o, como en el caso de Agustín, recepción en posada de Santiaguito Caballero, que le permite agasajar a toda la comunidad a través del agradecimiento al patrón por el feliz retorno. Así lo contaba:

> "Allá lo más que se extraña es la familia. A la comida se adapta aunque no es como aquí, con las tortillas y los frijoles de aquí, que uno con eso se llena suficiente. La comida de allá no llena suficiente. Yo estuve trabajando en una pizzería, los tres años... Yo comí suficiente pizza, a veces me gustaba algo pero no era lo preferido, no es igual a la tortilla

y el frijol, yo necesitaba tortilla. Yo en que comiera pizza siempre necesitaba comer tortilla. Iba a comprar tortilla de maseca [masa de maíz comercializada] en una tienda. Allí hacíamos una pizza que le llamaban abuela, porque era la preferida de la abuela del dueño del restaurante... Era una pizza regular llevaba queso, salsa marinada que le dicen, solo eso. Cada quien decía lo que quería con la pizza, unos jamón, salchicha, verduras, hongos... otros *algotra* cosita. Pero aunque yo hacía una pizza con cualquier cosa –porque a mí el dueño me permitía comer lo que se me antojaba– no sentía que me llenaba, necesitaba tortillas. Cuando llegué, el italiano me pagaba 360 por lavar los platos, tres meses... A los tres meses ya me enseñó a preparar masa con la máquina, a preparar los vegetales... me enseñó. Ya era menos trabajo pero más pago y con más obediencia y responsabilidad. Los italianos se portaron bien conmigo aunque son delicados. Yo trabajé bien los tres años. Para la tortilla comprábamos masa de maseca. Allá hacíamos nosotros tortillas también, lo hacíamos cuando teníamos tiempo... Yo echaba las tortillas aunque no aprendí a tortear, las hacía con un plato. Eso hacía algunos miércoles que me daban descanso. Los sándwiches también los sabía preparar y alguna vez era eso que comía y también Masala que le llamaba, pollo con pasta, eso lo podía preparar uno allá. Otro día comí *calamari*, también lo podía preparar, lo comí pero no tanto me gustaba. Lo más que comida un día con otro era ese masala, pollo con pasta y el pollo francés, pollo guisado que era más gustoso. En el desayuno siempre compraba un tamal o una empanada con un café eso comía y llegaba caminado como quince minutos. Pero también no era igual a los tamales que acostumbramos acá, no es igual la masa, no es igual el recado... Aunque uno se acostumbra a aquellas comidas y son comidas ricas parece que son comidas que solo son buenas para allá. Cuando estás de regreso ya son otras las comidas que ocupamos..."

Manuel, igualmente, pasó tres años y medio en los entornos de Nueva York. Regresó y con sus ahorros ha comprado un *pick-up* con el que lleva gente y materiales de construcción desde Jocotán a Tunucó. Su experiencia es parcialmente diferente a la de Agustín. Él extraña algunas cosas de los Estados Unidos: el orden, por ejemplo, el imperio de la ley, y parece que no acaba de acostumbrarse a su vida de campesino a tiempo parcial (junto a la labor de *pikopero*). De hecho, Manuel comienza a hacer mucha vida en el pueblo, como la ejemplificación de un cierto alejamiento simbólico de los aspectos negativos que, desde su punto de vista, tiene la vida en la aldea y de los que se ha hecho especialmente consciente después de su estancia en los Estados Unidos. Para él, esa experiencia fue de aprendizaje, no de un "tiempo en esper". Es cierto que su meta fue ganar dinero, pero al mismo tiempo aprendió y degustó cosas que ahora añora. Las valoraciones de su experiencia culinaria también están muy presentes en su relato:

> "Yo allá trabajé la mayor parte del tiempo en una panadería... me engordé como 26 libras aunque ya tengo perdidas como 14. Porque en la panadería yo podía comer toda clase de pan, yo comía pan y ningún tiempo yo dejé las tortillas... yo necesitaba las tortillas. Allá la comida no pasa de la hamburguesa y el *chiquisanwich* [*chicken sandwich*], otras veces comida china, arroz, pollo... es lo único. Pero uno quiere comer tortillas... Cierto que se consigue tortilla, pero no es igual a la tortilla que aquí; es muy dulce, no llega igual... Otra cosa es comer tortilla de *maseca*, es buena pero bien preparado y eso uno solo puede confiar en uno mismo porque a mí me gustaba echar la tortilla de maseca; yo lo hacía bien batido, hacía la masa y echaba mis tortillas, quedaba bonito. Siempre allá nosotros compramos un comal, pero de aluminio; no es igual al de nosotros pero hace las veces, ahí echamos las tortillas. Yo lo hacía mis tortillas, no tengo pena de decirlo, el estómago nos pide tortillas y las tenemos que comer a como haya lugar. Allá todo es embolsado entonces uno no le gusta la comida, tiene que hacer tortilla. Aquí no es así porque aquí, aunque uno esté aguantando hambre no lo va a hacer, tiene pena uno de hombre echar las tortillas pero allá es cambiado.
>
> Yo cuando llegue a los Estados solo comía *chiquisanwich*, eran de este tamaño (como de 15 cm.) la mitad me la comía a las 12 y la otra mitad a las nueve de la noche. No era mala comida pero ya uno se cansaba de la misma comida. Cuando podíamos conseguir frijol y chile con las tortillas, aunque eran de maseca y aunque éramos nosotros varones que torteábamos, era una alegría, pero eso pocas veces pasaba, más que todo

porque no había tiempo. Tortear y echar frijol quiere tiempo ahora el *chiquisanwich* solo un minuto se tarda, es poco...

El problema allá es el vicio. Cuando uno llega allá hay personas que cayendo a Estados Unidos aprenden a tomar [consumir alcohol] pero eso con 20 dólares pueden, pero hay veces que son otros vicios que son más caros...Allí es donde una pobre gente no va a hacer nada, solo está para mantener el vicio y a veces no les gusta trabajar allá también. Por ejemplo algunos están solo esperando en *el jale*, que se consigue solo trabajitos de unas tres, cuatro horas, dos horas... con eso está ganando 20, 30 dólares... pero con eso ¿qué va a hacer uno? es poco y más peor si lo gasta en vicio. Pero hay unos que no quieren trabajo fijo porque no quieren tener jefe. En un trabajo fijo lo regañan el jefe y tienen que aguantar. Es algo parecido a como aquí pasa con las hembras. Aquí hay machismo con las hembras: muchos agarran a las mujeres, les quieren pegar, igual es uno allá: le gritan los jefes que hasta las babas les llegan ahí en la cara, pero uno aguanta, uno aprende a respetar. Hay gente que no les gusta eso y prefieren hacer una espera para un trabajito de dos horas porque ahí no les grita nadie. Esos no van a lograr nada. Peor si tienen vicio de beber cerveza. Muchos en los Estados no les aprovechan los dólares por la cerveza... Los que aprovechan es los que saben ganar y saben aguantar así les van a abundar los dólares."

En los relatos de vuelta se presenta la estancia en los Estados Unidos como un tiempo de suspensión donde las comidas son diferentes. Comidas que no "llenan" como sí lo hace la tortilla en la comunidad, comidas "que solo son buenas para allá". El estómago pidiendo tortillas parece ser un mandato culinario y cultural que obliga a traspasar fronteras infranqueables en la comunidad, como hombres que tortean y preparan las tortillas, y a los que no les da vergüenza decirlo, pero ven inconcebible el hacerlo al regreso.

5. Algunas consideraciones finales

Algunos enfoques sobre el cambio alimentario sostienen que la alimentación está expuesta a modificaciones a medida que se producen cambios en los elementos que la determinan. En los procesos migratorios, la alimentación y las prácticas construidas alrededor de la comensalidad son dependientes de los nuevos contextos, como la disponibilidad de alimentos o el presupuesto para los mismos. Existen trabajos que afirman que ese contacto con nuevas realidades culinarias supone más una suma que un proceso de aculturación (Bertrán, 2001, 2004). En el caso de los "desplazamientos" ch'orti', la idea compartida es que ese proceso de incorporación "allá" no es tan importante como los relatos que traen de vuelta al "acá". Y es en esos relatos donde encontramos el espacio en que se dirimen en la región las normas sociales hoy en discusión: a través de la comida se negocian y se disputan los sentidos de la modernidad y la noción y el sentido de la identidad ch'orti'.

Podemos decir que la experiencia culinaria de la migración amplifica de una manera inmejorable las tres facetas que dan sentido al contradictorio perfil que los ch'orti' se dan a sí mismos como consecuencias de sus interacciones con otros actores sociales y sobrenaturales: como los elegidos para moralizar el mundo, los elegidos igualmente para expresar lo que implica políticamente la servidumbre del indígena y también lo que es uno de los valores que estamos destacando de los indígenas mayas: su radical curiosidad.

En la Gloria se come en compañía. Hay una sociabilidad gustosa y ejemplarizante. Se comen las mismas cosas que en la comunidad, pero ampliadas en todo: más bellas, más higiénicas, más grandes, con sabores refinados... Además, se vive intensamente la reciprocidad culinaria como la norma fundamental que guía el acto de comer. De manera que los relatos de la comida en la Gloria sirven para construir la idea de comunidad moral sobre la base de la comunidad culinaria. La experiencia culinaria es la de la sublimación de los modos comunitarios tradicionales[37]. Los viajes de ida y los relatos de vuelta carecen de incorporaciones alimentarias, ofreciendo el correlato evidente de lo que es comer y vivir "adecuadamente".

En las fincas, igualmente, se come en compañía, pero aun comiendo en compañía como en la comunidad y aun comiendo lo mismo (tortillas de maíz y frijol), se entiende que es una comida que deshumaniza, que convierte en animales a quienes así comen. *Triste* es el adjetivo que habitualmente se usa para describir la comida y la vida en las fincas. La reciprocidad culinaria podría darse, pero no se da, porque no es precisa. De hecho, durante la comida en las fincas sucede algo inimaginable en cualquier otra situación de comensalidad: sobra comida, porque es completamente desagradable. La experiencia culinaria es la de la degradación personal y comunitaria, que es también el relato de degradación/pudrimiento/descomposición de las reglas sociales implícitas en el orden culinario. En este viaje, la incorporación alimentaria es casi nula, pero sí se producen cambios sustanciales en los procesos alimentarios –los modos adecuados de preparación o presentación de los alimentos– con resultados calamitosos: el comer y el vivir al modo del infierno, que es comer y vivir lejos –fuera del orden– de la comunidad.

37. Aunque merecería un análisis más detallado, el espacio tensionado de los relatos de vuelta es la metonimia del espacio tensionado del cambio. Por ejemplo, las versiones disímiles sobre la ubicación de la figura del "fiestero" y la presencia del alcohol en la vida social tienen su reflejo en el devenir social de las comunidades, y puede ponerse en relación, por ejemplo, con el nomadismo indígena hacia las iglesias evangélicas.

En la migración a los Estados Unidos, la comida se hace generalmente en soledad. No se puede decir que remita a la alegría, aunque el pollo sea la base culinaria (el pollo es el ingrediente fundamental de la comida de fiestas en las comunidades). La experiencia culinaria es la de la inversión de valores en un tiempo construido bajo la premisa cultural del paréntesis o el compás de espera. La inversión se experimenta de varias maneras, la fundamental quizá sea la de "convertirse" de alguna manera en mujer: como tal se aguantan las regañinas del jefe, como una mujer aguanta las regañinas del marido en las comunidades ch'orti', se echan tortillas e incluso se tortea como mujer, algo inimaginable en el contexto vital –incluso aunque se pase hambre–. Pero también se experimenta la inversión en el status de la comida: la comida que en la comunidad era cotidiana (la tortilla de maíz) se convierte en los Estados Unidos en comida festiva y la comida festiva, el pollo, en cotidiana. O, en fin, así pasa también con la bebida. La chicha o el guaro, que son las bebidas alcohólicas habituales, se conectan con la fiesta y la experiencia del paseo en el mercado dominical del pueblo de Jocotán.

Ciertamente, el estatus del consumo de alcohol está cambiando y junto a su identificación con la fiesta habría que añadir nuevos y opuestos valores, pero nunca se habló del consumo de alcohol como vicio hasta la generalización de afiliaciones a las iglesias evangélicas. La nueva idea de vicio ligada a un consumo le quita todo el valor positivo que indudablemente la bebida ha tenido y tiene en las comunidades: como engrasador social, fundamentalmente. Los viajes y relatos de vuelta pueden, de esta forma, venir sin modificaciones o incorporaciones en la dieta, al menos en estos primeros momentos del regreso. Resulta muy llamativo, por ejemplo, que más de un año y medio después de su regreso desde los Estados Unidos, Agustín no haya comido ni una sola pizza, a pesar de que fue base fundamental de su sustento allá. Sabe bien que actualmente las puede comprar en algún establecimiento de Jocotán, la cabecera municipal, pero no ha sentido, no ya la necesidad, sino siquiera el deseo; más aún, no ha sentido ninguna motivación para darlas a probar a sus padres, a su esposa e hijos, que no han salido en su vida del entorno de la aldea... Pero con ser llamativo esto, lo es más que estos familiares no hayan querido degustar esas comidas de los Estados de las que tanto les ha hablado Agustín. Algo parecido se podría decir de los *sandwiches* de pollo o de las hamburguesas.

Pero solamente con los relatos se abren ya nuevas categorías o valoraciones sobre los alimentos tradicionales, como la idea del alcohol como vicio o de la comida higiénica, una idea esta última que ya está afectando a la modificación del utillaje culinario. Hace unos años, las mesas para comer no eran un mueble habitual en las casas, pero en todas las nuevas que se construyen con los dólares de la emigración, este mueble está presente. Igual se podría decir de los procesos de sustitución de guacales por vasos o de ollas de barro por otras de peltre, etc..

En definitiva, las vivencias culinarias en la emigración sirven para experimentar diversas maneras del yo –en tanto que los cambios y las novedades culinarias sirven como espacios sobre los que dirimir los cambios sociales y las tensiones con los modos tradicionales de estar en el mundo– que llevan a que los cambios culinarios vayan acompasados a cambios sociales.

Bibliografía

Bertrán, M. (2001). *Hábitos alimentarios de los mixtecos en la ciudad de México: Un estudio de antropología de la alimentación* (Tesis de maestría). México D.F.: Universidad Iberoamericana.

Bertrán, M. (2004). "Migración y hábitos alimentarios en la ciudad de México: un acercamiento antropológico". En: Romero Martínez *et al. Quehacer científico. Un panorama actual en la UAM-Xochimilco.* México D.F.: Universidad Autónoma Metropolitana.

Holtzman, J. D. (2006). "Food and Memory". *Annual Review of Anthropology* (núm. 34, pág. 361-376).

López García, J. (2000a). "Morir tres días. Una manera maya-ch'orti' de conocer cómo es el "estilo de Dios" y el estilo de los hombres". *Cuadernos Hispanoamericanos* (núm. 597, pág. 33-41).

López García, J. (2000b). "La tortilla de maíz en el oriente de Guatemala: estética y orden moral". *Anuario del Instituto Chiapaneco 2000.* México: Universidad de Chiapas.

López García, J. (2001a). "Aquí es otro modo. Los ch'orti' y la capacitación en derechos Humanos. En: P. Pitarch; J. López García (ed.). *Los Derechos Humanos en Tierras Machas. Política, representaciones y moralidad.* Madrid: Sociedad Española de Estudios Mayas.

López García, J. (2001b). "La comida en el sentido de la historia maya-ch'orti". En: J. López García. *Alimentación y Sociedad en Iberoamérica. Cinco etnografías de la comida y la cocina.* Cáceres: Servicio de Publicaciones de la Universidad de Extremadura.

López García, J. (2002). "Exotismo y vivencia del hambre en Guatemala". En: G. Dietz; B. Pérez (ed.). *Procesos de Globalización y Localización en América Latina.* Granada: Universidad de Granada.

López García, J. (2003). *Ideología y Símbolos en la comida indígena guatemalteca. Una etnografía de la culinaria maya-ch'orti'.* Quito: Abya-Yala.

López García, J. (2009). "Representational and Enacted Violence against Guatemalan Ch'orti's in the Famine of 2001". En: B. Metz; Mc. Cameron; K. Hull (ed.). *The Ch'orti' Maya Area, Past and Present* (pág. 258-275). Gainesville: University Press of Florida.

López García, J.; Francesch Díaz, A.; Mariano Juárez, L. (2012). *Valoraciones locales/retos globales de la cooperación. Estudio de caso en Guatemala para comparar agendas de donantes y de receptores.* Madrid: Fundación Carolina.

López García, J.; Metz, B. E. (2002). *Primero Dios. Etnografía y cambio social entre los mayas ch'orti's del oriente de Guatemala.* Guatemala: FLACSO.

Mariano Juárez, L. (2006). "Hambre, intervención solidaria y contexto cultural en la región ch'orti' del oriente de Guatemala". *Seguridad Alimentaria y políticas de Lucha contra el Hambre* (pág. 215-228). (Cátedra de Estudios sobre Hambre y Pobreza). Córdoba: Universidad de Córdoba/Oficina de Cooperación Internacional.

Mariano Juárez, L. (2011). *Nostalgias del Maíz y Desnutrición Contemporánea. Antropología del hambre en la región Ch'orti del Oriente de Guatemala.* Madrid: Editorial Académica Española.

Mariano Juárez, L. (2014). *Las Hambres en la región Ch'orti' del Oriente de Guatemala. Cultura, Política y Representación en los diálogos de la cooperación y el desarrollo.* Cuenca: G9 Editorial.

Metz, E. B. (2006). *Ch'orti' Maya Survival in Eastern Guatemala: Indigeneity in Transition.* Albuquerque (NM): University Of New Mexico Press.

Ortner, S. B. (1973). "On Key Simbols". *American Anthropologist* (núm. 75, pág. 38-46).

Wisdom, C. (1961). *Los Chortís de Guatemala.* Guatemala: Seminario de integración Social de Guatemala.

Capítulo VII

"Me hace sentir como si estuviera en Ecuador". Alimentación y sensaciones de hogar en los inicios de la migración ecuatoriana en Santander

Diana Mata-Codesal

En el Homo Sapiens la comida no solo nutre, también significa.

C. Fischler (1988). "Food, self and identity". *Social Science Information* (vol. 2, núm. 27, pág. 276).

1. Entrantes. Investigando la comida en contextos de migración

En el verano del 2007, del casi medio millón de personas ecuatorianas empadronadas en España, solo 1.600 lo estaban en la ciudad de Santander (INE, 2008). Las marcas culinarias visibles en forma de restaurantes, tiendas de barrio o ferias gastronómicas con productos alimentarios de otros lugares eran casi inexistentes en esta ciudad de unos 180.000 habitantes. Encontrar productos básicos para cocinar platos comunes en Ecuador, como cilantro, yuca o mote, era casi imposible, mucho menos a precios ascequibles. A diferencia de sus compatriotas en lugares como Nueva York donde existe una importante población ecuatoriana (Gratton, 2007), las personas ecuatorianas en Santander en el momento de la investigación carecían de las redes de abastecimiento de productos alimentarios típicos de Ecuador.

Partiendo de un grupo que no puede reproducir de manera fácil sus prácticas alimentarias de origen en su nuevo lugar de residencia, este artículo analiza las prácticas, significados y preferencias alimentarias de las personas migrantes que viven en entornos no transnacionalizados. Para ello utiliza como ejemplo el caso concreto de las primeras personas migrantes ecuatorianas residentes en la ciudad de Santander. ¿Qué podemos aprender acerca de los procesos de reconstrucción del hogar a partir de la comida que las personas migrantes optan por comer, o los alimentos que más echan de menos, o los platos cuyos olores y sabores más les recuerdan a "estar en casa"? Y más en general, ¿qué podemos aprender acerca de la noción misma de "estar en casa" y cómo se une con cuestiones de carnalidad y encarnación?

1.1. ¿Por qué investigar la comida?

En primer lugar, la comida se encuentra presente todos los días. Comemos cada día, celebramos nuestras festividades más importantes con comida, compartimos la comida con quienes son importantes para nosotros... La comida ocupa un lugar central en la vida de todo ser humano. Mirar las entretelas de lo cotidiano, la minucia de la experiencia diaria puede revelar procesos que normalmente se obvian por irrelevantes. Muy al contrario, esas minucias se encuentran en el centro de nuestros procesos identitarios y de creación del hogar. La comensalidad, las prácticas de compartir comida, cocinar y comer están imbuidas de significados potentes que muchas veces pasamos por alto al considerar el comer como un acto mundano sin importancia.

Además de que la comida tiene una presencia constante en nuestras vidas, es también importante por cuanto forma parte de ese otro mundo que habitamos: el sensorial, que no acostumbra a recibir atención académica (Mata-Codesal y Cano, 2011). Habitamos mundos de ideas y pensamientos, pero no solo. Los olores, sabores, texturas, colores son también una parte importante de lo que implica vivir. Oler, gustar, tocar son los sentidos olvidados, que sin embargo devienen en centrales en nuestras distintas interacciones con la comida.

En el caso concreto de las migraciones, en ocasiones migrar implica un cambio profundo, no solo en el entorno social sino también del mundo sensorial que se habita. Teniendo en cuenta el fuerte poder de la comida para desencadenar reacciones sensoriales, ¿puede esta jugar un papel importante en los procesos de re-creación del hogar? ¿Desencadena lo que es sentido como "comida de casa" emociones específicas? ¿Podría el hecho de comer comida significativa recrear sensaciones de encontrarse en casa, por lo menos de manera temporal?

Un tercer motivo para estudiar la comida es que esta "es central en nuestro sentido de identidad. La manera en la que un grupo humano específico come ayuda a afirmar su diversidad, jerarquía y organización y al mismo tiempo, tanto su unidad interna como la alteridad frente a todo aquel que come de manera diferente" (Fischler, 1988: 275). Es por eso por lo que numerosos estudios han atestiguado en diversas partes del mundo el hecho de que en situaciones de migración las prácticas alimentarias son uno de los últimos rasgos que se modifican (ver por ejemplo Abu-Shams, 2008; Brown y Mussell, 1984; Durán, 2004; Gabaccia, 1998; Valentine, 1999).

Aunque el interés académico sobre las prácticas alimentarias ha caído en ocasiones en el reduccionismo de limitarse a estudiar estas en relación a problemas de salud (Hargreaves *et al.*, 2002; Jonsson *et al.*, 2002; Mellin-Olsen y Wandel, 2005), el reciente interés en el estudio de la identidad ha puesto de manifiesto el rol central que la alimentación tiene en los procesos de formación y re-creación identitarias. Como nos recuerda la famosa cita del antropólogo Claude Fischler que inicia este trabajo, en el ser humano, comer no solo es una cuestión de nutrición, sino también y sobre todo, de significados (Fischler, 1988: 276).

Así pues la comida tiene tres cualidades principales que la convierten en un tipo de cultura material altamente relevante en el estudio de las migraciones. Por un lad, su presencia constante. Por otro lado, el hecho de que forma parte de nuestra experiencia vital encarnada, al ser parte casi omnipresente del paisaje sensorial que habitamos. Por último, el hecho evidente de que alimentarse es mucho más que subsistir; es crear, consumir y proyectar significados que están además íntimamente ligados con cuestiones de identidad, pertenencia y sentirse en casa. Cuestiones todas ellas centrales en el vivir migrante.

1.2. Nota metodológica

Los datos para este trabajo fueron obtenidos a través de un cuestionario semiestructurado, administrado a 38 personas de origen ecuatoriano en la ciudad de Santander en el verano del 2007. La muestra[38] estaba compuesta por mitad mujeres y mitad hombres, de entre 18 y 51 años, de seis lugares diferentes en Ecuador, destacando la provincia de Imbabura, y las ciudades de Quito y Guayaquil, y que de media habían vivido cuatro años en el mo-

38. Los datos estadísticos disponibles en el momento del trabajo de campo no permiten asegurar que la muestra fuera totalmente representativa de la población ecuatoriana en Santander. Se buscó sin embargo una muestra lo más diversa posible en términos de género, edad, estadía y lugar de origen.

mento de la investigación en Santander. Los cuestionarios fueron rellenados en dos locutorios, uno de ellos regentado por una familia ecuatoriana de Quito, y por una asistente de investigación en reuniones con compatriotas ecuatorianos.

1.3. Organización del artículo

Después de esta introducción que ha desgranado algunos porqués que hacen que sea relevante estudiar la alimentación en contextos de migración, este capítulo se divide en tres secciones. En la primera parte del capítulo se presenta de manera breve el panorama alimentario del grupo estudiado. En la segunda, se analiza la relación entre sentirse en casa y la comida. La tercera sección explora cómo la comida, como cultura material literalmente encarnada, genera sensaciones de hogar a través de los sentidos. Por último, a modo de postre cerrando el capítulo, se presentan de manera resumida los principales puntos del trabajo.

2. Panorama alimentario. Cocido montañés con arroz

En esta sección se presentan brevemente los rasgos más destacados del panorama alimentario de un pequeño grupo de migrantes ecuatorianos en la ciudad de Santander. El objetivo final es obtener algunas conexiones teóricas entre sus hábitos alimenticios, sus preferencias alimentarias y sus procesos de recreación del hogar.

Todas las personas encuestadas habían comido platos que consideraban españoles o cántabros desde su llegada a Santander. Debido al tipo de migración y su inserción laboral, algunas de las personas encuestadas, sobre todo mujeres, eran capaces de cocinar platos muy elaborados de la gastronomía española. Hay que recordar que la migración ecuatoriana hacia Santander fue iniciada por mujeres, quienes comenzaron trabajando como empleadas domésticas puertas adentro para las familias de clase alta de la ciudad y en el sector turístico en auge de la provincia. Como requisito, se esperaba que supieran cocinar adecuadamente platos españoles/cántabros para las familias o los restaurantes en los que trabajaban (García Santiago y Zubieta Irún, 2003: 127). Con el fin de adecuar la oferta y la demanda, varias ONG locales como Cantabria Acoge y Cáritas, ofrecieron cursos cortos de capacitación profesional dirigidos a personas migrantes, entre los que destacaban los cursos de cocina española. El cocido montañés es el plato típico de Cantabria más conocido. Este potaje de alubias con berza es el plato español preferido mencionado por la mayoría de las 38 personas ecuatorianas que rellenaron el cuestionario.

Las preferencias de comida ecuatoriana son más diversas, mostrando por un lado el mayor conocimiento de esta gastronomía y por otro las marcadas diferencias culinarias entre las tres regiones en las que se divide geográficamente Ecuador[39]: Costa, Sierra y Oriente. Ante la pregunta de cuál era la comida preferida, sin otra especificación, todas las personas respondieron algún plato ecuatoriano, yendo desde el sencillo arroz blanco con pollo frito a platos más elaborados como el hornado (cerdo entero asado a fuego lento), distintas preparaciones del maíz (entre otras en for-

39. Las diferencias geográficas en términos de altitud, suelos y climatología en Ecuador generan la presencia de tres franjas bien diferenciadas, Costa, Sierra y Oriente, que se traducen en que los platos habituales en cada una de ellas sean muy diferentes.

ma de mote, tostado, humitas o tamales) o platos de pescado o marisco (como el ceviche, la corvina o el encebollado).

Todas las personas respondieron que alguna vez desde que vivían en Santander habían comido platos que consideraban ecuatorianos. Más de la mitad reportaban comer comida ecuatoriana al menos una vez a la semana, de las cuales 12 lo hacían cada día. Un tercio de las personas encuestadas comían comida ecuatoriana una o dos veces al mes, ligado sobre todo a situaciones de comensalidad con otras personas ecuatorianas. Según las respuestas al cuestionario, las reuniones que más a menudo tenían lugar eran los eventos del ciclo de vida, como cumpleaños, bodas, bautizos o comuniones (42%), fiestas conmemorativas de Ecuador (19%), eventos deportivos (17%), quedadas de fin de semana (15%), y con frecuencias mucho menores encuentros de tipo religioso o político.

El patrón de las respuestas muestra que la mitad de las personas consumía comida ecuatoriana de manera habitual, y la otra mitad en ocasiones puntuales, sobre todo cuando se reunían con otras personas ecuatorianas. En el primer caso la comida ecuatoriana se consideraba el estándar normal, la comida por defecto, al igual que lo había sido mientras aún vivían en Ecuador. Este acto inconsciente de continuidad sensorial, contrasta con la estrategia contraria, que convierte en especial el consumo de comida ecuatoriana, reservándola para días concretos en los que normalmente se comparte con personas afines. Al reservarse la comida ecuatoriana para fechas especiales, las elaboraciones españolas se consumen en el mundano día a día, pasando a ser la norma estándar.

3. Sensación de hogar y la comida de casa

El par binario fragmentación/totalidad aparece de manera recurrente en la literatura sobre "hogar", ya sea de manera implícita o explícita (ver como ejemplos Al-Ali y Koser, 2002: 7; Duruz, 2004: 57; Holtzman, 2006: 367; Jackson, 1995: 6; Sutton, 2000: 121; Warin y Dennis, 2005: 167). El vivir migrante del exiliado es una vida en mitad, fragmentada en el tiempo y el espacio. La persona migrante se encuentra separada físicamente de aquellos familiares y amigos a quienes conoce bien, en un presente fragmentado. Pero también se encuentra fragmentado de un pasado imaginado. La distancia modifica lo que se recuerda que fue. El pasado que se habitó se modifica por efecto de la distancia espacial y temporal[40].

Si el vivir migrante implica vidas-mosaico, una existencia hecha de retazos en distintos tonos y texturas, como pequeñas teselas que rompen la continuidad del dibujo cuando se miran de cerca, sentirse en casa por el contrario puede describirse como una sensación de plenitud. El yo está en casa cuando se siente formando parte de un todo. Perteneciendo. No hay fragmentación, el yo experimenta un sentimiento de identidad y continuidad a través del tiempo y el espacio (Rouse, 1995: 357). La migración presenta una fisura en esa continuidad y la persona migrante debe aprender a vivir con ello. Esto no es necesariamente una conceptualización pesimista de la migración como algo intrínsecamente malo que fragmenta el ser y condena las personas migrantes a vivir vidas

40. De ahí la paradoja del retorno imposible. Después de una vida anhelando regresar, las personas migrantes han de enfrentar una segunda migración tras su retorno, porque ni ellas son las mismas personas que una vez migraron ni el lugar de origen ha permanecido inmutable, anclado en el pasado que recordaban. *You can never go home again.*

suspendidas, en una irremediable sensación de estar siempre "entremedias".

Como se ve claramente en algunos grupos transnacionales, esta fragmentación también puede ser la materia prima para la construcción de ricas vidas multifacéticas. Vivir transnacionalmente significa que de una manera celebratoria a veces la multiplicidad de pertenencias hace ser de aquí y de allí simultáneamente, y otras veces genera sensación de desarraigo al no ser del todo ni de aquí ni de allí. Debido a la sucesión temporal de ambas sensaciones no considero realista la división teórica que se suele hacer entre visiones celebratorias y visiones pesimistas del vivir transnacional.

El hogar, la sensación de estar en casa, ha sido usualmente pensada de una manera espacial. Para problematizar tal supuesto, esta investigación funciona bajo la premisa de que la dimensión decisiva del hogar –es decir, de la sensación de sentirse en casa– es la temporal por encima de la espacial/geográfica. En este trabajo por tanto, utilizo el adverbio "cuándo", en lugar de "dónde" para referirme a nociones de hogar/sentirse en casa. Esto va en línea con los desarrollos teóricos que optan por privilegiar el carácter temporal y en construcción constante de lo que es el hogar y sentirse en casa (Fortier, 2003; Walsh, 2006). Bajo esta conceptualización, cabe preguntarse si el consumo de ciertos alimentos puede desencadenar esa sensación de estar en casa.

3.1. Comida de casa

Como Law nos muestra para el caso de las trabajadoras domésticas filipinas en Hong Kong "la ausencia de una cultura material familiar, y sus sutiles evocaciones del hogar, es sin duda una de las más profundas dislocaciones [fragmentaciones] de la migración transnacional" (Law, 2001: 277). Los alimentos conocidos, familiares, desempeñan el papel de poderosos "alimentos confort" en la experiencia de las personas migrantes, ya que proporcionan confort psicológico y emocional cuando el yo se siente fragmentado en la situación de cambio que implica la migración (véase Locher *et al.*, 2005: 274 sobre la definición de alimentos confort).

Comer comida familiar es una acción no mediada que provoca intensas sensaciones corporales de hogar. La cualidad de los alimentos de ser literalmente "in-corporados" da lugar a tal intensidad. Dos de las características de los alimentos, el sabor y el olor, son especialmente potentes a la hora de generar sensaciones y recuerdos del hogar. El olor de las hierbas y especias como el cilantro, la manzanilla o el comino estaba estrechamente ligado a los recuerdos del hogar para las personas ecuatorianas que vivían en Santander. La respuesta más común a la pregunta acerca de un olor que recordara a casa, fue *cilantro*. Otros estudios han mostrado situaciones similares, llegando incluso a concentrar la esencia de una identidad nacional, la griega en este caso, en una maceta de albahaca (Sutton, 2000: 121). Estos símbolos cotidianos tienen una gran capacidad de condensar el significado de nación, patria y pertenencia para las personas migrantes que se encuentran lejos. Las hierbas y especias cumplen este rol a la perfección debido a su presencia sutil pero constante en las cocinas de nuestra infancia, la ropa de nuestros seres queridos o las comidas festivas. Estos olores tienen por tanto la capacidad de evocar con fuerza acontecimientos biográficos pasados.

La capacidad de los sabores de aprehender significados de hogar, de evocarnos en el pasado, en un momento en el que visto desde el presente nos encontrábamos en casa, es más débil que la de los olores. La estructura culturalmente más definida en las sociedades occidentales de los sabores genera que estos sean menos capaces que los olores de provocar sensaciones de *déjà vu* sensorial. Un joven entrevistado puso claramente en palabras esta mayor habilidad de los olores en comparación con los sabores de actuar como un recordatorio de la sensación de estar en casa: "Ningún sabor en Santander es como los de casa" y sin embargo "casi cada olor aquí me recuerda a mi hogar".

En un paralelismo poético se podría afirmar que la sensación de sentirse en casa es como las hierbas y especias que se ponen en los guisos. No son ni los ingredientes principales ni los básicos de un plato y solo alcanzan su pleno valor cuando no están. El toque del cilantro, el olor de la manzanilla, el regusto del comino. En ese momento su olor sutil, su delicado sabor se vuelven importantes. Como afirma Christopher Hampton "la persona con raíces las da por hecho, mientras que la persona que carece de ellas es plenamente consciente de su ausencia, como el dolor fantasma que produce un miembro amputado" (1991: 23). Esta afirmación es igualmente aplicable al caso de la sensación de estar en casa. Echamos de menos con intensidad cosas pequeñas, sutiles, delicadas porque paradójicamente estas parecen ser las que nos proporcionan espacios mayores para rellenar con nuestros propios significados y vivencias personales.

3.2. Me hace sentir como si estuviera en Ecuador. Encarnación y memorias corporales

Habitamos mundos de ideas y pensamientos, pero no solo. Los olores, sabores, texturas forman también una parte importante de nuestras vidas. Cuando se migra, no solo se deja atrás a quienes amamos y nuestras posesiones materiales. Migrar implica también abandonar un mundo sensorial que es al mismo tiempo el marco en el que nuestras experiencias tienen lugar y simultáneamente parte de esas propias experiencias. La migración puede implicar un cambio brusco de alimentos, olores, sabores y texturas conocidas al dejar atrás un ambiente sensorial familiar, "la experiencia vivida de la localidad, sus sonidos y olores" (Ahmed, 1999: 341), lo que lleva a "una reconfiguración espacial de un ser encarnado" (*ibid.*). La migración se experimenta, pues, a través del cuerpo. El movimiento físico es una experiencia totalmente encarnada.

Se migra generalmente por razones muy racionales, como obtener mejores oportunidades de futuro, dar a los hijos una mejor educación, ahorrar para construirse una casa mejor o ayudar a los padres ancianos a vivir una jubilación cómoda. Pero a la vez no se puede evitar sentir miedo, ansiedad, nostalgia, esperanzas, morriña, deseos... por lo que no resulta adecuado separar los objetivos racionales subyacentes en la decisión de migrar de todo ese torbellino de sensaciones y emociones que se desencadenan de manera asociada. La división entre el cuerpo y la mente, bien establecida en el mundo académico occidental, se ha revelado como engañosa por las nuevas tendencias académicas, como es la antropología de los sentidos (Classen, 1993; Seremetakis, 1994; Stoller y Cheryl, 1989).

La comida es un tipo específico de cultura material, ya que es literalmente introducida en el cuerpo, encarnada, y además se encuentra presente en el día a día de todos los humanos. En un contexto de migración, donde las amarras centrales tienen una naturaleza más temporal que geográfica (Rapport y Dawson, 1998: 3-4), mantener la habilidad de conectar el presente con un pasado recreado (imaginado) es vital. Nadia Seremetakis en su obra *The Memory of the Senses* hace una descripción muy potente de la capacidad de un melocotón para generar recuerdos de un "pasado más sabroso" (Seremetakis, 1994). La comida familiar con todos sus atributos –sabor, olor, textura– tiene un fuerte poder para desencadenar sentimientos y sensaciones previamente experimentados, como puede ser la sensación de pertenencia, de estar en casa. La memoria "se manifiesta físicamente y dentro de un marco de género para crear memorias corporales, un término que denota las huellas del pasado incrustadas en los sentidos" (Warin y Dennis, 2005: 165). En otras palabras, las memorias corporales o memoria del cuerpo es el conocimiento almacenado en nuestro cuerpo sin ni siquiera ser conscientes de ello. Una mujer ecuatoriana a quien entrevisté, lo verbalizó de la siguiente manera: "Sé que no estoy en Ecuador cuando como comida ecuatoriana, pero se siente como si lo estuviera". Ella sabía muy bien que estaba en Santander cuando comía comida ecuatoriana, pero a la vez de alguna manera se sentía de nuevo en Ecuador mientras comía ciertos platos. Las memorias corporales latentes (Warin y Dennis, 2005: 165) de hogar(es) pasados se activan a través de los olores, sabores y texturas de los alimentos que consumimos.

Lo anterior pone de relieve el hecho de que la migración es una experiencia encarnada, sentida a través del cuerpo y en el cuerpo. Nadie vive su vida en la más pura racionalidad, todas las personas desarrollamos nuestra racionalidad en un contexto sensorial. Los recuerdos son creados y recreados en un medio sensorial, y los sentidos tienen la capacidad de recordar sensaciones anteriormente sentidas.

4. Postre. Estrategias de lucha sensorial contra la fragmentación

La comida familiar desempeña un papel importante en contextos migratorios tanto a nivel público y visible como, más importante, en el ámbito íntimo de la esfera doméstica y la mundana cotidianeidad. Este artículo ha explorado tales temas en el contexto específico de las primeras fases de la migración ecuatoriana en Santander.

En las secciones anteriores se han analizado las costumbres y preferencias alimenticias de las personas ecuatorianas que viven en Santander, así como los alimentos más cargados con nociones de hogar. El hecho de no vivir en un entorno transnacionalizado implica que las personas migrantes tienen un abanico menor de posibilidades en relación a sus prácticas alimentarias. Se puede afirmar que para las primeras personas de origen ecuatoriano que vivían en la pequeña ciudad de Santander la comida ecuatoriana, independientemente de sus características personales específicas, juega un papel importante. Todas las personas encuestadas respondieron haber comido comida ecuatoriana en algún momento de su estancia en Santander, y un importante porcentaje lo hacía de manera diaria. Aunque conocen bastante bien la gastronomía española las prácticas que podrían considerarse centrales en su sentido de pertenencia e identidad no están relacionadas con este tipo de comida. La comida ecuatoriana compartida con familiares directos y otras personas ecuatorianas constituye el centro de sus experiencias de recreación del hogar.

Uno de los principales objetivos de esta investigación fue el de destacar la recreación sensorial del hogar que se puede implementar a través de la ingesta de alimentos en el contexto migratorio, ya sea de manera individual o colectiva. La comida es memoria.

La investigación empírica presentada en este trabajo apoya el hecho, reconocido por otros estudios, de que la comida familiar tiene una fuerte capacidad de reactivar sentimientos y sensaciones previamente experimentados, en forma de *déjà vu* sensoriales. En el estudio de caso concreto, la comida ecuatoriana tiene la habilidad de hacer que las primeras personas ecuatorianas en Santander se sintieran como "si estuvieran en Ecuador", mientras que la capacidad de los alimentos españoles para que se sientan integrados, "de aquí" (Santander, Cantabria, España, es decir, el nuevo contexto) es mucho más débil.

Dado que la migración implica discontinuidad de un entorno material, humano y cultural, las prácticas y preferencias alimentarias se utilizan como una estrategia de lucha sensorial contra la sensación de fragmentación que comporta migrar. Se aprecian dos estrategias de gestión sensorial de la fragmentación introducida por la migración. Por un lado la inconsciencia de comer comida ecuatoriana cada día –lo que convierte ese tipo de comida en el estándar, no en especial– y los intentos conscientes de recordar Ecuador a través del consumo de comida ecuatoriana en ocasiones especiales con compatriotas. Ambas sensaciones, la de revivir sentimientos pasados de estar en casa a través del consumo de comida familiar y la de reunirse con iguales con quienes se comparte un universo culinario concreto, se pueden utilizar para lograr un sentido temporal de plenitud, continuidad y pertenencia. De hecho, son dos estrategias que a menudo aparecen en combinación para luchar contra el sentido de la fragmentación o discontinuidad que la migración incorpora en las vidas de las personas migrantes. Porque vivir en otro lugar puede implicar que nada sabe como en casa o que casi todos los olores recuerdan a casa.

Bibliografía

Abu-Shams, L. (2008). "La alimentación como signo de identidad cultural entre los inmigrantes marroquíes". *Zainak. Cuadernos de Antropología-Etnografía* (núm. 30, pág. 177-193).

Ahmed, S. (1999). "Home and away. Narratives of migration and estrangement". *International Journal of Cultural Studies* (vol. 3, núm. 2, pág. 329-347).

Al-Ali, N.; Koser, K. (ed.) (2002). *New Approaches to Migration? Transnational Communities and the Transformation of Home.* Londres: Routledge.

Brown, L. K.; Mussell, K. (es.) (1984). *Ethnic and Regional Foodways in the United States: the Performance of Group Identity.* Knoxville: University of Tennessee Press.

Classen, C. (1993). *Worlds of Sense.* Londres: Routledge.

Durán, P. (2004). "Alimentación e inmigración. La cultura alimentaria de origen en el nuevo espacio social". 4° Congreso sobre la Inmigración en España. Girona, 13-14 noviembre.

Duruz, J. (2004). "Haunted kitchens. Cooking and remembering". *Gastronomica* (vol. 1, núm. 4, pág. 58-68).

Fischler, C. (1988). "Food, self and identity". *Social Science Information* (vol. 2, núm. 27, pág. 275-292).

Fortier, A. (2003). "Making home. Queer migrations and motions of attachment". En: S. Ahmed; C. Castaneda; A. Fortier; M. Sheller (ed.). *Uprootings/Regroundings. Questions of Home and Migration* (pág. 115-136). Oxford: Berg.

Gabaccia, D. (1998). *We Are What We Eat: Ethnic Food and the Making of Americans.* Harvard: Harvard Univerity Press.

García Santiago, A.; Zubieta Irún, J. C. (2003). *Inmigrantes en Cantabria. La Inserción Social y Laboral de los Inmigrantes Extranjeros en Cantabria.* Santander: Fundación Marcelino Botín.

Gratton, B. (2007). "Ecuadorians in the United States and Spain. History, gender and niche formation". *Journal of Ethnic and Migration Studies* (vol. 4, núm. 33, pág. 581-599).

Hampton, C. (1991). *White Chameleon.* Londres: Faber and Faber.

Hargreaves, M. K.; Schlundt, D. G.; Buchowski, M. S. (2002). "Contextual factors influencing the eating behaviours of African American women: a focus group investigation". *Ethnicity & Health* (núm. 3, pág. 133-147).

Holtzman, J. D. (2006). "Food and memory". *Annual Review of Anthropology* (vol. 1, núm. 35, pág. 361-378).

INE (2008). *Padrón Municipal.* Madrid: Instituto Nacional de Estadística.

Jackson, M. (1995). *At Home in the World.* Durham: Duke University Press.

Jonsson, I. M.; Wallin, A.-M.; Hallberg, L. R.-M.; Gustafsson, I.-B. (2002). "Choice of food and food traditions in pre-war Bosnia-Herzegovina. Focus group interviews with immigrant women in Sweden". *Ethnicity & Health* (vol. 3, núm. 7, pág. 149-161).

Law, L. (2001). "Home cooking. Filipino women and geographies of the senses in Hong Kong". *Ecumene* (vol. 3, núm. 8, pág. 264-283).

Locher, J.; Yoels, W.; Maurer, D.; Van Ells, J. (2005). "Comfort foods. An exploratory journey into the social and emotional significance of food". *Food and Foodways* (vol. 4, núm. 13, pág. 273-297).

Mata-Codesal, D.; Cano, N. (2011). "Memorias sensoriales de tiempos, encuentros y lugares". En: L. Diaz; O. Fernández; P. Tomé (coord.). *Lugares, Tiempos, Memorias. La Antropología Ibérica en el Siglo XXI* (pág. 3137-3143). León: Universidad de León.

Mellin-Olsen, T.; Wandel, M. (2005). "Changes in food habits among Pakistani immigrant women in Oslo". *Ethnicity & Health* (vol. 4, núm. 10, pág. 311-339).

Rapport, N.; Dawson, A. (ed.) (1998). *Migrants of Identity: Perceptions of Home in a World of Movement.* Oxford: Berg.

Rouse, R. (1995). "Questions of identity, personhood and collectivity in transnational migration to the United States". *Critique of Anthropology* (vol. 4, núm. 15, pág. 351-380).

Seremetakis, C. N. (1994). "The memory of the senses". En: C. Nadia Seremetakis (ed.). *The Senses Still: Perception and Memory as Material Culture in Modernity* (pág. 1-18). Chicago: University of Chicago Press.

Stoller, P.; Cheryl, O. (1989). "The taste of ethnographic things". En: P. Stoller (ed.). *The Taste of Ethnographic Things: The Senses in Anthropology* (pág. 15-34). Philadelphia: University of Pennsylvania Press.

Sutton, D. (2000). "Whole foods. Revitalization through everyday synesthetic experience". *Anthropology & Humanism* (vol. 2, núm. 25, pág. 120-130).

Valentine, G. (1999). "Eating in. Home, consumption and identity". *The Sociological Review* (vol. 3, núm. 47, pág. 491-524).

Walsh, K. (2006). 'British expatriate belongings. Mobile homes and transnational homing'. *Home Cultures* (vol. 3, pág. 123-144).

Warin, M.; Dennis, S. (2005). "Threads of memory. Reproducing the cypress tree through sensual consumption". *Journal of Intercultural Studies* (vol. 26, núm. 1-2, pág. 159-170).

Capítulo VIII

De Ecuador a Cataluña: Cambios en el consumo alimentario y los hábitos de compra asociados al proceso migratorio

Juanjo Cáceres, Elena Espeitx

El estudio de los cambios en los estilos de vida que se producen en el proceso migratorio presenta un gran interés desde la perspectiva de la prevención de situaciones que pongan en peligro el bienestar físico, la salud y la calidad de vida de los individuos que se ven envueltos en el mismo. Es por ello por lo que la alimentación de las personas inmigradas ha recibido a lo largo de los últimos años una atención creciente por parte de las ciencias sociales, así como desde el ámbito de la nutrición y de la salud.

El presente artículo pretender contribuir a una mejor comprensión de los efectos de la migración sobre los comportamientos alimentarios. Para ello, abordaremos los cambios que se han producido en la alimentación de personas de origen ecuatoriano instaladas en diferentes municipios del Área Metropolitana de Barcelona. Vamos a analizar dos dimensiones específicas de sus conductas: las pautas de consumo alimentario y los hábitos de compra, si bien debemos precisar que los cambios generados por la migración son más amplios y abarcan muchas otras dimensiones, como las técnicas culinarias, el reparto de las tareas alimentarias en el hogar, la duración de las comidas, las reglas de hospitalidad, etc. A algunas de ellas haremos alguna referencia a lo largo del texto pero, por razones de espacio, nos centraremos aquí solamente en las dos dimensiones mencionadas.

Nuestra aproximación se enmarca en las líneas de investigación que abordan las situaciones de contacto entre sistemas alimentarios diversos, iniciada sobre todo a partir de los años 1980, con los trabajos de M. Calvo (1982, 1997), cuyas aportaciones constituyen un referente para los estudios de alimentación y migración en Francia o España. No obstante, se han llevado a cabo, igualmente, estudios sobre esta cuestión en países del conjunto de Europa (representados, por ejemplo, entre muchos otros, por las aportaciones Mellin-Olse y Wandel, 2005; Wandel *et al.*, 2008; Carrus *et al.*, 2009; Romo y Gil, 2012).

En el presente artículo vamos a presentar los datos obtenidos a lo largo del trabajo de campo realizado en el marco de tres trabajos de investigación centrados, total o parcialmente, en el estudio de cambios alimentarios acontecidos tras la llegada a la sociedad de acogida, llevados a cabos en los siguientes periodos: 2004-2006, 2007-2008 y 2008-2009, de los cuales hemos difundido con anterioridad algunos de sus resultados (Cáceres y Espeitx, 2006; Cáceres, 2008; Espeitx y Cáceres, 2009; Espeitx, 2012). Hay que destacar que estos periodos cronológicos han presentado un gran interés para el estudio de la migración ecuatoriana en España, ya que a lo largo de los mismos han tenido lugar los mayores flujos de entrada de población de ese origen en el país. Son, pues, los periodos en que más amplios procesos de adaptación al país de acogida se han dado y corresponden con los primeros años de residencia en este, por lo que los datos etnográficos recogidos en estos periodos revisten un particular interés.

La técnica de investigación utilizada ha sido en todos los casos la entrevista personal semidirigida, por lo que todas las apreciaciones que se hacen respecto a la variación en los tipos de alimentos que se consumen son de tipo cualitativo. Respecto a las características de la población estudiada, todas las personas entrevistadas tenían en común la condición de residentes en España o habían accedido muy recientemente a la nacionalidad española, lo que implicaba que llevaban residiendo ya algunos años en el país. Se han desarrollado en total una treintena de entrevistas.

1. Pautas alimentarias en origen

Antes de abordar los procesos de cambio alimentario generado por el proceso migratorio, debemos hacer algunas observaciones sobre las pautas alimentarias en la sociedad de origen. La cultura alimentaria de Ecuador difiere sustancialmente de la cultura alimentaria de los habitantes de la provincia de Barcelona. Dichas diferencias abarcan todas las dimensiones del comportamiento asociado a la comida, pero observando solamente aquellas referidas a los alimentos que se consumen y la forma como se adquieren, existen notables diferencias en el papel que juegan ciertos productos en la alimentación cotidiana. Hay que señalar, además, que las características básicas de la alimentación ecuatoriana, no son homogéneas en todo el país –como tampoco lo son en España–, sino que pueden identificarse diferencias importantes entre los sistemas alimentarios de la costa, los del interior y los de la Amazonía. Sistemas que a su vez, a lo largo de los últimos años, se han visto inmersos en fuertes dinámicas de transformación, que son consecuencia, por un lado, de las oscilaciones en el nivel de vida del país, y por el otro, de la expansión global de los nuevos modelos de distribución, entre los que la sustitución del pequeño comercio por los supermercados y las grandes superficies juega un papel fundamental.

De este modo, en las poblaciones costeras se consumen muchos cereales, oleaginosas y frutas, especialmente plátano verde y arroz, mientras que en la sierra predomina el consumo de cereales y tubérculos, con la patata como protagonista, y en la Amazonía los principales productos consumidos son los cereales, los tubérculos y las frutas, siendo la yuca y el arroz los principales protagonistas de la alimentación. Además, las pautas de consumo revelan importantes diferencias en cuanto al acceso a los alimentos, ya que el consumo de productos como la leche o la carne es mayor en los hogares con ingresos más elevados, mientras que se produce una disminución del consumo de estos alimentos en el conjunto de hogares cuando se tienen lugar procesos de alza de precios. Ambas dinámicas propician que, en los hogares más modestos, el abanico de alimentos de consumo habitual se reduzca, principalmente, a los más asequibles, como el arroz y la patata (Burgos, 2011).

Estas características generales de los sistemas alimentarios ecuatorianos ponen en evidencia, por un lado, la centralidad del arroz como principal cereal de consumo para una buena parte de la población, y, por el otro, la elevada importancia de tubérculos de origen americano como la patata y la yuca. También se caracterizan estos sistemas por una destacada presencia en la dieta habitual de diferentes tipos de plátano (por un lado, plátano para freír o plátano macho, y por el otro, el plátano dulce o guineo) y a ello habría de añadirse un consumo importante de pescado y mariscos en las poblaciones costeras, sobre el que giran platos como los distintos tipos de ceviche.

2. El consumo alimentario en la sociedad de destino

Nuestras entrevistas revelan diferentes cambios, después de la llegada a España, en los productos utilizados. Estos cambios dependen, en cierta medida, de las transformaciones y de las permanencias en el conjunto de las prácticas culinarias. Entre las familias ecuatorianas entrevistadas, detectábamos personas que mantenían unas prácticas alimentarias fundamentalmente asimilables a las del lugar de origen; otras que habían introducido modificaciones significativas, o al menos lo habían hecho parte de los miembros de la familia, y otras que prácticamente habían substituido, en la alimentación cotidiana, las prácticas de origen por prácticas similares a las habituales en la sociedad de acogida. Veamos, a continuación, cuáles son los principales cambios observados por lo que respecta al consumo de los diferentes grupos de alimentos.

2.1. Los productos básicos: cereales y tubérculos

Empezando por el consumo de arroz, todos los entrevistados procedentes de regiones costeras afirmaban consumir en Ecuador cantidades elevadas de arroz, la mayor parte de ellos cada día o varias veces al día, pero una vez en destino, estas pautas se habían modificado. Entre los hombres se declaraba mayoritariamente un consumo parecido de este producto, pero las mujeres a menudo apuntaban haber reducido su consumo. Así, en hogares compuestos por una familia nuclear, era frecuente declarar que eran los hombres los que mantenían el consumo cotidiano, mientras que mujeres y niños realizaban un consumo inferior o más puntual.

En el caso del pan, hay que señalar que se trataba también de un cereal ampliamente consumido en Ecuador por todas las capas sociales (Burgos, 2011), pero no en las mismas cantidades que en el litoral mediterráneo y sin jugar un papel tan destacado en la dieta. De hecho, los informantes de nuestros estudios declaraban realizar un bajo consumo de pan en origen, pero, una vez en destino, indicaban que este se había incrementado, especialmente a través del consumo de bocadillos, ya que el arroz seguía siendo el cereal de acompañamiento habitual durante las comidas. En cambio, disminuía el consumo del resto de cereales. Así, el papel del maíz en la dieta descendía claramente respecto al que tenía en origen, y toda la diversidad de granos de diferentes variedades de maíz que caracterizaba el inventario doméstico de algunas familias entrevistadas se había reducido, viéndose trasladado en buena medida a una utilización más puntual, en las comidas festivas.

En cuanto a los tubérculos, se apreciaba también un descenso del consumo de patatas entre población venida del interior. Concretamente, las patatas seguían apareciendo como un producto habitual en las preparaciones, pero su uso tendía a reducirse en algunos casos, al mismo ritmo que disminuía la práctica de elaborar ciertos platos propios. En esa tendencia, que afectaba a algunos de los hogares analizados, influía tanto el hecho de que los platos elaborados con patatas no formaban parte de las preferencias de los miembros del hogar más jóvenes –salvo las patatas fritas, que en algunos casos eran la única preparación basada en patatas que pervive–, como el abandono progresivo de platos habituales en origen.

2.2. Carne y pescado

En el caso de la carne, en las entrevistas se detectaba un incremento de su consumo, aunque moderado. Así, el pollo aparecía como un producto ampliamente utilizado en la cocina. Un precio más barato respecto a otras carnes, unos conocimientos culinarios que se adaptan bien a su utilización y su fácil integración en preparaciones sencillas (a la plancha, frito...) favorecían su consumo. Hay que tener en cuenta que la cocina ecuatoriana se basa en buena medida en la preparación de diferentes platos de sopa, en muchos de los cuales se utiliza pollo o gallina. El consumo de otras carnes blancas, como el pavo, se evidenciaba inferior.

El consumo de carne de ternera también parecía incrementarse, pero moderadamente ante la diferencia de precio entre este tipo de carne y el resto. Buena parte de los informantes consideraban que su carne roja preferida era la de ternera, pero también indicaban que su precio la hacía menos consumida de lo deseado, especialmente en unidades familiares amplias. En cambio, se detectaba una baja aceptación de la carne de cordero. Mejor valorada y más consumida era la carne de cerdo, que también formaba parte del consumo cotidiano, en la mayor parte de casos varios días a la semana. Ahora bien, aunque se declaraba un mayor consumo que de otras carnes rojas, también se consideraba que este era inferior al de pollo.

En relación con los embutidos, no se apreciaba que formaran parte de los productos más consumidos. Su consumo solo se volvía regular a lo largo de la semana en los casos en que se había adoptado la práctica de preparar bocadillos para solucionar algunas de las comidas del día, especialmente aquellas que se realizaban fuera del hogar por motivos de trabajo o de estudio. Por el contrario, se apreciaba un consumo importante de carnes menos nobles como hígados, corazones y otras vísceras, de consumo ya marginal o ocasional entre la población local. Aunque en muchos casos el precio era el argumento aducido para su consumo, a menudo se añadía una buena valoración de sus características organolépticas.

Finalmente, en el caso del pescado, aunque su consumo era habitual en las familias procedentes de la costa, el precio en la sociedad de destino y el rechazo de una parte de los informantes a consumir pescado congelado había hecho disminuir la frecuencia de adquisición. De este modo, la preparación de platos basados en productos del mar como los ceviches o los encebollados, que gozaban de un gran aprecio entre los entrevistados, se habían vuelto más ocasionales y como consecuencia de todo ello, el pescado tendía a ser uno de los productos de los que se declaraba un consumo más bajo.

2.3. Frutas, hortalizas y legumbres

El consumo de frutas y hortalizas no era particularmente elevado. Se citaban a menudo las ensaladas, pero estas no era un componente demasiado habitual en su dieta sino un acompañamiento al que se recurría de manera desigual, según los individuos. Así, mientras en unos hogares se tomaban casi diariamente, en otros su presencia era escasa. En cuanto al uso de verduras, se apreciaba un cierto descenso en su consumo, como consecuencia del abandono de la preparación de algunos platos de los que formaban parte como ingrediente secundario.

Otra práctica abandonada en buena medida tras la migración era la de preparar zumos de fruta en el hogar, a pesar de que numerosos informantes aseguraban que en Ecuador los preparaban diariamente. En algunos casos se había introducido la preparación de zumos de naranja durante la mañana, pero raramente se convertía en práctica habitual y continuada. Las explicaciones que se ofrecían respecto a ese cambio se relacionaban en primer lugar con el precio, pero también con cambios en las estrategias de abastecimiento: el acceso habitual a los supermercados en la sociedad de acogida estaba propiciando la sustitución de zumos naturales por zumos envasados, cuya presencia durante las comidas tendía a ser muy habitual.

Respecto a las frutas, destacaban también los cambios en las frecuencias de consumo de los plátanos para freír. Un precio superior en la sociedad de acogida que en la de origen propiciaba una menor presencia de este producto en la alimentación cotidiana. Ahora bien, el hecho de que se tratara de uno de los alimentos preferidos por los entrevistados, facilitaba igualmente que su consumo en forma de patacones perviviera en muchos hogares con una frecuencia de varios días a la semana.

En cuanto a las legumbres, se utilizaban frecuentemente en los hogares ecuatorianos. Buena parte de las familias las integraban en sus comidas cotidianas a lo largo de la semana, mientras que en otros casos, minoritarios, su presencia era más puntual. Las legumbres preferidas eran diferentes tipos de judías y lentejas, así como frijoles, mientras que los garbanzos resultaban poco atractivos y generaban un cierto rechazo. En general se servían como ingrediente principal o como acompañamiento de otros productos cocinados y ensaladas. Una de las preparaciones que perduraban con más frecuencia desde el origen era el moro de lentejas, es decir, una preparación a base de lentejas y arroz.

2.4. Huevos y lácteos

El consumo de huevos se encontraba bastante extendido en los hogares ecuatorianos y se utilizaba de diferentes maneras: en sopa, frito, pasado por agua, como acompañamiento de ensaladas, etc. Era, así, habitual, incorporarlo a platos de arroz o bien tomarlo acompañado de patacones. El número de huevos que los informantes declaraban consumir a la semana era muy variable, desde 1 o 2 unidades por persona, hasta entre 6 y 8. Una parte de esos huevos se consumían en forma de tortilla, dado que las tortillas de patata se habían convertido en uno de los productos de la sociedad de acogida mejor aceptados y más introducidos en los hábitos domésticos.

En lo que se refiere a los lácteos, su ingesta presentaba en general una frecuencia diaria, ya que casi todos los informantes realizaban al menos un consumo diario de café con leche u otras combinaciones similares. Menos frecuente era el consumo de leche sola. Por lo demás, el consumo de yogures experimentaba con la llegada a la sociedad de acogida un incremento importante, dado que, aunque ya se tomaban antes de la migración, la frecuencia era menor debido a su precio, que se percibía demasiado elevado. Se trataba de un producto consumido de manera regular por los niños y de forma desigual por los adultos.

El queso también ocupaba un espacio en la mesa de este grupo de población, aunque secundario. Es un ingrediente de diferentes platos, especialmente de sopas que se siguen cocinando en los hogares familiares, como la sopa de queso. Hay que señalar, además, que uno de los productos de Ecuador más añorados era el queso ecuatoriano. En Ecuador se prepara un tipo de queso de vaca tierno y seco que, por sus cualidades organolépticas, consideraban que era de difícil sustitución por los otros quesos que podían encontrar en la sociedad de acogida. Eso comportaba que, a menudo, los informantes recurrieran a comercios étnicos, a canales de venta informales o a obtenerlo por encargo de personas que viajaban desde Ecuador. Por lo que se refiere a los quesos sustitutivos, la mejor acogida la tenían los quesos frescos comercializados bajo el nombre de quesos de Burgos y los quesos para untar.

2.5. Otros productos alimentarios

Hay que mencionar también que los informantes se decantaban por no utilizar para cocinar grasas de origen animal, a favor del uso de aceites vegetales, particularmente del de girasol, que es el que se declaraba emplear más frecuentemente. Solo una minoría de los informantes declaraban utilizar el aceite de oliva para aliñar o cocinar y la introducción de este último a menudo iba asociada a la adquisición de algunas prácticas alimentarias de la sociedad de acogida, como por ejemplo la preparación de pan con tomate. En las ensaladas, en cambio, a menudo perduraba la práctica de aliñarlas con limón o bien mediante una combinación de aceite y limón.

Respecto a los condimentos, seguían ocupando un lugar destacado en las preparaciones que todavía se mantenían en la sociedad de destino, especialmente cuanto más se mantenían las pautas alimentarias de origen. El coriandro, ingrediente esencial en la aromatización de sopas y carnes, se encontraba presente en prácticamente todos los hogares y se seguía utilizando habitualmente en la cocina. Junto a él, también ocupaban su espacio otros tipos de hierbas aromáticas: albahaca, orégano... Otro producto también aromatizante cuyo uso se mantenía en destino era el achiote.

Finalmente, ya hemos señalado las reservas que suscitaban ciertas formas de conservación, como la congelación en el caso del pescado. Debemos señalar, no obstante, que no sucedía lo mismo con otras formas, como los productos en conserva. Aunque algunas personas rechazaban su uso, era habitual la compra de tomate en conserva –frito, triturado o pelado–, o de maíz que, al igual que las conservas de atún, era utilizado en las ensaladas.

2.6. Las bebidas

Había tres grupos de bebidas en la dieta de nuestros informantes, cuya presencia era especialmente relevante en las comidas. La primera era el agua, que en la mayoría de los casos se consumía envasada, coincidiendo con un elevado rechazo al consumo de agua del grifo, a causa de la baja calidad organoléptica percibida.

En segundo lugar, como hemos señalado anteriormente, los zumos. Estos representaban el grupo de bebidas más consumidas durante las comidas y la diversidad de gamas y sabores era proporcional a la oferta que ofrecían los establecimientos de venta a los que acudían regularmente y la capacidad adquisitiva de los informantes. En general no se manifestaban preferencias por un tipo de sabor concreto, sino gustos diversos que propiciaban que se incorporasen muchos tipos de zumos de manera habitual, aunque parecían destacar aquellos que se basaban en mezclas de diferentes tipos de fruta. A pesar de todo, se hacía una buena valoración tanto de los más tradicionales (zumos envasados de melocotón, de naranja...) como de los más innovadores o de los que incorporaban frutas de origen tropical.

En tercer lugar, también los refrescos gaseosos eran utilizados durante las comidas, pero no se evidenciaba una presencia equivalente a la de los zumos envasados, ni tampoco esta era mayor en otros momentos del día. Otros productos, como las bebidas alcohólicas, raramente se consumían durante las comidas. En el caso del vino, solo era apreciado por un número reducido de hombres y mujeres, que lo tomaban de manera ocasional y fuera de las comidas. La cerveza era ampliamente apreciada, pero su consumo quedaba circunscrito a las actividades de ocio. Hay que destacar que algunos hombres manifestaban consumir cantidades elevadas de cerveza, tanto en el hogar como en bares o discotecas. Los combinados alcohólicos también eran apreciados, pero su consumo era claramente inferior al de cerveza. Igualmente, algunos informantes expresaban su aprecio por ciertas bebidas destiladas de origen ecuatoriano, que hacían traer de Ecuador o compraban en comercios étnicos, con el fin de consumirlas en el hogar durante su tiempo libre. Finalmente, el consumo de infusiones o café después de las comidas era muy minoritario.

3. Cambios en los hábitos de compra

Todas estas modificaciones en el consumo de determinados productos, aunque relevantes por sí solas, deben considerarse en el marco más amplio de las transformaciones en las formas de abastecimiento doméstico. Dichas transformaciones consistían en la adaptación a una nueva oferta de comercios minorista, mediante la que se adquirían prácticas de compra urbanas propias de la sociedad de acogida y que incluían el abandono de los tipos de punto de venta habitual propios del lugar de origen. Ello suponía, a grandes rasgos, tres cambios importantes respecto a las prácticas de origen. El primero, el acceso regular generalizado a la compra en supermercados y grandes superficies. Nuestros informantes declaraban que en Ecuador los puntos de compra habitual eran pequeños establecimientos y mercados, a pesar de la expansión experimentada por los supermercados en el país de origen en años anteriores (Zamora, 2004). El segundo, una asistencia a los establecimientos más separada en el tiempo: así, la primera transformación mencionada iba acompañada de una disminución en la frecuencia de compra que afectaba, además, a las formas de conservación en el hogar, puesto que también, a diferencia de en origen, se extendía el recurso a la congelación, especialmente en productos de origen animal. En tercer lugar, un cambio en la percepción de los productos: varios productos que anteriormente no se consideraban asequibles por precio, particularmente los productos procesados, empezaban a considerarse accesibles en la sociedad de acogida.

Aunque entre los informantes los mercados eran, en origen, el lugar de compra mejor valorado, en la sociedad de acogida la tendencia dominante era realizar las compras en supermercados y grandes superficies, lo que vehiculaba los cambios ya mencionados en las formas de abastecimiento. El supermercado aparecía como un establecimiento, en el que, mediante una sola compra, era posible adquirir todo lo necesario para el hogar, a diferencia de los mercados, donde solo podían comprarse productos frescos. Además, la elección de ese tipo de establecimiento favorecía una disminución en los intervalos de compra. De este modo, esta pasaba a realizarse semanalmente o mensualmente, según el hogar analizado.

Fuera cual fuera dicha frecuencia, aparecía un rasgo coincidente: al iniciarse el mes o en un día determinado de la semana se realizaba una compra "fuerte" (abundante en productos y suficiente para que la mayor parte de hogares quedasen abastecidos durante el periodo establecido), que era seguida de otras menores o del recurso a otros establecimientos de proximidad para adquirir los productos que escaseasen a lo largo del mes. Esta tendencia a la concentración, sin embargo, se fue diluyendo a lo largo del tiempo, ya que con la creciente expansión en las áreas urbanas barcelonesas de un nuevo tipo de establecimiento étnico en los barrios, asimilable a los antiguos colmados, donde se podía encontrar todo tipo de productos alimentarios y no alimentarios, así como mediante el recurso creciente a los supermercados de barrio, la planificación de una gran compra se fue haciendo menos importante. A ello contribuía también el hecho de que las familias con una situación económica más estable o los individuos sin personas dependientes y con ocupación laboral, priorizasen la proximidad o la rapidez de ejecución sobre la búsqueda de precios bajos, que para algunas familias era una necesidad de primer orden.

En cuanto a los mercados, como señalábamos, eran un punto de compra positivamente valorado para la adquisición de productos frescos y era frecuentado por una parte de los entrevistados, especialmente aquellos que residían en la capital catalana y disponían de alguno en la proximidad de sus hogares. No obstante, ni todos compraban regularmente en ellos ni todos conocían la ubicación. Una parte de las buenas valoraciones que recibía el mercado la basaban en las similitudes con el país de origen, lo que les generaba mayor confianza. Hay que señalar que el mercado de la Boqueria de Barcelona aparecía a menudo en las entrevistas como el punto de compra de referencia para productos procedentes de Ecuador: por ejemplo, frutas de origen vegetal, condimentos, etc. Su gran tamaño y su orientación a una demanda tanto local como de personas extranjeras, propició durante la primera década del siglo XXI una buena valoración de este mercado por parte de diferentes colectivos de inmigrantes. Es por eso por lo que también el colectivo ecuatoriano acudía a aquel mercado, especialmente en el contexto de celebraciones en que se iba a preparar algún plato típico, estableciendo un vínculo de fidelidad con el mismo en ese contexto.

En cuanto a tiendas especializadas, como fruterías, carnicerías, pescaderías y panaderías, en un momento en el que todavía no se había producido en las zonas urbanas barcelonesas la fuerte expansión posteriormente vivida de estos tipos de establecimientos –particularmente fruterías y panaderías–, eran ya un punto de venta recurrente y preferente para la adquisición de productos frescos. Los productos más solicitados en estos establecimientos eran, de mayor a menor, el pan, los productos vegetales –para frutas y hortalizas, no para verduras–, la carne y, por último, las pescaderías (en este caso, el acceso era muy puntual, dado que el punto de venta preferente para pescados y mariscos eran los mercados). Como es obvio, la elección de estos establecimientos se encontraba fuertemente ligada a la cercanía del lugar de residencia, pero también a otras cuestiones como la buena valoración de la relación diversidad-precio (en el caso de las carnes) o la posibilidad de comprar en pequeñas cantidades o pocas unidades (en el caso de las fruterías).

Otro de los ámbitos de compra propios de la población ecuatoriana eran las tiendas especializadas en productos latinoamericanos. Estos establecimientos comprendían tanto los gestionados por la población de aquel continente, como tiendas marroquíes, paquistaníes o de otros orígenes, puesto que disponían todos ellos de un abanico amplio de productos consumidos sobre todo por población extranjera. Aunque los establecimientos étnicos de productos latinoamericanos seguían siendo importantes en la adquisición de productos propios, su peso estaba disminuyendo a medida que supermercados y grandes superficies disponían cada vez más de los productos principalmente demandados (por ejemplo, plátano para freír, naranjillas, limas...).

Finalmente debe añadirse que algunos productos también se obtenían mediante el acceso a los mercados informales. Se trataba de ámbitos donde podían obtenerse, sobre todo, productos propios de su gastronomía mediante el intercambio monetario (en el caso, por ejemplo, de locutorios y otros establecimientos étnicos no relacionados con la alimentación). También existían importantes flujos de intercambio de productos entre amigos y familiares. Con todo, hay que señalar que los establecimientos de productos extranjeros no alimentarios no eran un ámbito demasiado frecuentado, sino un punto de venta donde se buscaba específicamente un determinado tipo de condimento, productos complementarios para la práctica culinaria habitual o bien se adquirían productos para a la preparación de platos concretos en el marco de celebraciones, que no se encontraban en otras tiendas.

4. Conclusiones

Los cambios descritos entre la alimentación en origen y la alimentación en la sociedad de acogida son el resultado de diferentes dinámicas relacionadas con una oferta alimentaria distinta, por un lado, con la influencia de una cultura alimentaria diferente y, por el otro, con cambios en la estructura del hogar y en los estilos de vida, derivados de la incorporación a la sociedad de acogida y del mismo proceso migratorio.

Uno de los elementos que más hemos destacado es el de la adecuación a una oferta alimentaria distinta, no solo por los mismos productos, sino también por la escala de precios. Esta última explica cambios significativos en los hábitos alimentarios. Uno de ellos es el incremento del consumo de carnes, cuyas causas se explican en parte por su menor coste. El hecho de que la carne resultara más accesible impulsaba una tendencia al alza en su consumo, que ya se había producido en la sociedad de origen entre los grupos sociales más pudientes y que había supuesto un mayor protagonismo de la carne en detrimento del consumo de los alimentos básicos propios de Ecuador, es decir, los cereales y los tubérculos. La posibilidad de acceder a carnes baratas, en el caso del pollo, o de poder conseguir carnes rojas a precios asequibles, facilitaba este efecto de sustitución de carbohidratos vegetales por proteínas animales, observable, de hecho, en grupos sociales de sociedades donde el desarrollo económico propicia una mejora del poder adquisitivo y una disminución del coste relativo de los alimentos, pero que en este caso se producía meramente por la entrada en contacto con un nuevo entorno socioeconómico. El precio, junto con la muy abundante oferta en supermercados y grandes superficies, explicaba asimismo otro destacado incremento: el de productos procesados.

La percepción de precios elevados también hemos visto que producía el efecto contrario. Así, se evidenciaban descensos drásticos en el consumo de pescado, un producto que era de consumo habitual o casi diario entre familias cuyas actividades en Ecuador habían estado asociadas al mundo de la pesca o que habitaban en la proximidad de los puertos. Lo mismo sucedía con frutas propiamente ecuatorianas, como el ya mencionado caso de los plátanos para freír, pero también de ciertas frutas como el tamarindo o el mango. Así, aunque comúnmente se considera que los patrones alimentarios aprendidos en la infancia marcan con gran fuerza las preferencias (Fischler, 1995), aquí observamos que la simple modificación de la oferta alimentaria los trastoca con aparente facilidad.

Otra de las tendencias observadas es una reducción del consumo de ciertos alimentos asociada al abandono de platos elaborados y exigentes en tiempo de preparación, que en la sociedad de destino pierden protagonismo. Ello se hacía especialmente visible en ciertos productos de origen vegetal. Las causas de este abandono no han sido abordadas en este texto, pero nuestro trabajo de campo nos permite explicarlas como resultado de la separación del hogar familiar que afectaba a una parte de los entrevistados, que residían en hogares compartidos con otras personas; o de la reducción del tiempo libre como consecuencia de los horarios de trabajo o de jornadas de intensa actividad laboral, entre otras causas. Así, la falta de tiempo para cocinar o la falta de competencias para hacerlo, cuando la persona que había migrado no era responsable de la alimentación en origen, eran las razones aducidas para explicar por qué se había dejado de cocinar platos apreciados y consumidos en Ecuador. De nuevo vemos cómo, productos y platos considerados axiales en la propia cultura alimentaria, dejan de serlo cuando cambian las condiciones para prepararlos y consumirlos. Una de nuestras informantes, madre de tres hijos, que habían quedado en Ecuador a cargo de la abuela, nos explicaba que ya nunca preparaba sus platos preferidos, porque cocinarlos para ella sola "no tenía ningún sentido". Desde la perspectiva que nos ocupa, lo que interesa destacar es que el simple hecho de dejar de cocinar determinados platos, supone dejar de consumir todo un abanico de productos que formaban parte de la dieta en origen.

En definitiva, estos elementos ponen en evidencia que los ecuatorianos experimentaban cambios notables en su alimentación: abandono o disminución de un buen número de productos consumidos en origen, por un lado, e introducción o incremento del consumo de otros, más accesibles en la sociedad de acogida que en origen. Estos cambios no tienen por qué ser problemáticos en sí mismos, pero pueden serlo cuando las condiciones de llegada dificultan una adaptación adecuada al nuevo contexto alimentario, a causa de la inestabilidad en los ingresos, las dificultades para la inserción laboral en destino y los compromisos económicos adquiridos con familiares en origen (Espeitx, 2012).

Para terminar, quisiéramos señalar que, aunque a lo largo de las entrevistas se iban desgranando un gran número de modificaciones en sus pautas alimentarias, algunas más marginales, pero otras de gran centralidad, la mayor parte de nuestros informantes sostenían que "seguían comiendo como siempre". Las razones por las cuáles a las personas nos cuesta percibir los cambios en nuestra alimentación, nuestra tendencia a centrarnos en los elementos que le dan apariencia de estabilidad en el tiempo, merecen ser abordadas con profundidad. Pero este es otro debate.

Bibliografía

Burgos Dávila, S. (2011). "Incremento de los precios de los alimentos y su impacto en el consumo calórico de los hogares ecuatorianos". En: *Seguridad alimentaria y nutricional en el Ecuador. Construyendo la soberanía alimentaria* (pág. 93-128). Quito.

Cáceres, J. (2007). "Cuerpos que emigran: cambios alimentarios y deportivos en colectivos extranjeros". En: M. Gil; J. Cáceres (eds.). *Cuerpos que hablan: género, identidades y representaciones sociales* (pág. 123-142). Mataró: Montesinos.

Caceres, J.; Espeitx, E. (2006). *Cuines en migracio. Alimentacio i salut d'equatorians, marroquins i senegalesos a Catalunya.* Barcelona: Fundació Jaume Bofill-Editorial Mediterrània.

Calvo, M. (1982). "Migration et alimentation". *Social Science Information* (vol. 3, núm. 21, pág. 383-446).

Carrus, G.; Nenci, A. M.; Caddeo, P. (2009). "The role of ethnic identity and perceived ethnic norms in the purchase of ethnical food products". *Appetite* (núm. 52, pág. 65-71).

Espeitx, E.; Cáceres, J. (2009). *Percepció i anàlisi de la seguretat alimentària a Catalunya.* Barcelona: Generalitat de Catalunya.

Espeitx, E. (2012). "La vivencia del cambio alimentario en la migración". En: M. Gracia (ed.). *Alimentación, salud y cultura: encuentros interdisciplinares.* Tarragona: Publicacions de la Universitat Rovira i Virgili.

Fischler, C. (1995). *El (h)omnívoro: el gusto, la cocina y el cuerpo.* Barcelona: Anagrama.

Romo, R.; Gil, J. M. (2012). "Ethnic identity and dietary habits among Hispanic immigrants in Spain". *British Food Journal* (vol. 2, núm. 114, pág. 206-223).

Rovillé-Sausse, F.; Prado, C. (2009). "Alimentation et santé des femmes migrantes chinoises et de leurs enfants en Europe occidentale: l'exemple de la France et de l'Espagne". *Antropo* (núm. 19, pág. 47-56).

Wandela, M.; Raberg, M.; Kumarb, B.; Holmboe-Ottesen, G. (2008). "Changes in food habits after migration among South Asians settled in Oslo: The effect of demographic, socio-economic and integration factors". *Appetite* núm. 50, pág. 376-385).

Zamora, M. (2004). "La rápida expansión de los supermercados en Ecuador y sus efectos sobre las cadenas de lácteos y de papas" (Informe inédito de *Recovering Markets*).

Capítulo IX
"Mezcla" y memoria en la identidad alimenticia de inmigrantes brasileños en Barcelona

Marilda Checcucci Gonçalves da Silva

En este artículo[41] se presentan los resultados de una investigación sobre la alimentación de inmigrantes brasileños en Barcelona, ciudad que, después de Madrid, es la que reúne el mayor número de este colectivo de inmigrantes en España. En esta investigación se pretendió identificar el proceso de adaptación de esos inmigrantes en relación con el nuevo contexto alimentario, utilizándose para ello, principalmente, el método etnográfico. Su importancia se basa en constituirse en una investigación sobre el papel de la alimentación en la vida cotidiana de estos inmigrantes, lo cual, aun siendo relevante para entender la propia inmigración, ha sido hasta el momento un tema muy poco estudiado, con excepción de la tesis de doctorado de la antropóloga brasileña Viviane Kraieski de Assunção (2011), titulada "Onde a comida não tem gosto: estudo antropológico das práticas alimentares de imigrantes brasileiros na Grande Boston", y la de la geógrafa Maria das Graças Santos Luiz Brightwell (2011), que aborda la alimentación de brasileños en Londres en su tesis doctoral, titulada "Food, Identity and Belonging among Brazilians in London".

41. Este trabajo es parte de una investigación financiada por la CAPES y desarrollada durante la una estancia postdoctoral en el campo de la Antropología de la Alimentación en la Universitat Oberta de Catalunya, en Barcelona, entre agosto del 2011 y enero del 2012.

1. La presencia del inmigrante y el contexto de la alimentación de los brasileños en Barcelona

Los datos del Anuári Estadístic de la Ciutat de Barcelona 2011. Demografia i població referentes al año 2010 muestran que es significativa la presencia de extranjeros entre la población barcelonesa, representando un total del 15,8% de la población. América del Sur está representada con el mayor contingente de extranjeros, siendo un total de 95.631 personas. Brasil ocupa el sexto lugar en número de inmigrantes, casi igualando a Argentina. Lo que más llama la atención en la tabla es la gran proporción de mujeres entre la población inmigrada de América del Sur, en relación con el resto.

En el trabajo de campo realizado en la ciudad, durante el período de septiembre del 2011 a enero del 2012, conjugué la observación participante con la entrevista en profundidad, habiendo realizado un total de 40 entrevistas, incluyendo personas de diferentes clases sociales, franjas de edad, sexo/género, orígenes étnicos o estado civil, que llegaron a Barcelona en momentos diferenciados, en condición de "documentados" o de "indocumentados[42]" provenientes de diversas regiones de Brasil. Los inmigrantes entrevistados eran pertenecientes a los extractos bajo, medio y alto, con una mayor concentración en el bajo, provenientes principalmente de las regiones Sur (Santa Catarina, Paraná, Rio Grande

42. Aquellos que no tienen "papeles" (documentos) y se encuentran en una situación irregular en el país. De acuerdo con los resultados de la investigación sobre el Perfil Básico del Brasileño en España (2009), concluido parcialmente para el área que abarca la del Consulado General de Brasil en España, el 49% de los inmigrantes brasileños se presentaran como en situación regular; un 1% en situación irregular; un 8% afirmaron que se encontraban "en proceso de regularización"; y un 12% no respondieron a esa cuestión o marcaron más de una opción. (Carvalho, 2010).

do Sul), Sudeste (São Paulo, Minas Gerais), Centro Oeste (Goiás), Nordeste (Bahía, Pernambuco) y Distrito Federal.

La llegada de los inmigrantes a Barcelona apareció siempre precedida de redes de familiares y de amigos (Cavalcanti, 2004; Ripoll, 2008). Esas redes ejercen un papel importante tanto en la motivación para la llegada de los inmigrantes como en su inserción en la ciudad, aportando informaciones sobre empleo, vivienda y alimentación, o también hospedando en los momentos iníciales, cuando aún no se tenía trabajo. Barcelona, como otras ciudades globales, poseía antes de la actual crisis un mercado de trabajo secundario atractivo para el migrante, pues aseguraba mejores posibilidades económicas que en el país de origen. La circulación de esas informaciones y el acceso a los mecanismos que posibilitan la unión entre los trabajadores y esas ciudades configuran los flujos migratorios (Assis *et al.*, 2010).

De un modo general, el proyecto migratorio era casi siempre familiar: emigrar, ganar dinero y retornar en condiciones económicas mejores. El retorno es constitutivo del proyecto migratorio, aunque a lo largo del tiempo no llegue a concretarse. Las remesas de dinero hacia Brasil forman parte del proyecto de retorno y en algunos casos eso se concretiza, a través de inversiones, en casas o terrenos, o en mejoras que afectan a la vida familiar. A partir del 2007 se inició otro tipo de regreso, provocado por la crisis. La crisis en España alcanzó directamente el mercado de trabajo secundario. La construcción sufrió una importante caída, reduciendo el valor de las horas de trabajo y el empleo en sí. Esa situación ha sido mucho más importante en el caso del mercado laboral masculino, al menos en su momento inicial, mientras que muchas mujeres continuaban en el momento de la realización de la investigación, trabajando como cuidadoras de ancianos, limpiadoras, empleadas domésticas, transformándose a menudo en cabezas de familias. Contreras y Arnáiz (2005: 313) al hablar del trabajo doméstico femenino en España y particularmente en Barcelona, llaman la atención sobre el hecho de que, en un mundo globalizado, se está desarrollando la "globalización del cuidado". Según comentan, cada vez más mujeres filipinas, ecuatorianas o dominicanas emigran a Europa para cuidar de niños y ancianos, pagándole a una cuidadora un salario que puede llegar a ser hasta diez veces inferior al de las trabajadoras locales. De ese modo, las mujeres más pobres cuidan de los ancianos o niños de los más ricos, mientras que otras mujeres aún más pobres, o más viejas, o más rurales, cuidan de sus propios hijos y ancianos en su lugar de origen. Del mismo modo que ellas, las mujeres brasileñas trabajaban fundamentalmente en el servicio doméstico en sus distintas modalidades (interna, externa, por horas, media jornada, jornada completa, etc.) y, en menor medida, en el sector de servicios (hotelería y comercio), así como también en salones de belleza. Para las mujeres que se encontraban en situación irregular, el servicio doméstico constituía la principal fuente de ingresos inicial, tal y como afirman también Musanet Ripoll y Padilla (2010), en condiciones muy precarias.

Ante la crisis, la relación coste-beneficio de la emigración deja de ser positiva y muchos optan por retornar, frente a la inviabilidad de continuar viviendo en Barcelona. Algunos dijeron que preferían quedarse. Les gusta vivir en Barcelona, principalmente por la facilidad de movilidad, la calidad de los transportes, el acceso a la salud de calidad y, para los que tienen hijos, la calidad de la educación. Esos aspectos fueron recurrentes en la conversación de los entrevistados, principalmente de los indocumentados. Se puede pensar que en Barcelona disponían de una situación distinta a la de Brasil donde, dada su gran desigualdad, las personas más pobres no tienen acceso a ese tipo de servicios[43] con un mínimo de calidad[44].

Para una de las jóvenes entrevistadas, ese regreso se configuraba como un aspecto deseado, aunque imposible de realizar. La entrevistada trabajaba como personal de limpieza en hoteles, su situación de trabajo se mantenía estable y la vuelta a Brasil se configuraba como una situación casi imposible, pues en su ciudad de origen no había trabajo. La conversación con esa muchacha dejó claro un problema que apareció sobre la alimentación de los inmigrantes brasileños en origen, en especial de los que emigran en la condición de indocumentados para Barcelona. Se trata de la cuestión del hambre. No la ausencia total de alimento, sino su escasez, como muestra la imagen explicitada en sus palabras al referirse a la casa de la familia de su hermana en Brasil, con dos hijos y la nevera "casi vacía". Sus palabras, así como las de otros informantes, de que en Barcelona comían "mejor y más variado"; que "la salud había mejorado"; que su intestino "pasó a funcionar mejor"; ma-

43. De acuerdo con la Investigación sobre el Perfil Básico de la Comunidad Brasileña en España (2009), redimensionada para el área de cobertura de actuación del Consulado General de Brasil en Barcelona en relación con la utilización de servicios públicos, vemos que un 79% de los inmigrantes brasileños los han utilizado; de ellos, un 35% los de educación y un 30% utilizaron algún beneficio de la seguridad social española. Apenas un 4% afirma no haber utilizado nunca ningún tipo de servicio público español (Carvalho, 2010).

44. Según la clasificación del PNUD con base en los valores del IDH (Índice de Desarrollo Humano), España es considerada como un país de alto desarrollo humano. Con un valor del IDH en el 2003 de 0,928, ocupaba la posición número veintiuno entre el conjunto de países, según el Informe sobre Desarrollo Humano (PNUD, 2005). España mantiene esta colocación desde 1997, situándose en un nivel superior durante los años anteriores (en 1995 ocupaba el undécimo lugar de los países con mayor calidad de vida). De acuerdo con el Informe para el Desarrollo Humano (2005), la esperanza de vida al nacer de los españoles es alta: 79,5 años de media, siendo 83,2 para las mujeres y 75,9 para los hombres. Los índices de educación son elevados (la tasa de alfabetización de adultos es del 97,7% y la tasa de escolarización bruta combinada por la enseñanza fundamental, media y superior es de 94% y el acceso a la salud es universal. Estos aspectos sociales del bienestar humano, evidencian de hecho lo que aparece en boca de los informantes. Estos datos son referentes a 2003. (Ripoll, 2008).

nifestaban que en Brasil no tenían acceso a una comida satisfactoria y que en Barcelona la comida era más barata. De hecho, no es que fuese más barata, sino que, con el salario que ganaban, en términos comparativos con lo que ganaban en Brasil, conseguían tener acceso a una alimentación mucho más variada y de mayor calidad, aspecto que remite al problema de la desigualdad en Brasil y que se refleja en el acceso a una alimentación satisfactoria.

Esta no es la situación de los documentados, personas de clase media y alta que entrevisté. Entre ellas, algunas poseían hábitos alimentarios que podrían ser considerados como refinados. En algunos casos, ya en Brasil tenían una educación alimentaria más "europeizada", donde la secuencia de los platos se hacía como en España, tal y como relataba uno de los entrevistados, que estudió en un seminario de Brasil regido por religiosos europeos.

2. La comida "brasileña"

Los entrevistados declararon continuar comiendo en Barcelona la "comida brasileña": arroz[45], alubias, carne, ensalada[46], siendo

45. La harina de mandioca fue heredada de los nativos, el arroz ya se cultivaba en Brasil en 1587, y sobre el frijol ya se encuentra referencia a partir de 1674 (Lima, 1999; Lívia Barbosa, 2007). Silva (2002: 114) considera que el frijol ya era conocido en las sociedades indígenas cuando llegaron los portugueses; sin embargo, si se considera el factor de dispersión transcontinental, se puede indicar la existencia de la posibilidad de préstamos culturales y contactos históricos entre el Viejo y el Nuevo Mundo.

46. En la investigación llevada a cabo en Brasil sobre los hábitos alimentarios brasileños, a través de datos cuantitativos y cualitativos, Barbosa (2007) constató que, de toda la muestra obtenida, en el almuerzo, un 94% de sus encuestados declararon comer arroz y alubias, acompañados de algún tipo de carne roja (69%), pollo (42%), ensalada (30%), fideos (24%), verduras en general (22%) y legumbres (18%). El consumo de arroz se encuentra por encima del 90% en todos los grupos sociales. Lo mismo ocurre con las alubias, que solo queda por debajo del 90% entre los segmentos de renta A (85,7%), en Curitiba (87,5%) y Belém

su alimentación próxima a la de Brasil, a semejanza de lo que fue encontrado por Viviane Kraieski de Assunção (2011a) para los inmigrantes brasileños en Boston, así como por Maria das Graças Brightwell (2011) para brasileños en Londres. Los brasileños, además de reproducir un *habitus* (Bourdieu, 1972) alimentario, consumían una comida más heterogénea, sustituyendo productos brasileños no encontrados en Barcelona por otros más próximos de sabor conocido y mezclaban su comida con platos de la comida local.

Viviane Kraieski de Assunção (2011b) encontró una situación similar para los brasileños en Boston. Tal y como señala esta autora, la comida es parte de una estrategia que aporta confort a unos migrantes que viven en un nuevo y difícil contexto; así, la comida es una manifestación vívida de los lazos familiares y de parentesco que mantienen en Brasil.

En este sentido, vemos cómo la comida sirve para mitigar el dolor de la nostalgia de los familiares, permitiendo temporalmente un retorno cuya única posibilidad está en el recuerdo (Sayad, 2000). Algunos alimentos nos pueden llevar a recordar a alguien, un lugar o de un momento, a través de la dimensión afectiva y placentera a la que está unida el recuerdo, despertando emociones ligadas a la memoria (Sutton, 2001). Al perpetuar los recuerdos, la memoria mantiene la unión del grupo y la pertenencia. Sobre ese aspecto, la relación entre comida y memoria y las emociones despertadas por esta última se muestran esenciales en la comprensión

(82,6%). El consumo de carnes, sin cualquier especificación, no presenta grandes variaciones entre los diferentes segmentos sociales. Además de eso, se constató que la tesis de la homogenización y/o pasteurización del gusto por la diseminación del modelo occidental agroindustrial no parece ajustarse bien a los datos de la investigación: más del 90% de las respuestas de la muestra compra la materia prima de su comida para confeccionarla en casa. La comida industrializada es valorizada básicamente en su aspecto pragmático y de "emergencia" (Malassi, citado en Barbosa, 2007: 111).

del proceso de adaptación de un grupo de inmigrantes en otro contexto alimentario (Silva, 2003).

De acuerdo con Mintz (2001: 31-32):

> "Nuestras actitudes en relación con la comida son normalmente aprendidas pronto y bien; y son, en general, inculcadas por adultos afectivamente significativos, cosa que confiere a nuestros comportamientos alimentarios un poder sentimental duradero. Los hábitos alimentarios pueden cambiar completamente cuando crecemos, pero la memoria y el peso del primer aprendizaje alimentario y algunas de las formas sociales aprendidas a través de él permanecen, tal vez para siempre, en nuestra consciencia".
>
> S. W. Mintz (2001). "Comida e Antropologia: uma breve revisão". *Revista Brasileira de Ciências Sociais da ANPOCS* (vol. 47, núm. 16, pág, 31-32). São Paulo.

Independiente de la clase social, fue recurrente la referencia al recuerdo de comidas y la añoranza que les despertaban, por la evocación que les traían de parientes y de escenas familiares. Fue así como, al estar durante el período navideño en casa de una informante indocumentada, comentó que la Navidad era para ella el día más triste desde que salió de Brasil. Eso ocurría porque se acordaba de su infancia en el interior de Maranhão, cuando su abuela mataba un cerdo para la cena de Navidad, que se comía en familia después de ir juntos a la misa del gallo, describiendo con lágrimas en los ojos la secuencia del ritual. Le pregunté qué se comía, y me dijo que el "cerdo asado", "yuca", "cosas simples", pero que nunca se había olvidado de la "*torta de polvilho* (de almidón de mandioca), seca y espolvoreada por encima".

Otra informante indocumentada, de Joinville (SC), de una familia muy pobre, me relató sobre la "tortita" que le hacía su abuela, que en el sur de Brasil se conoce como "*bolinho de chuva*" (buñuelos), una masa similar a la de la torta, hecha con leche, huevos, azúcar y harina que se fríe a fuego lento en manteca caliente, cubriéndose después con azúcar y canela, y que en su caso estaba hecha solo con agua, harina, una pizca de sal y azúcar, sin los huevos, siendo llamado por ella "*bolinho de pobre*". Comentaba que siempre que la comía, se acordaba de su abuela, ya fallecida.

En Brasil los rituales de mesa y la comensalidad[47] son de gran importancia, debido al valor que se le da a la familia y a las relaciones de parentesco. Así, una informante nos comentó que en Barcelona "tenía hasta carne seca[48] en la nevera para ponerle a las alubias", como solía comer en la casa de su familia, pero que "no era lo mismo". Se refería al ambiente que vivía en torno a la comida, cuando las "alubias con carne seca" eran comidas y compartidas con su familia, y a las relaciones que se daban a su alrededor. En otra situación, a otra de las entrevistadas se le llenaron los ojos de lágrimas al hablar de la "comidita de su madre". En este caso, es también importante retomar a David M. Schneider (1980: 15) cuando preguntaba a sus informantes sobre la importancia de la familia en el marco de sus grupos étnicos de origen, recibiendo de italianos, irlandeses y judíos la respuesta de que no sería posible entender la familia sin comprender el lugar especial de la madre y el lugar "que la comida tiene en la familia". En nuestro caso, se hace patente la referencia a la figura de la madre y de la abuela. De acuerdo con Klaas Woortmann (2004: 13) en "todos los grupos

47. Los rituales y la comensalidad se caracterizan por normas y comportamientos previstos, aceptados y reconocidos por todos, y expresan relaciones sociales, valores y juicios de valor (Maciel, 1996: 36).

48. La carne seca era puesta a secar al sol en finas láminas, sobre tiras de cuero. Es muy consumida en recetas en todo Brasil, aunque principalmente en el nordeste, donde inicialmente surgió. El término carne seca se refiere al nombre dado a la carne expuesta al sol para secarse. Actualmente, hay una distinción que distingue la carne de sol (carne secada al sol) de la carne seca (secada con sal).

sociales sobre los cuales existen estudios de prácticas alimentarias, las comidas son preparadas por la madre de familia. En la división del trabajo familiar, el ámbito culinario es femenino."

Lívia Barbosa (2007: 100), en su investigación sobre los hábitos alimentarios de los brasileños, constató que en el momento de los "rituales colectivos" en Brasil, lo que predomina es la "variedad tradicional", que sería:

> "(...) aquello que se come más raramente, únicamente en fechas especiales y que se sale de lo cotidiano, pero que no es necesariamente una novedad. A la tradición colectiva –como el pavo de Navidad– se añaden los platos vinculados a la tradición de las familias. Es decir, platos que se encuentran asociados a una persona específica y que guardan las memorias gustativas familiares. Así, en Navidad, de la misma forma que hay siempre un pavo, tampoco puede faltar la mousse de chocolate de Genara o la torta de nueces de la Tía Ruth o la pata de cerdo de la Tía Evelina".

Además de estar relacionada la "comida brasileña" a prácticas que se mantienen en su ambiente doméstico y familiar, identifiqué en Barcelona imágenes y representaciones sobre la manera de comer de españoles y brasileños, que son utilizadas por los dos grupos para marcar diferencias, definir fronteras de identidad, alteridades, que delimitan el "nosotros" y el "otro" en el nuevo contexto alimentario. Así, la comida brasileña es considerada la "mejor del mundo" –se constató etnocéntricamente en relación con la comida de los españoles– porque "tiene de todo", refiriéndose a la manera como los brasileños suelen comer, sirviéndose alubias con arroz más una "mezcla" poniendo varios montoncitos de comida en un mismo plato, por oposición al modo de comer español, de modo secuencial con primero, segundo y postre. Por otro lado, señalan la "extrañeza" manifestada por los españoles con relación a esa manera que tienen los brasileños de comer. El brasileño "mezcla[49]", me decían, mientras que el español come "un plato solo", o sea, no mezcla. Una de las informantes dijo en una ocasión que nunca se imaginó que "un plato solo pudiera ser comida".

Roberto da Matta (1986: 63), al escribir sobre la comida brasileña, identifica una diferencia entre *comida* y *alimento* en el significado atribuido por los brasileños al acto de *alimentarse*. La *comida* no sería en sí misma una sustancia alimentaria, sino un modo, un estilo, una manera de *alimentarse*, definiendo a aquel que la ingiere y siendo utilizada para definir y marcar identidades personales y grupales, estilos regionales y nacionales de ser, hacer, estar y vivir. En nuestras casas, afirma este autor:

> "(...) Sabemos perfectamente bien a quién le gusta qué y cómo a ese alguien le gusta comer alguna cosa. Es un acto de amor familiar o conyugal servir al padre, al hermano, a la mujer y los hijos, pero también a los subordinados y hasta a los visitantes esporádicos, teniendo en cuenta el modo cómo les gusta comer los huevos, el bife[50], el arroz, la ensalada y las alubias. Y llegando también al refinamiento de saber cómo a las personas les gustan sus platos, arte que la madre o el ama de casa conduce con precisión, solicitud y enorme paciencia. A la abuela le encantaba la pimienta, a papá le gusta la carne bien cocida, el tío solo come con el arroz encima de las alubias, doña María detesta el tomate en la ensalada... Los ejemplos podrían ser multiplicados para indicar cómo la comida define a las personas y también las relaciones que las personas mantienen entre sí."
>
> R. Da Matta, (1986). "Sobre comida e mulheres". *O que faz o Brasil?* Río de Janeiro: Rocco (pág. 56).

49. Es común en Brasil utilizar popularmente el término *mezcla* para referirse a aquello que se come conjuntamente con el arroz y las alubias.
50. El bife es la carne tradicional que acompaña a las alubias y arroz en la dieta del brasileño.

Livia Barbosa (2007) en su investigación sobre los hábitos alimentarios de los brasileños, muestra la existencia de algunas dimensiones que podrían clasificarse como "específicas" del comer en Brasil y que aparecen en la combinatoria de los alimentos, en las lógicas de ingestión de la comida, en las técnicas de cocción y en las maneras en la mesa.

En primer lugar, en un restaurante tipo bufet y en un gran número de churrasquerías en Brasil, estaría presente la mezcla de varios estilos culinarios en una misma comida, "pudiéndose encontrar arroz, alubias, salmón con salsa de maracuyá, *sushi*, *sashimi*, fideos a la boloñesa, milanesa, lasaña, canelones, carne asada, *farofa*, carne y así sucesivamente, como se estuviéramos en una competición del mundo en una única mesa. En casa se verifica el mismo tipo de mezcla; por ejemplo, arroz, alubias y fideos con salsa es una mezcla común en el nordeste, de la misma forma que arroz, alubias, *filete Strogonoff* y patatas fritas". Esas mezclas se presentan en restaurantes de diferentes franjas de precio. Solo en restaurantes definidos como "típicos" o de "alta gastronomía", en especial en el caso de la francesa, se encuentra una misma y única tradición culinaria.

La lógica de ingestión de los alimentos sería otro aspecto distinto del sistema de comida brasileña, donde predominaría el "juntos, pero separados". O sea, las personas ponen al mismo tiempo los diferentes tipos de comida en el plato, manteniéndolos separados en pequeñas montoncitos y dejando que la combinación se procese en el interior de la boca. La mezcla de los diferentes alimentos en el plato estaría asociada al rompimiento de la etiqueta y sería vista con repugnancia. La mezcla, como elemento constitutivo del plato, está asociada a la cocina regional o típica, como es el caso del *feijão tropeiro*, del *baião-de-dois*[51] y del *cozido* (puchero), o a situaciones de intimidad, como es el caso del *mexido* (arroz, alubias, huevo, harina, restos de *feijoada*), forma de ingestión que contrasta con los países europeos occidentales como España, en los cuales la comida es ingerida secuencialmente, un plato cada vez.

Una tercera característica es la presencia durante la semana de, por lo menos, dos comidas calientes al día –almuerzo y cena– compuestos por comidas de "cacerola", de "sal" o de "grasa", y de diversos platos que emplean técnicas de cocción distintas. Así, puede haber en una misma comida arroz, alubias, *farofa*, *bife*, patatas fritas, ensalada y guiso de judías. O sea, siete platos diferentes con, por lo menos, cinco técnicas diferentes de cocción (rehogado, cocido, frito, tostado y crudo). Finalmente, una cuarta característica sería la de una gran informalidad en la mesa y la poca preocupación por la presentación de la comida. Gran parte de las personas se sirven la comida directamente de la cacerola, principalmente durante la semana, reservando el uso de las fuentes para situaciones más formales y rituales, cuando la comida se desarrolla en torno de una mesa debidamente puesta con mantel, platos, cubiertos y vasos. Lo mismo ocurre con la presentación de los platos, que es poco valorada, al menos en situaciones informales.

51. Plato típico de la región nordeste de Brasil, oriundo del estado de Paraíba. Consiste en un preparado de arroz y alubias, de preferencia la alubia verde o alubia nueva. Es frecuente añadir carne seca (*charque*). El término *baião*, que dio origen al nombre del plato, designa una danza típica del nordeste. Para hacerlo, se debe cocinar el arroz crudo con las alubias y con el caldo ya cocido y los demás condimentos, tales como cebolla, tomate, ají y especias tales como el cilantro y la cebolla de verde. Se suele añadir también queso y nata.

3. La "comida brasileña" de los inmigrantes brasileños en Barcelona

Un primer aspecto que observé sobre la "comida brasileña" que los brasileños afirmaban comer en Barcelona era que, a menudo, los productos utilizados no eran de origen brasileño, sino productos locales que funcionaban como sustitutos de los productos brasileños, intentando que estuviesen lo más cerca posible del gusto brasileño a través de la elección de marcas específicas. Así, las alubias era el "rajadito" (*allubias*), por ser lo más parecido al "gusto" del brasileño. El arroz era el "redondito" de origen asiático. En cuanto a la carne, era conocida, tanto en el caso de los legales como de los indocumentados, la *picanha* (cuadril) de "corte brasileño". Lo interesante es que esa carne, que en Brasil es casi únicamente consumida como "asado", en Barcelona es preparada de varias maneras, incluyendo el "bife" brasileño y los asados celebrados los fines de semana y regados con cerveza, como es común en Brasil, en vez de vino.

Por otro lado, fueron incorporados platos considerados como "españoles" o "catalanes", como la tortilla de patatas, la paella, el gazpacho, el *pa amb tomàquet*, o bien otros internacionales como el cuscús, junto con los platos brasileños. Así, en una familia cuyos miembros se encontraban en la situación de indocumentados, tuve oportunidad de comer arroz y alubias con "*farofa*[52]" y pescado frito, tomar gazpacho y después comer una *pizza*, hecha "como en Brasil". En la casa de una brasileña en situación legal, casada con un francés, tomé un "caldo verde", sopa de origen portugués

52. Este plato se elabora a partir de la mezcla de la mandioca con manteca, condimentada con cebolla frita u otros ingredientes. Cuenta con variaciones en todo el territorio brasileño. El uso y la harina de mandioca es de origen indígena, siendo utilizada en todo Brasil, variando su textura y paladar de acuerdo con la región.

que forma parte del menú brasileño y que aprendió la informante durante el período en que estuvo viviendo en Portugal; como segundo plato, una lubina, un pescado muy popular en España, pero hecho "a la brasileña", patatas y ensalada; y, finalmente, un postre, observando la secuencia de los platos en el momento de servir tal como se hace en España. La misma dueña de casa que sirvió la cena me relató que, de vez en cuando, le gusta comer *feijão com carne seca*, tal como lo comía en el nordeste, y que tiene la carne congelada, traída para esas ocasiones, aunque a veces la sustituye por jamón, que no es en absoluto brasileño, pero le gusta. Otra informante, bahiana, declaró haberse traído carne seca de Brasil; sin embargo, cuando no tiene, la substituye por chorizo español.

En los mercados latinos, muchos brasileños compran "almidón de mandioca" para hacer "*pão de queijo*[53]" (pan de queso) de origen minero o *goiano*, las "alubias negras" utilizadas en la "*feijoada*[54]", el *guaraná*, refresco elaborado a base de una fruta de la Amazonía, tan popular en Brasil como la coca-cola, la "harina de mandioca" o ingredientes de platos especiales, como el "*aceite de dendê*" de la "*moqueca baiana*" o los ingredientes de la "*feijoada*", en fin aquellos productos que no se encuentran en el comercio local y que son más caros, lo que limita su compra a aquellos que pueden permitírselo.

En ningún momento, los inmigrantes indocumentados hicieron referencia a la presencia de la "*feijoada*" en su alimentación cotidiana. Según una de nuestras informantes entrevistadas, de la clase media, la *feijoada* y la *moqueca* son los platos que se preparan

53. Receta típicamente brasileña, de los estados de Goiás y Minas Gerais, a base de queso y harina de mandioca.

54. Plato emblemático de la culinaria brasileña, muy apreciado y tenido como un símbolo, aunque en realidad sea consumido principalmente por personas de clase media y alta –sobre todo de clase media.

cuando se invita a un español para cenar, porque se sabe que le va a agradar, siendo comidos normalmente durante esas ocasiones.

4. Conclusión

A lo largo de este artículo he intentado mostrar cómo la comida es importante para la comunidad de los inmigrantes brasileños en el contexto alimentario barcelonés, haciendo comprensibles diversos aspectos del proceso migratorio. Así, se evidenció que para el grupo de los inmigrantes "indocumentados", el acceso a una alimentación más variada y de calidad en el nuevo contexto alimentario aparece como un factor importante para su permanencia en la ciudad, solo interrumpida por la situación de crisis europea. Creen, en especial, que comen mejor de lo que comían en Brasil, con una alimentación más variada que se refleja en su propia salud, lo que se justifica por la desigualdad presente en el país de origen. En contrapartida, cuando se refieren a la alimentación en Brasil, aparecen imágenes que remiten a una situación de escasez de alimentos, evidenciando el contexto alimentario anterior a la migración.

Los brasileños continúan, en su mayoría, comiendo aquella comida identificada por ellos como "brasileña": arroz, alubias y ensalada, dentro de la lógica brasileña del "junto pero separado". O sea, las personas ponen, al mismo tiempo, los diferentes tipos de comida en el plato, separándolos en pequeñas porciones y dejando que la combinación se procese en el interior de la boca. Por lado otro, la ausencia de productos de la dieta brasileña hace que los brasileños los sustituyan por otros encontrados localmente, por aproximación con el gusto "brasileño". E incorporan también algunos platos de la culinaria local a su "mezcla".

La "mezcla", como pauta lógica del comer brasileño, aparece como esencial a su identidad. Los inmigrantes brasileños utilizan la comida como un marcador de identidad, y definen la comida brasileña como aquella que "tiene de todo", dentro de la lógica del "juntos pero separados", en contraposición con la "comida de un solo plato" de los españoles/catalanes, cuya ingestión se da de modo secuenciado: primero, segundo y postre. Una de las informantes llega a decir claramente que nunca había pensado que una "comida de un plato solo" pudiese ser comida. Por otro lado, perciben un extrañamiento por parte de españoles/catalanes en la manera de comer de los brasileños, que "mezclan", siendo este un criterio definidor de la diferencia entre la forma de comer brasileña y el del país de residencia.

Por otro lado, la comida aparece, para los inmigrantes brasileños, unida a la memoria, debido a los recuerdos y a la añoranza que evocan, a los rituales familiares en torno a la comida y a personas de la familia, en especial a la madre y a la abuela, responsables del alimento en casa. Independientemente de la clase social, es recurrente la referencia a recuerdos de comidas y a la añoranza que despiertan. La nostalgia de la comida es reforzada por la memoria, siendo así que al comer la comida "brasileña", la memoria actualiza la identidad y lo perteneciente a ella, por la evocación que trae de parientes y rituales familiares que ocurrían en el pasado en torno a la mesa, cuando a comida era compartida, poseyendo un componente afectivo que organiza las relaciones y la identidad individual y colectiva del grupo familiar. Identidad y memoria son activadas, en este caso, por el gusto, por el paladar.

Se observa, de ese modo, que la comida funciona como un marcador de identidad que define un modo de comer propio de brasileños frente a españoles, donde la "mezcla" marca la diferencia y la memoria actualiza recuerdos e identidades familiares y grupales, además de mitigar el dolor de la nostalgia. Por otro lado, al sustituirse los alimentos originales por otros aproximados y mezclar los platos de la comida conocida con los de la culinaria local, los brasileños acaban por contribuir, como señalan Medina, Provansal y Montero (2010), a la hibridación con otras cocinas y en especial con las locales.

Bibliografía

Assunção, Viviane Kraieski de (2011a). *Onde a comida não tem gosto: estudo antropológico das práticas alimentares de imigrantes brasileiros na Grande Boston.* (Tesis de doctorado). Florianópolis: Universidade Federal de Santa Catarina.

Assunção, Viviane Kraieski de (2011b). "Comida brasileira em Boston: quando a comida manifesta laços sociais". Comunicación en la *IX Reunião de Antropologia do MERCOSUL.* Grupo de Trabajo 4: *Alimentação, Cultura e Sociedade: encontros, diferenças e desigualdades no MERCOSUL.* Curitiba, PR, 10-13 de julio (inédito).

Barbosa, L. (2007). "Feijão com arroz e arroz com feijão: o Brasil no prato dos Brasileiros". *Horizontes Antropológicos* (vol. 28, núm. 13, pág. 87-116).

Bourdieu, P. (1972). *Esquisse d'une théorie de la pratique.* Ginebra: Droz.

Brightwell, M. das G. S. L. (2011). *Food, Identity and Belonging among Brazilians in London.* Tesis doctoral. Londres: Royal Holloway, University of London.

Carvalho, F. (2011). *Crise e Trabalho Imigrante na Espanha, em perspectiva brasileira.* Barcelona: Coletivo Brasil/Catalunha (mimeo).

Cavalcanti, L. (2004). *Los inmigrantes brasileños en la ciudad de Barcelona: un estudio antropológico sobre sus estrategias migratorias y su vida cotidiana.* Barcelona: (mimeo).

Contreras, J.; Gracia, M. (2005). *Alimentación y cultura:* perspectivas antropológicas. Barcelona: Ariel.

Da Matta, R. (1986). "Sobre comida e mulheres". *O que faz o Brasil?* Río de Janeiro: Rocco.

Maciel, M. E. (1996). "Churrasco à gaúcha". *Horizontes Antropológicos* (vol. 4, núm. 2).

Masanet, E.; Padilla, B. (2010). "La inmigración brasileña en Portugal y España: ¿Sistema migratorio ibérico?". *Obets. Revista de Ciencias Sociales* (vol. 1, núm. 5, pág. 49-86).

Medina, F. X.; Provansal D.; Montero C. (2010). "Food and Migration: the Abacería Central Market of Gràcia (Barcelona)". *Anthropology of food* (núm. 7).

Mintz, S. W. (2001). "Comida e Antropologia: uma breve revisão". *Revista Brasileira de Ciências Sociais da ANPOCS* (vol. 47, núm. 16). São Paulo.

Ripoll, E. M. (2008). *De Brasil a España: un estudio sobre la migración desde una perspectiva integrada de los lugares de origen y de destino* (Tesis de doctorado). Alicante: Universidad de Alicante.

Sayad, A. (2000). "O retorno: elemento constitutivo da condição do imigrante". *Travessia: revista do migrante* (año XII, número especial, enero).

Schneider, D. M. (1980). *American Kinship a cultural account.* Chicago: The University of Chicago Press.

Silva, M. C. G. da (2002). "A Alimentação e a Culinária de Imigração Italiana no Vale do Itajaí". *Travessia: Revista do Migrante* (núm. 42, enero/abril, pág. 29-35).

Silva, P. P. (2001). *Entre Tampas e Panelas: por uma etnografia da cozinha no Brasil* (Tesis de maestría). São Paulo: Faculdade de Filosofia, Letras e Ciências Humanas da Universidade de São Paulo.

Siqueira, B. *et al* (2012). "As múltiplas faces do retorno à terra Natal". Instituto das Migrações e Direitos Humãos.

Sutton, D. E. (2001). *Remembrance of Repasts: An Anthropology of Food and Memory.* Oxford: Berg.

Woortmann, K. A. A. W. (2004). "O sentido simbólico das práticas alimentares". *Coletânea de palestras do 1° Congresso de Gastronomia e Segurança Alimentar.* Brasilia: UNB.

Capítulo X

La construcción de un lugar: Prácticas alimentarias caboverdianas en contexto migrante

Tiago Silveiro de Oliveira

1. Alimentación, identidad y territorio

> "A Dona Cesaltina iniciou-me nas "coisas da terra", na etnografia, na cultura, na antropologia, nas "estórias" da ilha. Virámos a ciência de "pernas para o ar". Não havia livros, epistemologias, conceitos. O nosso laboratório era a cozinha e a sala de jantar."
>
> M. Carvalho (2009). "Prefácio". En: J. Duarte. *Cozinha da Avó*. Cabo Verde (edición de autor).

Las prácticas alimentarias de una comunidad migrante permiten, junto con otras representaciones, sean estas de carácter formal o informal (por ejemplo, la danza, la música, la literatura, el vestuario...), una lectura de dinámicas de orden social, cultural, de identidad, de clase (*cf.* Goody, 1998), religioso o geográfico, entre otros, definiendo fronteras físicas y simbólicas entre el *yo* y el *otro*.

> "La alimentación humana no viene, de alguna manera, determinada solamente por factores climáticos o geográficos. En la fijación de una dieta también existen componentes psicosociológicos que la marcan y la definen. Un alimento, además de ser utilizado como una sustancia nutritiva que sirve para el mantenimiento físico de las personas, encierra códigos de valores y símbolos propios, conferidos por aquellos que secularmente los han incluido en su dieta. Los hábitos alimentarios han sido y son elementos de gran peso en la historia de la alimentación humana. La mayoría de los hombres manifiestan una tremenda dificultad

para adaptarse rápida y fácilmente a las diferentes costumbres culinarias, incluso si son tanto o más completas que aquellas a las que están acostumbrados."

M. Torrão, M. (1995). *Dietas Alimentares, Transferências e Adaptações nas Ilhas de Cabo Verde (1460-1540)*. Lisboa: Instituto de Investigação Científica Tropical (pág. 21).

Se considera, por ello, que el ciclo de "elección-compra-preparación-degustación" es complejo y representa más que un simple acto de consumo práctico, de satisfacción biológica, privado de cualquier significado y que debe leerse como un movimiento que implica dimensiones sociales y simbólicas, una proyección de la identidad individual y colectiva. "Pues comer es un acto que une memoria, deseo, hambre, significados, sociabilidades, ritualidades que hablan de la persona que ingiere los alimentos, del contexto en que vive, comunicándola también con los demás que participan del momento de comer" (Lody, 2008:119).

Si bien, en un contexto amplio, la reubicación ofrece a quien migra condiciones más ventajosas que aquellas con las que contaba en origen, por otro lado, la llegada un nuevo lugar implica una negociación y, en algunos casos, también obstáculos, concretamente en lo tocante a la (re)creación/adaptación a nuevos hábitos alimentarios. Como señala Collaço:

"La comida es un elemento de gran plasticidad que permite ser trabajado en nuevos contextos (...). Sin embargo, la comida, tanto como la lengua, son dos elementos que tardan en cambiar, aunque la comida se consume cotidianamente, definiendo casi a diario lo que somos y quién es el otro."

J. Collaço (2008). *Sabores da Memória: as Cozinhas Italianas na Capital Gastronómica*. São Paulo: Monografias.com (pág. 2).

De acuerdo con estas concepciones de partida, este artículo problematiza la relación entre migración, alimentación y territorio, analizando las comunidades migrantes caboverdianas que viven en el área metropolitana de Lisboa y la manera como la *kumida di téra*[55] permite la construcción de un territorio físico, pero también imaginado, muchas veces proyectado en las representaciones de Cabo Verde. Incluso cuando se reconoce una adaptación a los hábitos portugueses, la nostalgia de los sabores de origen, de los sabores tradicionales, de la infancia/juventud (*cf.* Danziger, 1992) prevalece, y los hábitos alimentarios procedentes del país, que han viajado con el migrante, se siguen enalteciendo. Medina refiere que:

> "Mediante los fenómenos migratorios, la unidad espacial del grupo queda alterada, abocando a los actores a nuevas necesidades y formas de recreación de la identidad. Desde esta perspectiva, vemos cómo las prácticas alimentarias en una situación de emigración sufren un proceso reorganización a todos los niveles."
>
> Medina, F. X. (2002). "Alimentación, Etnicidad y Migración. Ser Vasco y Comer Vasco en Cataluña". En: M. Gracia (coord.). *Somos lo que comemos. Estudios de alimentación y cultura en España*. Barcelona: Ariel (pág. 124).

Siguiendo la línea teórica de autores como Batalha (2008) y Góis y Marques (2006; 2008) o Saint-Maurice (1997), entre otros, que estudian las comunidades migrantes caboverdianas, consideramos que definir un perfil de consumidor es un ejercicio complejo, ya que hay divergencias dentro de dichas comunidades, en cuanto al género, la franja de edad, la clase social, las redes compartidas, la profesión, los universos habitados, la isla de procedencia, etc. Estos varios factores hacen que la llamada alimentación

55. Expresión del criollo caboverdiano para *comida del país*.

caboverdiana/africana no sea compartida de forma unívoca. Sin embargo, a pesar de las divergencias señaladas, Batalha (2008: 25) refiere "que esto no significa que los caboverdianos en Portugal no compartan algunos aspectos de una identidad común más general y global, mutuamente entendida y aceptada como caboverdiana".

Al ser comunidades que se encuentran espacialmente dispersas en el área metropolitana de Lisboa, interesa fijarnos en algunos de los territorios que ocupan y en la forma como alimentación, identidad migrante y espacio se relacionan. La deslocalización geográfica hace que el individuo en su condición de migrante sienta la necesidad de recrear un lugar que, en muchos casos, se proyecta en las imágenes de su territorio original, un lugar que se apoya en varios pilares (por ejemplo, la lengua, el vestuario, la música), contándose entre ellos, sin lugar a dudas, la alimentación: qué se come, cuándo, por qué y con quién.

> "Es una relación umbilical, no nos desconectamos, no olvidamos. A través de la comida recordamos momentos, situaciones en el terruño, cosas de críos, qué comíamos, todas esas cosas [...] ¡Cómo disfrutamos! Sinceramente, la alimentación nos une más que cualquier otra cosa. ¡Más que la lengua! Es, de hecho, lo más importante, sea cual sea el país en el que estemos, siempre descubriremos algo que comer de Cabo Verde [...]."
>
> Hombre caboverdiano, no residente en el barrio, 40 años

Es por ello pertinente considerar qué pilar es este, de qué forma se apoyan en él las identidades caboverdianas en el exterior, qué tipos de lazos establecen dichos hábitos alimentarios con las comunidades de acogida y qué transformaciones aparecen en el cruce de varias influencias gastronómicas (como la caboverdiana, la portuguesa, la angoleña, la brasileña) que tienen puntos de contacto, pero también divergencias. Silva menciona que:

> "En la constitución de una cocina por parte de una población que emigra, se siguen caminos diversos. Las poblaciones que se trasladan (o fueron trasladadas) traen con ellas sus hábitos, costumbres y necesidades alimentarias; en fin, todo un conjunto de prácticas, conectadas a aquello que Bourdieu denomina como *habitus*."
>
> M. C. da Silva (2008). "El impacto de la Inmigración Europea Sobre la Producción de Alimentos y la Culinaria del Valle Médio del Itajaí, Santa Catarina, Brasil". En: M. Álvarez; F. Medina (ed.). *Identidades en el Plato: El patrimonio Cultural Alimentario Entre Europa y América*. Barcelona: Icaria (pág. 224).

La ruptura física y simbólica con el territorio de origen despierta el sentimiento nostálgico ante los hábitos alimentarios y la valoración de los productos del país resulta recurrente en los relatos de algunos migrantes, estableciéndose una comparación entre los sabores de allá (Cabo Verde) y los sabores de aquí (Portugal), lo que permite configurar la importancia del patrimonio gastronómico caboverdiano y la demarcación, aun cuando sea simbólica, entre la comunidad migrante y las de acogida:

> "Aquí (en Portugal) preparamos muchos platos que solemos hacer allá (en Cabo Verde), pero el sabor parece que no es el mismo, o es el maíz, o la harina, o las judías, o la salsa, o es el picante, el fuego [...] no sé, es diferente. También es rico, y ya vale para olvidar la morriña [las *saudades*], pero no parece que sepa igual..."
>
> Mujer caboverdiana, vecina del barrio, 60 años

2. Câ tem ôte moda Lisboa. Nôs Terra d'adoçon

"Não há outra igual a Lisboa. É nossa terra de adopção"
"No hay nada como Lisboa. Es nuestra tierra de adopción"

(verso de la canción *Lisboa Capital di Sôdade* de Alberto Rui Machado)

Se nos plantea, entonces, el interrogante: ¿De qué manera contribuyen los hábitos alimentarios migrantes a las imágenes que se forman de una ciudad? Pensar la ciudad atendiendo a los hábitos alimentarios de quienes la habitan es un ejercicio pertinente y, en el caso de las comunidades caboverdianas, son varios los territorios poblados en los que la alimentación caboverdiana/africana se cruza con otras influencias alimentarias. En este sentido, los consumos, sean estos públicos o domésticos, visibles o no, contribuyen a los paisajes alimentarios de Lisboa. Por otro lado, la ciudad se ve determinada por distintos ritmos alimentarios (*cf.* Sigaut, 1993; Katz, 2006), ya sean cotidianos, de fin de semana o días de fiesta, haciendo que los consumos alimentarios se diversifiquen espacial y temporalmente.

Tratándose de comunidades que están espacialmente dispersas, de acuerdo a factores económicos, de clase, de educación, etc., interesa fijarse en uno de los ámbitos de gran agregación de estas comunidades: el barrio, universo circunscrito física y simbólicamente. El barrio como extensión de la identidad que aparece en relatos de varios caboverdianos como el lugar de las tradiciones, donde se come la comida más cercana a aquella que se hacía en Cabo Verde, el barrio que se opone a otros hábitos alimentarios de fuera de su perímetro, incluso por parte de algunos miembros de las comunidades caboverdianas.

3. *Na bairr têm tradison* ('En los barrios hay tradición')

El barrio Alto de Cova da Moura, en la periferia de Lisboa, es un barrio indisociable de la cultura caboverdiana en el exterior. De raíces precarias y clandestinas, nace en los años sesenta, al aparecer las primeras viviendas, espacialmente dispersas. Sin embargo, en los años setenta, al llegar los primeros expatriados de las excolonias portuguesas, algunos éxodos internos y la llegada de personas procedentes de la emigración caboverdiana de fuera de Portugal, el barrio crece significativamente. Desde entonces, el barrio ha atravesado algunos cambios, pero ha mantenido su estructura de pequeña población. Las viviendas chabolistas y de materiales precarios han cedido el paso a construcciones de una o dos plantas de ladrillo, las calles se han asfaltado, se ha establecido una red de agua, alcantarillado y energía eléctrica, se ha construido una escuela, una guardería y estructuras de apoyo a la comunidad local...

Rémy y Voyé señalan que:

> "El barrio puede llegar a ser, de alguna manera, un lugar privilegiado de la recreación de la cultura y las formas específicas de la vida, a través del cual los migrantes tratan de reencontrar un poco de su país de origen. La gran ciudad, de este modo, se puede ver llena de barrios con diferentes connotaciones socioculturales, hasta el punto de convertirse en ocasiones [...] en un mosaico de pequeñas patrias [...]."
>
> J. Rémy; L. Voyé (2004). *A Cidade Rumo a Uma Nova Definição?* Oporto: Afrontamento (pág. 102-103).

Centro emergente de las culturas caboverdianas, el barrio presenta una identidad singular. Su organización espacial, las viviendas, los supermercados de productos africanos, los cafés/restaurantes (que a través de sus nombres, la decoración, los menús, la música ambiente, conectan simbólicamente su ubicación con el archipiélago de Cabo Verde) y las peluquerías africanas, aunque también la manera como el espacio público (extensión de la casa) se hace propio, para cocinar, convivir, colocar tenderetes de hortalizas y pescado, etc., convierten el barrio en "un ejemplo paradigmático de comunidad imaginada de Benedict Anderson; un interesantísimo espacio que se asemeja, desde el punto de vista social, cultural y arquitectónico, al interior de algunas islas de Cabo Verde". (Cidra, 2008: 133)

> "Cuando voy a Cova da Moura, podemos sentirlo, ¡se siente de verdad! Parece que estás en Cabo Verde, el trato de la gente es completamente diferente del resto [...] Vemos a la gente peinando a sus hijos en la puerta de casa; en la calle, la gente fríe morenas, embutidos, hacen churrascos [...] muchas veces, los fines de semana, me doy una vuelta por allí solo para verlo. Miro y me recuerda tanto a Cabo Verde, incluso le dije a quien iba conmigo: "¡Aquí la gente está en Cabo Verde!", me contestó: "Esto es Cabo Verde. En pequeñito, pero es Cabo Verde."
>
> Hombre caboverdiano, no residente en el barrio, 40 años

Existe, por lo tanto, una valoración de las prácticas alimentarias caboverdianas en torno al barrio, percibidas en los relatos de muchos como auténticas, típicas, tradicionales y, por ello, más próximas a aquellas que había originalmente. Para quien vive en el barrio, pero también para quien solo va de vez en cuando, es este un lugar de referencia de los hábitos alimentarios que han viajado desde Cabo Verde, un lugar de memoria y de resistencia ante otras culturas. En el imaginario de muchos, es allí donde se respira, donde se siente el espíritu de Cabo Verde.

"Para comer una buena *cachupa*[56] tiene que hacerla en casa la mujer, o entonces en el barrio (es decir, Cova da Moura), para beber un buen *grogue*[57], un *torresmo* (torrezno) acompañado por una cervecita, es en el barrio..."

Hombre caboverdiano, no residente en el barrio, 35 años

"En esas familias más pobres y sin tantas posibilidades, aún hacen *torresmos*, una buena *feijoada* (cocido de alubias), *cachupa*..., preparan aquellos sabores más tradicionales [...] Las tradiciones (alimentarias) se encuentran sobre todo entre esas familias, más pobres, que entre las que tienen más recursos..."

Hombre caboverdiano, no residente en el barrio, 55 años

Por las calles del barrio son comunes los pequeños tenderetes de hortalizas, fruta, mandioca, varios tipos de alubias y maíz para confeccionar platos caboverdianos; en la siguiente esquina, un pequeño tenderete de pescado, improvisado, rodeado de clientes que compran o que charlan, simplemente. En la época del maíz se suele ver a mujeres que asan mazorcas, fríen *torresmos* para vendérselos a quienes pasan, a otras que preparan y ahúman *linguiças* (un tipo de longaniza) para un encargo familiar, de un conocido, de un restaurante local, o aún ver cómo pasa una mujer aguantando en equilibrio una caja en la cabeza, que vende dulces caboverdianos de coco o cacahuete. Para estos vecinos, cuyo quehacer cotidiano discurre casi exclusivamente en torno al barrio, los ritmos de la urbanidad se convierten en los ritmos que tenían en Cabo Verde:

56. Plato típico de la gastronomía caboverdiana y que se presenta, simbólicamente, como emblema gastronómico del país. Su base es el maíz y distintos tipos de judías, hortaliza, carne o pescado, denominándose *Cachupa Pobre* o *Cachupa Rica* de acuerdo con la variedad de ingredientes que lo componen. Hay, además, una *cachupa refogada/dia seguinte*, *cachupa* que sobra de otra comida y que se sofríe, normalmente acompañada de un huevo frito. Esta se sirve en el desayuno.

57. Bebida alcohólica caboverdiana a base de caña de azúcar.

"Estoy preparando dos encargos de *linguiças*: uno es para un restaurante, el otro es para unos señores que se lo llevan a Francia. A veces me las encargan personas de Francia, de Suiza, depende. Hago siempre de sobra, para que haya aquí en casa, siempre hay alguien que se pasa por aquí y que también quiere [...] Es algo cansado –lavar las tripas, picar la carne, sazonar, rellenarlo bien, dejar que se seque al sol y después encender el fuego, con el humo...–, pero el sabor es distinto, es así como lo hacemos y nos lo comemos allá (Cabo Verde)."

Mujer caboverdiana, vecina del barrio, 65 años

En este sentido, estas prácticas, además de leerse como experiencias que han traído desde su lugar de origen, también deben ser interpretadas como parte integrante de una microeconomía que contribuye a un capital extra en el presupuesto familiar, asociándose, asimismo, junto con otros consumos, a prácticas transnacionales. Como refieren Góis y Marques:

"Debemos tener en cuenta que este vínculo simbólico se traduce en un consumo específico: la gastronomía, la danza, la literatura, la música, los trajes y las modas de ropa, etc., que une el origen y el destino (y a veces otros núcleos migratorios) que, de hecho, son capaces de constituirse en prácticas transnacionales. A través de estos consumos, se hace posible la creación de universos transnacionales simbólicos, comunidades de sentimiento, las identidades de prospectiva, que comparten gustos, placeres y aspiraciones que, a su manera, vinculan lo local, la región y el país de origen hasta el lugar, región o país de destino."

P. Góis; J. Marques (2008). "Práticas Transnacionais dos Imigrantes Cabo-verdianos em Portugal". En: P. Góis (org.). *Comunidade(s) Cabo-verdiana(s): As múltiplas faces da imigração cabo-verdiana*. Lisboa: Alto Comissariado para a Imigração e Diálogo Intercultural (ACIDI, I.P.) (pág. 93).

Intrínsecamente conectada a la alimentación del barrio está la noción de memoria, memoria del gusto (*cf.* Mintz, 2001; Sutton,

2001), muchas veces mencionada en frases como "Siento que estoy allá", "Me recuerda los tiempos de Cabo Verde" o "Así se cocina allá", valorándose mucho, también, la comida de la madre o de las abuelas. Así, a través de la degustación, pero también de la preparación de platos tradicionales, las prácticas discursivas tienden a circular, no pocas veces, en torno a un universo imaginario de Cabo Verde, de historias de origen, o de la transmisión de episodios (*cf.* Lupton, 1994) a familiares que ya han nacido en el contexto migratorio y que, por ello, comparten su identidad entre múltiples culturas. Así, se construye la imagen de un territorio conectado a través de relatos y de prácticas alimentarias.

> "No podemos hacerlo a diario, pero cuando te juntas con amigos para comer una *cachupada*, un *feijão pedra*, una *feijoada*, acompañado por una cerveza, un *grogue*, echas de menos todo aquello (Cabo Verde) y casi siempre hay alguien que cuenta alguna historia de allí, alguna anécdota de una isla..."
>
> Hombre caboverdiano, no residente en el barrio, 67 años

La memoria individual y colectiva es, por ello, fundamental para la estructuración social del individuo como migrante, para su negociación entre pasado-presente y en la circulación por los múltiples territorios ocupados en el contexto migrante. Por ello, se vuelve imperativo fijarse en los diferentes espacios alimenticios: el barrio, la casa, la cocina doméstica, los establecimientos de comercio africanos/caboverdianos, los restaurantes, las asociaciones culturales..., todos ellos ejemplos de distintos tipos de acepciones simbólicas en lo que se refiere al acto alimentario, siendo cada uno de ellos determinado por ritmos específicos y protagonizado por agentes sociales diferentes.

Siguiendo varios ritmos, las prácticas gastronómicas varían de acuerdo con la importancia que las comidas tienen en el seno de las comunidades. Las prácticas cotidianas se oponen a las prácticas simbólicas de las comunidades. Sin embargo, y a pesar del reconocimiento de una aproximación de la cocina del día a día a la llamada cocina portuguesa, o de una simplificación de las mismas, los elementos de la gastronomía caboverdiana están casi siempre presentes: "un poquitín de judías, algo de arroz, un poquito de carne salada...".

Al contrario, los momentos de celebración los marcan distintos platos tradicionales que varían de acuerdo con la conmemoración o el momento del año. Como señala Goody (1998: 219): "la alimentación en sí se reviste de algunos aspectos colectivos, especialmente durante las fiestas, en que el consumo de grandes cantidades y, muchas veces, de alimentos especiales, se realiza de forma comunal". En esos momentos, es normal que las vecinas/amigas de la cocinera/ama de casa se ayuden entre ellas y convivan alrededor de las ollas, distribuyéndose las tareas "jerárquicamente", de acuerdo con la destreza gastronómica de cada una. No obstante, la dueña de la casa es siempre, o casi siempre, la *chef*, y ella escoge salsas, cantidades y toques especiales.

> "Cada persona lo hace a su manera, el plato puede ser el mismo, pero una le echa algo, la otra le echa algo distinto, la otra añade algo diferente, depende de si es de una o de otra isla, aunque también depende mucho del gusto de la cocinera."
>
> Mujer caboverdiana, vecina del barrio, 57 años
>
> "En los cumpleaños, en los bautizos, en las bodas, se hace siempre algún plato del país... Si muere alguien, hacemos una *canja* (caldo) de gallina, un *feijão pedra*, una pasta de maíz con mandioca, una carne de cabra...

es tradición [...] Así se hace allá y aquí lo hacemos también, es lo que corresponde."

Mujer caboverdiana, vecina del barrio, 65 años

Como menciona Woortmann (2006: 32), "La división del trabajo familiar o dominio culinario es femenina. Es en el ámbito de la comida donde la madre ejerce su autoridad y su control [...]". En este sentido, puede verse la cocina como un universo simbólico que la mujer define como suyo, "mi cocina". Un territorio que se inscribe en lo femenino y donde el "hombre solo ayuda cuando la olla es pesada". Es aquí donde la mayoría de las veces la identidad y las memorias femeninas se transmiten, operando, en ese sentido, no solo como un lugar donde se cocina, sino donde se aprende, se convive, "se habla de cosas de mujeres" fuera del dominio masculino.

"Aprendí a cocinar viendo a mi madre y a mi abuela, allí en Cabo Verde, fui tomándole el gusto a la cocina. Se cocinaba en la calle, pero los hombres y los chicos mayores no se acercaban salvo para comer [...] Los más pequeñitos sí, estaban ahí, pero al fin y al cabo era un espacio casi solo de mujeres."

Mujer caboverdiana, vecina del barrio, 65 años

4. Notas finales

Hablar de alimentaciones migrantes implica pensar el universo en el que estas discurren, así como en la manera como las comunidades migrantes negocian su identidad y su territorio. En este sentido, y en el caso concreto de las comunidades migrantes caboverdianas, hemos enfocado un barrio periférico de Lisboa, núcleo dominante de dichas culturas e identidades y que surge, en el imaginario de muchos, como una isla de Cabo Verde deslocalizada. Citando a Poulain:

> "Comer dibuja las fronteras identitarias entre los grupos humanos de una cultura a otra, pero también en el interior de una misma cultura, entre los subconjuntos que la constituyen."
>
> J.-P. Poulain (2002). Sociologies de l'Alimentation: les Mangeurs et l'Espace Social Alimentaire. París: PUF (pág. 235).

En un contexto de modernidad alimentaria, delimitar fronteras en torno a los consumos alimentarios es tarea harto compleja. La modernidad alimentaria, la diversidad de los bienes de alimentación, la variedad gastronómica en un contexto global, así como la alteración de los ritmos y de los territorios alimentarios, hace que el sujeto tenga una identidad cada vez más fragmentada, y que lo que se llama comida tradicional asuma un nuevo simbolismo, donde incluso comprobamos una hibridización de consumos y territorios alimentarios.

Sin embargo, a pesar de las alteraciones y adaptaciones de los regímenes alimentarios en el contexto actual, la alimentación sigue determinándose por momentos distintos. Mantiene una función social, identitaria, ritual, en la estructuración del individuo y permite en contextos de emigración definir territorios físicos e imaginados que se proyectan en las imágenes del origen. Así, e incluso cuando existen puntos de contacto entre la gastronomía caboverdiana y la portuguesa, la distinción entre la *kumida di téra* y la *comida portuguesa* se reproduce casi siempre en los relatos de quienes han emigrado, estableciendo una separación entre las dos culturas gastronómicas y atribuyendo a la gastronomía tradicional contenidos simbólicos que no existían originalmente.

Bibliografía

Batalha, L. (2008). "Cabo-verdianos em Portugal: Comunidade e Identidade". En: P. Góis (org.). *Comunidade(s) Cabo-verdiana(s): As múltiplas faces da imigração cabo-verdiana.* Lisboa: Alto Comissariado para a Imigração e Diálogo Intercultural (ACIDI, I.P.).

Carvalho, M. (2009). "Prefácio". En: J. Duarte. *Cozinha da Avó.* Cabo Verde (edición de autor).

Cidra, R. (2008). "Produzindo a Música de Cabo Verde na Diáspora: Redes Transnacionais, World Music e Múltiplas Formações Crioulas". En: P. Góis. (org.). *Comunidade(s) Cabo-verdiana(s): As múltiplas faces da imigração cabo-verdiana.* Lisboa: Alto Comissariado para a Imigração e Diálogo Intercultural (ACIDI, I.P.).

Collaço, J. (2008). *Sabores da Memória: as Cozinhas Italianas na Capital Gastronómica.* São Paulo: Monografias.com.

Danziger, C. (1992). (dir.). *Nourritures d'enfance: Souvenirs Aigres-doux* (Colección Mutations/Mangeurs, núm. 129). París: Autrement.

Giddens, A. (1990). *The Consequences of Modernity.* Londres: Polity Press.

Góis, P. (2006). *Emigração Cabo-Verdiana para (e na) Europa e a sua Inserção em Mercados de Trabalho: Lisboa.* Milán-Rotterdam-Lisboa: ACIME.

Góis, P.; Marques, J. (2008). "Práticas Transnacionais dos Imigrantes Cabo-verdianos em Portugal". En: P. Góis (org.). *Comunidade(s) Cabo-verdiana(s): As múltiplas faces da imigração cabo-verdiana.* Lisboa: Alto Comissariado para a Imigração e Diálogo Intercultural (ACI-DI, I.P.).

Goody, J. (1998). *Cozinha, Culinária e Classes: um estudo de Sociologia comparative.* Oeiras: Celta Editora.

Katz, E. (2006). "Cuisine Quotidienne et Cuisine Festive en Pays Mextèque. Espaces, Ustensiles et Préparations Culinaires à l'Épreuve du Changement". En: G. Cazes-Valette (dir.). *Faire la Cuisine* (Cahiers de l'Ocha, núm. 11, pág. 180-190). París.

Lody, R. (2008). "Acarajé. Comida y Patrimonio del Pueblo Brasileño". En: M. Álvarez; F. Medina (eds.). *Identidades en el Plato: El patrimonio Cultural Alimentario Entre Europa y América* (pág. 119-125). Barcelona: Icaria.

Lupton, D. (1994). "Food, Memory and Meaning: The Symbolic and Social Nature of Food Events". *The Sociological Review* (vol. 4, núm. 42).

Medina, F. X. (2002). "Alimentación, Etnicidad y Migración. Ser Vasco y Comer Vasco en Cataluña". En: M. Gracia (coord.). *Somos lo que comemos. Estudios de alimentación y cultura en España*. Barcelona: Ariel.

Mintz, S. (2001). "Comida e Antropologia: Uma breve revisão". *Revista Brasileira de Ciências Sociais* (vol. 47, núm. 16, pág. 31-41).

Poulain, J.-P. (2002). *Sociologies de l'Alimentation: les Mangeurs et l'Espace Social Alimentaire*. París: PUF.

Rémy, J.; Voyé, L. (2004). *A Cidade Rumo a Uma Nova Definição?*. Oporto: Afrontamento.

Saint-Maurice, A. (1997). *Identidades Reconstruídas: Cabo-Verdianos em Portugal*. Oeiras: Celta Editora.

Sigaut, F. (1993). "Alimentation et Rythmes Sociaux: Nature, Culture et Économie". En: M. Aymard; C. Grignon; Sabban, F. (dirs.). *Les temps de Manger. Alimentation, Emploi du Temps et Rythmes Sociau* (pág. 67-79). París: MSH-INRA.

Silva, M. C. da (2008). "El impacto de la Inmigración Europea Sobre la Producción de Alimentos y la Culinaria del Valle Médio del Itajaí, Santa Catarina, Brasil". En: M. Álvarez; F. Medina (ed.). *Identidades en el Plato: El patrimonio Cultural Alimentario Entre Europa y América* (pág. 121-140). Barcelona: Icaria.

Sutton, D. (2001). *Remembrance of Repasts: An Anthropology of Food and Memory*. Londres: Berg.

Torrão, M. (1995). *Dietas Alimentares, Transferências e Adaptações nas Ilhas de Cabo Verde (1460-1540)*. Lisboa: Instituto de Investigação Cientifica Tropical.

Woortmann, E.; Woortmann, K. (2006). "A Lógica e a Simbólica dos Sabores Tradicionais". En: J. Araújo; C. Tenser (orgs.). *Gastronomia: Cortes & Recortes* (vol. 1). São Paulo: Editora Senac.

Capítulo XI

Mitigando nostalgias. Los restaurantes peruanos de Buenos Aires

Gloria Sammartino, Silvia Benza

En la Ciudad de Buenos Aires, la "otredad" de los inmigrantes peruanos se estructura frecuentemente en torno a manifestaciones de discriminación por parte de la sociedad receptora. Nuestro propósito en este artículo es analizar las comidas de los inmigrantes y sus representaciones acerca de las mismas, e indagar la vía por la cual su cocina se resignifica en el nuevo contexto, tendiendo a transformarse en una marca de la especificidad y en un modo de resistencia ante la hostilidad del contexto.

La mayor parte de los inmigrantes provenientes de los países limítrofes con Argentina deben hacer frente a las inseguras condiciones de vida reflejadas tanto en la precariedad laboral, de vivienda, de salud, como en las manifestaciones de xenofobia y racismo dirigidas hacia ellos. El movimiento poblacional peruano en la Ciudad de Buenos Aires no queda fuera de esta caracterización. En el nuevo contexto, la "otredad" de los inmigrantes peruanos se estructura en torno a las manifestaciones de exclusión, discriminación y rechazo por parte de la sociedad receptora[58]. Para ello nos centraremos aquí en el ámbito de los restaurantes de la colectividad.

Siguiendo la propuesta de que la comida es un código cuyo mensaje puede ser leído en el sistema de las relaciones sociales

58. Esta valorización negativa no deja de tener su consolidación en el correlato histórico a partir del cual los "otros latinos" comienzan a ser visualizados en Argentina como inferiores, incivilizados y pertenecientes a la barbarie, sobre todo en el área metropolitana de Buenos Aires, que evoca, por el origen europeo de cierta parte de su población, a "una ciudad de Europa", y que en el imaginario colectivo remite a superioridad, civilización y progreso.

que los alimentos expresan (Douglas 1971), vislumbramos que el análisis de los alimentos y las comidas peruanas constituyen la expresión superficial de las relaciones sociales que las subyacen. Así, nuestro propósito es poder analizar y adentrarnos en las comidas de este "otro" inmigrante y sus representaciones acerca de las mismas; indagar la vía por la cual su cocina se resignifica en el nuevo contexto, tendiendo a transformarse en una marca de la especificidad, en un medio a través del cual los migrantes comunican experiencias compartidas en la sociedad argentina y en un modo de resistencia ante la hostilidad y la xenofobia de la sociedad receptora.

No abarcamos aquí las prácticas cotidianas que se dan en el interior de las familias, la "endococina", sino las que se dan en los ámbitos públicos, los de la "exococina" (Remedi, 1997). De este modo, entre las múltiples organizaciones que conforman los lugares de pertenencia de la peruanidad de Buenos Aires, en los que se explicitan sus valores y se reconfiguran las identidades, nos centraremos en un ámbito en particular: el de los restaurantes. Es a partir del análisis de los alimentos que por allí circulan y las prácticas de comensalidad que buscamos dar cuenta de los procesos de construcción-reconstrucción de los lazos entre peruanos y entre peruanos y argentinos en el nuevo contexto.

Este estudio se basa en el análisis del trabajo de campo etnográfico realizado principalmente entre los años 1999 y 2001 en restaurantes de la Ciudad de Buenos Aires, específicamente en las zonas de Once y del Abasto[59], aunque no hemos dejado fuera restaurantes ubicados en otros barrios de la ciudad. Otras observaciones de carácter más irregular han sido hechas con posterio-

59. De nuestro estudio se desprende la existencia de trece restaurantes ubicados en diferentes puntos de estos dos barrios vecinos, otros ocho los ubicamos dispersos en otros barrios de la ciudad.

ridad en estas mismas áreas. Asimismo, y a raíz del auge de la gastronomía peruana a nivel internacional (Lauer y Lauer, 2006) de estos últimos años, retornamos nuevamente al campo nueve años después (2010-2011) con el fin de registrar la resignificación que adquiere en el contexto local, y de qué manera esta situación influye en la interlocución de los migrantes y la sociedad receptora.

Es de destacar que estos dos barrios se han ido transformando en simbólicos de la peruanidad, pues allí los peruanos han podido no sentirse "tan extranjeros" y marginados, y logrado encontrarse entre "su propia gente". Sin embargo, el estigma discriminatorio que ha recaído sobre ellos en este territorio urbano se magnificó. A diferencia de migrantes de otras nacionalidades, como por ejemplo los bolivianos, que ocupan territorios periféricos con respecto al centro de la ciudad, los peruanos han recreado una incipiente "pequeña Lima" en un territorio propio de la *porteñidad*, por lo que su circulación ha sido remarcada y visualizada a menudo como ilegítima. Específicamente en este trabajo buscamos señalar el papel que han venido cumpliendo los restaurantes entre los migrantes, qué gramáticas culinarias han sobresalido como producto de este ensalzamiento y qué funciones socioculturales de la alimentación se distinguen.

1. En el interior de los restaurantes, las señas de la peruanidad

Concordamos con Imilan (2014), quien señala que el restaurante peruano es parte de un tipo de economía étnica que deviene una estrategia de inserción económica para los migrantes, cuyo acceso está mediado por la adscripción a una comunidad de origen, en este caso, nacional. En términos operacionales, el autor define como restaurante peruano a un negocio de venta de comida que se adscribe, abiertamente o no, a una tradición gastronómica peruana. En efecto, es fundamental que el producto que se ofrece se vincule a este origen nacional.

A estos restaurantes se los distingue de los del resto de la Ciudad de Buenos Aires por varias razones. No tan solo por las comidas que se ofrece en ellos, caracterizadas por contener muchos artículos de un sabor y un tipo especial y recetas que combinan de manera particular los elementos comestibles que hace que resulten platos predecibles para todos los peruanos. Se los identifica también por cierta combinación de signos que generan un clima en común que hace que después de haber conocido uno, los siguientes resulten familiares. Se trata por lo general de locales de ambientación sencilla, pequeños, con no más de quince o veinte mesas, de mantelería y vajilla económica. Habitualmente pasan música peruana; se pueden ver similares programaciones televisivas, como documentales que muestran la cultura y los paisajes peruanos, series o novelas populares, shows musicales y dancísticos del Perú, etc. Asimismo, por sus dueños, nativos del mismo país y de quienes dependen las tareas de organización del negocio, secundados por los mozos, también peruanos.

Los restaurantes hacen pensar en los llamados "huarques" y "picanterías", que son establecimientos populares de tipo familiar muy comunes en los barrios periféricos de Lima y otras ciudades del país, en donde impera una ambientación casera y la elaboración se hace a la vista de los comensales. En ellos no hay "ni manteles ni comodidades", tal como lo señala una de las entrevistadas. Son locales modestos que ofrecen un escaso repertorio de platos caseros; lugares, sin embargo, donde no es rara la asistencia de comensales provenientes de barrios de clase alta. Es este el espíritu que se reproduce y flota en los pequeños restaurantes del Abasto y demás barrios, que los inmigrantes, por medio de estas señas sin lugar a dudas asocian con los del Perú. Este tipo de restaurantes se corresponden con la denominación hecha por Imilan (2014) de "restaurante familiar", pues agrupa a todos los negocios de venta de comida cuya fuerza de trabajo y capital se basa en una red de lazos de consanguinidad, alianza y parentesco, afirmando que esta es la forma más difundida de emprendimientos gastronómicos para poblaciones migrantes.

2. El menú y sus constantes culinarias

Tomando los menús como indicadores, hay comidas que se repiten en todos ellos. Los platos se dividen en entradas como la "papa a la huancaina", "ocopa", "ceviche", "tamales", "anticucho", etc. En sopas como la de "mote", criolla, caldo de gallina, etc. En plato principal, como "ají de gallina", "lomo saltado", "arroz con pollo", "parihuela", "tacu-tacu", "chicharrón de pescado" o de pollo, "pescado sudado", "carapulcra", "seco de carne", etc. Por lo general se trata de porciones abundantes y a precios relativamente accesibles con relación a otros restaurantes de la ciudad de similar rango. Siguiendo con el recorrido del menú, están los postres: "mazamorra morada", "arroz con leche", "suspiro limeño", a veces puede que aparezca también el "turrón de doña Pepa" y los "picarones", golosinas estas asociadas a festejos y festividades peruanas.

La existencia de un menú, cuyo formato se repite en todos los establecimientos, responde en algún punto al deseo de los individuos por reencontrarse con las comidas que les resultan familiares, incluso es notable el cuidado puesto en la decoración de los platos que se le ofrecen al comensal. Por ejemplo, las papas a la huancaina siempre aparecen adornadas con una aceituna negra y un trozo de huevo duro y un par de hojas de lechuga, indicadores estos que ponen de manifiesto el deseo, el esmero y el respeto por seguir las tradiciones, que actúan además como mecanismos que refuerzan la sensación de encontrarse con lo familiar y conocido.

En la mesa en lugar de ofrecer pan, como lo "indica" la usanza argentina, cuya función es la de acompañar las comidas, sirven *canchas* (maíz tostado y salado) en un pequeño platito. Es decir, que las canchas en estos restaurantes ocupan el lugar del pan. Solo en algunos de estos establecimientos, en los que hemos constatado la presencia de argentinos, adoptaron la costumbre de ofrecer pan en la mesa (y no canchas, que deben ser solicitadas por el comensal al mozo), pauta que está indicando la intención de los peruanos por hacer que los argentinos acudan y se sientan cómodos en sus restaurantes. Nunca puede faltar tampoco el pequeño recipiente que contiene la salsa picante, hecha con ajíes picantes, que provienen de Perú o Bolivia, y ajos, uno de los baluartes del patrimonio gastronómico peruano[60]. Entre las bebidas figuran la gaseosa dulce "*Inka Cola*", y las cervezas "*Pilsen*" o "*Callao*", aunque en su ausencia se la reemplaza por las marcas locales. Uno de los aperitivos que tampoco, "jamás" puede faltar es el pisco sour[61]. En los restaurantes ubicados en la zona del Abasto y Once es posible también, siguiendo la costumbre de Perú, pedir los días entre semana el "menú diario", de un costo relativamente ac-

60. Básicamente seguimos aquí los desarrollos de Elena Espeitx (2004), para quien el patrimonio gastronómico de un determinado colectivo es una selección de parte de su cultura alimentaria, a la que se le atribuye carta de tradicionalidad. Integra recetas de cocina, productos alimentarios, representaciones sobre cualidades o efectos sobre el organismo, técnicas de cocina, formas de comer, etc.

61. Cóctel preparado con pisco y el jugo de limón con diversos agregados.

cesible y que consiste en un caldo de fideos o arroz y un trozo de carne o pollo, servido con una rodaja de limón. Un segundo, que puede ser por ejemplo ají de gallina, carapulcra, etc., con una gran guarnición de arroz y un refresco dulce. La oferta de esta opción no hace más que reproducir, en realidad, la costumbre de los restaurantes de Perú, dirigida sobre todo a aquellas personas que por sus actividades deben comer fuera de la casa y pertenecen a las clases populares. Siguiendo a Aguirre (2005), se trata de platos cuyo principio de incorporación es que sean alimentos "rendidores", esto quiere decir que cumplan con los requisitos de ser baratos, de llenar y de gustar al mismo tiempo.

3. Regionalismos y especialidades

Si bien las constantes culinarias suelen ser estas, los restaurantes, de acuerdo a la procedencia de su dueño, representan distintos departamentos del Perú; así, por ejemplo "La Piurana", de Piura; "Los Trujillanitos", de Trujillo, etc. En cuanto al tipo de comida que se ofrece, las variantes entre un restaurante y otro se observan en la exclusividad de determinado plato regional; por ejemplo, los lunes el *shambar*, típico de Trujillo, es el plato especial que aparece en la carta de "Los Trujillanitos". En efecto, las recetas de las cocinas regionales tienen un valor simbólico y afectivo, pues forman parte de la trama social que permite que los individuos se reconozcan como pertenecientes a un grupo definido. Es decir, que si bien consumir la comida considerada nacional expresa que se es peruano, ir a comer a los restaurantes que ofrecen comidas (además de las nacionales) de una región específica, fomenta la concurrencia de subgrupos que se identifican aún más a partir de su pertenencia regional. Los inmigrantes encuentran, así, en estos establecimientos, una ligazón aún mayor con las comidas y los sabores que les son familiares, pues se corresponden localmente con los de sus propias regiones y departamentos.

Asimismo, en varios de los restaurantes, y cuyos dueños proceden de Lima, se incluyen en su menú comida "chifa" o comida china hecha por peruanos. Uno de los dueños de un restaurante nos decía:

> "hay un toquecito que nosotros le damos y ya le sacamos lo chino ... es más gustoso."
>
> Varón, 37 años, 15 años de residencia

Esto explica por qué entonces en Buenos Aires se "reterritorializa" la comida chifa, de gran arraigo en Lima. Esto marca también el exceso de distinción que un peruano le confiere a su propia cultura al referir que las sutilezas peruanas no podrían encontrarse en los chinos. Etnocentrismo culinario que se visualiza en tanto cualquier plato elaborado por un peruano, y aunque este no pertenezca precisamente a su patrimonio gastronómico, resulta ser más sabroso.

4. Sustitución, de lazos familiares y también de ingredientes

En todos los establecimientos los peruanos festejan sus Fiestas Patrias del 28 y el 29 de julio[62], sus fiestas de cumpleaños, el Día del Padre y de la Madre. En momentos de conmemoración como estos, dada la ausencia de la institución familiar que es el ámbito por excelencia en donde se desarrollan todos estos festejos en Perú, los restaurantes se resignifican, ejecutando de esta manera la función que los lazos familiares no pueden absorber en la inmigración. Por ello puede decirse que el espacio público propio de un restaurante en estas circunstancias se "privatiza[63]". En este sentido, los restaurantes peruanos constituyen bisagras entre espacios públicos y espacios privados. Retomando a Lins Ribeiro (2004), la marca fundamental del espacio real es la copresencia fenomenológica, basada en los sentidos corporales, en las indexicalidades y en los intercambios de informaciones y sensaciones inmediatas entre actores en interacción en un punto determinado del espacio, en un mismo lugar compartido. Los restaurantes también constituyen esferas privadas, en tanto allí las minorías suelen ser libres para expresar sus identidades.

Con respecto a las recetas, los dueños de los restaurantes con quienes hemos dialogado dicen respetarlas religiosamente para que las comidas salgan "iguales que en Perú". Nos relatan que

62. Para esta ocasión, los restaurantes se promocionan con eslogans como estos: "Restaurant Peruano... Saluda a la patria en su día e invita a toda la colectividad a disfrutar del más alto nivel de la cocina peruana. 28 y 29 de julio "Pachamanca a la olla" y "Chicharrón de cuy", "Restaurante turístico... le desea a toda la colonia peruana en Buenos Aires felices Fiestas Patrias... gran orgía de mariscos y pachamanca a la olla".
63. Esta sensación de "privatización" se pudo percibir en una reunión de cumpleaños, cuando la agasajada recibía en la puerta a cada uno de los invitados, mientras estos permanecían de pie o deambulaban libremente entre las mesas y el resto del espacio del local, en una especie de ocupación del establecimiento.

buscan utilizar los "verdaderos ingredientes", comprados periódicamente a algunos pocos vendedores dedicados exclusivamente a traer los alimentos desde Perú. Conjuntamente, recurren ellos mismos al mercado boliviano de Liniers[64]. Otras de las opciones es ir al país de origen al menos una vez al año para comprar algunos ingredientes en especial, o encargarlos a los familiares y amigos que viajen. Solo en algunos casos admiten la sustitución de algunos ingredientes por otros, cuando no se encuentran en el contexto local, como es el caso de determinado tipo de papas, maíces, cebollas y frutas que se reemplazan por su variedad local. Con Fischler (1995: 157), podemos decir que el hecho de que un producto no esté disponible, o el acceso al mismo se haga dificultoso, "favorece los deslizamientos sustitutivos de un bricolaje culinario, destinado a reproducir lo mejor posible el sabor y la apariencia de los platos tradicionales a pesar de la no disponibilidad de uno o varios ingredientes".

En este proceso se pone de relieve que de la combinación de ingredientes peruanos con los argentinos se genera un plato híbrido. Si bien su estructura permanece inalterable, ya que sus componentes principales no cambian, al variar los tipos de ingredientes su sabor también se modifica, y en este proceso es como se pueden detectar síntomas de que, tras el contacto con la cultura de origen, se van adquiriendo nuevos matices. Aun así, en el discurso de los dueños se prioriza la distinción positiva que otorga la "verdadera" autenticidad de los ingredientes.

64. Liniers es otro barrio porteño que alberga en algunas de sus manzanas un gran mercado de productos, en su gran mayoría comestibles, de Bolivia.

5. El ceviche, un caso particular

Una de las comidas emblemáticas que no falta en ningún menú es el ceviche[65]. Este plato, en el que se conjugan una serie de sentidos ambiguos y condensados, merece especial análisis puesto que se transforma en el "plato tótem" de los peruanos en el nuevo medio. Es decir, el plato que adquiere un lugar más importante en la sociedad receptora que en la de origen, ya que se le atribuye un papel simbólico muy peculiar que hace del mismo una clave de la identidad (Fischler, 1995). En Perú, el consumo de ceviche es habitual asociarlo con las resacas del día posterior de haber adquirido una borrachera, puesto que a la combinación de sus ingredientes se le adjudica propiedades terapéuticas que ayudan a curar el malestar[66]. En Buenos Aires, sin embargo, esta asociación ceviche-borrachera se pierde. Esto podría entenderse, pues al cambiar de residencia, cambian las practicas y se "olvida" estratégicamente su relación con la misma, rasgo en el que no subyace ningún tipo de distinción positiva. Así, una de las utilizaciones que posee en Perú es acallada en Buenos Aires.

Siguiendo a Rozín (1995), vemos que un mismo alimento puede encontrarse en diferentes categorías significativas para la misma persona en contextos diferentes. El ceviche, desde lo culinario, se transforma en la comida que representa a la peruanidad en Argentina; sin embargo, también se transforma en el plato sobre el cual recaen las marcas discriminatorias y xenófobas. Al respecto, en medio de nuestro trabajo de campo, coincidió la aparición de una extensa nota publicada en una revista argentina de difusión

65. Aunque también puede escribirse "cebiche" o "sebiche", tomamos aquí la forma más normativa y conocida: "ceviche".

66. Punto en el que se han puesto de acuerdo al menos todos los informantes a quienes hemos consultado.

masiva, bajo el sugerente título "La invasión silenciosa[67]", dedicada a migrantes de países vecinos, en la que se podía leer:

> "Como en Perú: ceviche en las calles (...) en la zona del Abasto está el mayor asentamiento de peruanos (...) el olor penetrante a comida se siente a partir de las 11 de la mañana (...) se construyen una mesita con dos cajones de fruta, la forran con bolsas de residuo, apoyan las cacerolas oxidadas y comienzan a preparar ceviche: pescado crudo (...) Como los peruanos comen parados, parte de la comida cae sobre la vereda."
>
> "La invasión silenciosa". *La Primera*, 4 de abril del 2000

Según la visión de este medio, lo crudo del ceviche sería percibido por un "nosotros" civilizado como un rasgo de falta de educación e instrucción. Siguiendo a Lévi–Strauss (1965), habría una doble oposición entre elaborado y no elaborado, entre cultura y naturaleza, ya que el alimento cocinado se debe a una transformación "cultural". Curiosamente, el "sushi", de origen japonés, a pesar de ser en esencia otra variedad de pescado crudo, se visualiza como un plato sofisticado y símbolo de distinción[68]. Basándonos en la aseveración de Harris (1985) de que los alimentos transmiten mensajes, la cocina no estaría más que reproduciendo el conflicto social: el sushi es japonés, y lo japonés en el imaginario colectivo occidental remite a culto y a limpio, y por lo tanto, a aceptable y

67. Con relación a esta cita, resulta oportuno mencionar que es común entre gran parte de la colectividad consumir comida en la vía pública. Este ritual se torna visible en ocasión de la conmemoración de la procesión del Señor de los Milagros. Así, en una encuesta aplicada por Manuel Macchiavelo a los asistentes a la misma, se revela que casi el 75% opta por consumir comida en la vía pública. El autor señala que este hecho no actúa como consecuencia de la procesión, sino que esta última funciona como una fecha propicia para ejecutarse, pero de ninguna manera opera como causante exclusivo.
68. Tampoco sortea esta estigmatización la cocina árabe, con su keppe crudo, que es carne cruda picada amasada con trigo y especias (una colectividad que, por otra parte, también posee sus restaurantes en Buenos Aires).

"bueno" en definitiva; el ceviche es peruano y lo peruano remite a la suciedad e inferioridad con que se relaciona a los inmigrantes de esta procedencia en Buenos Aires.

La relación que se realiza no alude tan solo a lo crudo del pescado, remite también a las condiciones de pobreza y suciedad en que es preparado. Se refuerza así una imagen que muestra a la cultura peruana como atrasada, inestable, incierta, bárbara; en síntesis, diferente, reprobable y rechazable. Por ello, el ceviche[69], al menos para la sensibilidad de un sector de la sociedad receptora, se transforma en la metonimia de los peruanos en Buenos Aires.

6. ¿Qué buscan los peruanos en "sus" restaurantes?

Siguiendo a Calvo (1982), uno de los rasgos más arraigados entre los inmigrantes es la conservación del estilo culinario y alimenticio, que parece ser más fuerte y más durable que otras características culturales, tales como la práctica religiosa, el uso de la lengua materna, etc. De esta forma, las prácticas alimentarias serían las últimas en desaparecer en caso de asimilación total. Este apego, que se manifiesta por parte de los inmigrantes, proviene de que la elaboración culinaria constituye en nuestras sociedades parte integrante del rol de la madre, en tanto las sensaciones gustativas, forjadas durante la intimidad de la primera infancia, actúan como la expresión privilegiada de vuelta a uno mismo. Tal como lo re-

69. Es necesario aclarar también que los peruanos no son los únicos que comen ceviche. También lo hacen, aunque variando algunos de los ingredientes, los mexicanos y los ecuatorianos. Sin embargo, como esos otros mexicanos y ecuatorianos en Buenos Aires no adquieren visibilidad, sus costumbres no están tan divulgadas ni son puestas en tela de juicio.

cuerda Rozin (1995), las comidas poseen propiedades sensoriales que transmiten placer a quien las come y cabría agregar, ayudan a recordar vivencias y experiencias del pasado. Teniendo en cuenta esta consideración, los peruanos irían a buscar a los restaurantes, sobre todo en aquellos que pueden vincular con su región, básicamente esa "conexión con uno mismo". Al respecto, Núñez y Holper (2006) señalan que la extensión y frecuencia con la que la gente se embarca en conversaciones relacionadas con la comida y el carácter vívido de sus descripciones lleva a pensar que se hace referencia a algo más, algo que trasciende, pero que al mismo tiempo está íntimamente ligado al cuerpo, a uno mismo y a la identidad. Siguiendo a Contreras (1993), los elementos que actúan en el proceso de alimentación son considerados como mecanismos de proyección, de identificación, significación, emocionalización y metaforización. Así lo constata la siguiente expresión:

> "(...) entonces el recordar cosas... yo estoy comiendo y estoy recordando comentarios, recordando gente, recordando escenas con mi familia."
>
> Vendedora, 29 años, diez años de residencia

Aunque hemos registrado casos de migrantes que intentan adrede cambiar sus costumbres alimenticias en señal de argentinización, a la mayoría les es significativo el hecho de poder seguir degustando los sabores que los atan con la cultura de su país y poder recrearla de alguna manera en ese clima de exclusiva peruanidad. Según el dueño de uno de los restaurantes, los paisanos van también a "despejarse". Es decir, que los peruanos concurren a los restaurantes no tan solo a comer, van porque allí pueden recrear la atmósfera de su país, contrarrestar su nostalgia y olvidar por un momento la hostilidad que les manifiesta la sociedad receptora. A la vez, concurrir a comer "sus comidas" es afirmar que son peruanos. Según Bourdieu (1991), la utilización del gusto actúa como un indicador de quiénes son y el lugar que ocupan dentro de la sociedad. Por ello, cuando un inmigrante peruano come, por ejemplo, ceviche, está afirmando tanto para sí como para los otros que en efecto es quien se supone que es. Nuevamente Núñez y Holper (*op. cit.*) afirman que estas prácticas alimentarias[70] constituyen un dominio social crítico respecto a la percepción de uno mismo y constituyen una pieza central alrededor de la cual las vidas colectivas de los migrantes se articulan. La comida es un medio para alcanzar cohesión cultural y mantener un bienestar psicológico y físico.

Además de la importancia simbólica para un peruano de ir a saborear ceviche o algún otro plato considerado también emblemático (como papas a la huancaína, lomo saltado, pollo asado con papas...) los hechos que rodean el momento de la comida, como la música que se escucha, la venta "pública" de CD, pequeños objetos, etc., entre las mesas, la información que circula, el clima de festejo, etc., dan cuenta de otros aspectos relevantes que se vinculan con la sociabilidad y la reproducción simbólica y material de la comunidad. Estas peculiares características son las que imprimen a los restaurantes peruanos fuertes señas de identidad, que provocan en el comensal cierto estado de evocación acerca de la tierra natal. Así, en el ámbito de los restaurantes se genera una relación que invita a hablar de "io[71]" y de "tú", de "enredarse", ya que no es un espacio de anonimato. En ellos, el paisano logra reconocerse a través de los vínculos que lo unen a su lugar de origen, a sus costumbres y sus tradiciones, reconciliándose con un

70. Estos autores se refieren específicamente a las prácticas alimentarias de los migrantes peruanos en Chile y en particular entre las mujeres trabajadoras domésticas, buscando el vínculo entre estas prácticas y las nociones de salud y enfermedad de esta población.
71. A diferencia de la utilización del "yeísmo" propio de los porteños.

país que los ha expulsado. Estos actúan como un lugar de recreación de la peruanidad, en los que la práctica del lenguaje, como la de escuchar música y comer este tipo de platos, distingue a los integrantes de la colectividad.

7. Comer los sabores del terruño provoca la *reterritorialización* de la cultura

La combinación de la degustación de los sabores del terruño junto con el clima de peruanidad que se genera nos hace pensar que allí, en efecto, se produce un espacio de reterritorialización de la cultura, en donde la memoria colectiva queda inscrita como un símbolo de la identidad. El historiador Luís González (1999) designa bajo el término *matria* a las micro sociedades como "el pequeño mundo que nos nutre, nos envuelve y nos cuida (...) al orbe minúsculo que en alguna forma recuerda el seno de la madre, cuyo amparo, como es bien sabido, se prolonga después del nacimiento" (Jiménez, 1996). Es entonces cuando el espacio que se recrea en el interior de los restaurantes puede ser pensado como una *matria*, en la que se pone de manifiesto que la ingesta de los alimentos está conectada con otras áreas culturales que confieren al hecho significación social. Se vislumbra entonces que la cultura y la identidad del "ser peruano" no se disuelven ni cambian dramáticamente al cambiar de lugar de residencia, sino que se redefine. Así, en el interior de los restaurantes, los inmigrantes pueden hallarse dentro de un "pedacito del Perú", ya que se encuentran con situaciones que los trasladan al lugar de origen. Es un entorno que representa para ellos lo familiar, lo conocido, un ámbito de seguridad y abrigo, una extensión del propio hogar y, en definitiva, un ámbito para reconstruir su identidad y mantener un puente con su pasado. Estos espacios pueden ser considerados como ámbitos de "identificación diaspórica", ya que implican identificaciones compartidas. En palabras de Mera (2010), "la diáspora pone de relieve el territorio como entidad simbólica ya que hay una referencia a las raíces. En segundo lugar, implica el establecimiento de vínculos más o menos fluidos entre los grupos ubicados en distintos países, a través de distinto tipo de asociaciones (religiosas, políticas, culturales).

En la medida en que la identificación diaspórica persiste intergeneracionalmente, resulta evidente que el atributo del origen refiere a la construcción de un imaginario, asentado también en la producción activa de la "preservación de la cultura" (ya sea la lengua, la religión o la comida). Ese imaginario y los lazos, tanto con el territorio de origen como en los espacios donde se asientan, tienen fuertes consecuencias sociales y económicas (incluyendo formas productivas, de comercialización, remesas, etc.).

8. Los restaurantes, un ámbito ritual

Los restaurantes peruanos pueden ser considerados como un ámbito ritual, entendido como el que adquiere la característica de actuar de objetivador y condensador de las relaciones sociales que se manifiestan desde su faceta expresiva, remarcando aspectos que en lo cotidiano de la vida social permanecen ocultos (Turner, 1967). En primera instancia, hay que destacar que la mayoría de los establecimientos se ubicaron en territorios urbanos que no ejercían demasiado atractivo como lugar de recreación para los porteños, aun a pesar de estarlo en zonas muy concurridas.

Dentro de estos específicos ámbitos sociales, la mirada de los nativos se quedó a la puerta de los mismos. De esta forma se creó una especie de frontera entre el "adentro peruano" y el "afuera argentino". Frontera que permitió que el restaurante se revistiera de la ambientación óptima para la dramatización de la identidad peruana[72].

De reunir algunos de los rasgos que ya han sido descritos, característicos de estos espacios, y que en definitiva confluyen en el resguardo de lo propio, se hace posible hablar de la creación de una "performance de la identidad peruana" de alta connotación étnica, que deja entrever las huellas de la socialización nacional peruana. En ellos no hallamos una etnicidad simbólica, que es la que se experimenta en la segunda o tercera generación de inmigrantes y que está caracterizada "por una evocación nostálgica a la cultura de la generación inmigrante o a su país de origen, así como por un amor y orgullo por la tradición que puede ser sentido sin que sea incorporado a la conducta cotidiana" (Gans, 1979: 9). Lo que se da para el caso estudiado es justamente la operación contraria. El concepto que podría postularse en su lugar es el de "etnicidad viva" o "real". Si bien los peruanos no dejan de evocar con nostalgia la cultura del país que dejaron, el contacto que mantienen con Perú es fluido y dinámico. No se trata en modo alguno de una *perfomance* estructurada por la memoria lejana o, parafraseando nuevamente a Gans, por "alguna tradición exótica para ser exhibida en algún museo" (*ibid.*: 6), tal como sucede con muchos otros restaurantes, como los vietnamitas, mexicanos, tailandeses, etc. que hallamos en la ciudad y a los que concurren comensales

72. En ninguno faltan las comidas nacionales, la salsa picante, el arroz, etc. (e incluso se dé relevancia al origen incaico de las mismas); los decorados remiten a Perú; así como la música, lo que se mira en los televisores; la información que circula, la presencia de vendedores de productos peruanos, la "privacidad" que los inmigrantes pueden encontrar en ellos, etc.

mayoritariamente argentinos en busca de otros gustos y sabores, diferentes a los que forman parte de sus patrones alimentarios y con los que han sido socializados.

Lo que se dramatiza en los restaurantes peruanos es el proceso de construcción de la tradición cultural en el marco de la sociedad mayor. En ellos se recrea una etnicidad investida de sentimientos de origen común, camaradería, vecindad y familiaridad con la pretensión de crear una imagen encapsulada que contenga las marcas simbólicas que condensan "lo bueno" de ser peruano en Argentina y que buscan la "homogeneidad de lo heterogéneo".

9. Algunas "rupturas" que emergen al interior de los restaurantes

Hallamos que la *perfomance* de la identidad peruana en estos ámbitos trasciende el mito de simplicidad e igualitarismo, pues más allá de la existencia del consenso de sentimiento que poseen los inmigrantes para decir que "un paisano es un hermano", tal como lo expresó una de las entrevistadas, y que "Perú se lleva en la sangre", de manera superpuesta se asoman las estructuras de diferenciación entre los mismos peruanos. Símbolo de esto es la aparición de restaurantes que apuntan a captar un público más argentinizado y hacen una diferenciación entre los peruanos "deseables" y "no deseables". Con relación a esto, en uno de estos dos establecimientos, en la puerta de entrada, un cartel pequeño anunciaba: "la casa se reserva el derecho de admisión". El mensaje, podemos analizar, se dirige a aquel grupo de paisanos sobre los cuales recae precisamente todo el estigma de la sociedad receptora, y de los cuales el resto de los peruanos se avergüenza, de aquellos que se supone son los más excluidos porque delinquen y se emborrachan. Este cartel nos llamó la atención pues no lo hallamos en ningún otro restaurante, y a la vez nos hace pensar que también se dirige a los argentinos, ya que son desde la mirada de los inmigrantes peruanos supuestamente distintos, pretendidamente "más civilizados", y por ello necesitan informar que allí estarán protegidos de los peruanos "no deseados". Aquí retomamos la caracterización de estos restaurantes como espacios públicos y espacios privados. Al respecto, Adaszko (1998) define al espacio público como el ámbito donde el hombre deja, en apariencia, su mundo privado y se establece como igual ante el resto de los hombres. La esfera privada conformaría el marco donde, por el contrario, sí se darían las desigualdades.

Es decir, que la abstracción simbólica dramatizada en los restaurantes da lugar a procesos selectivos en el cual se incluyen y excluyen elementos que borran y marcan diferencias. Sin embargo, ante la sociedad argentina estas diferenciaciones no logran percibirse con nitidez. Los peruanos son básicamente percibidos como iguales, aún a pesar de las diferencias que pueda haber entre ellos de acuerdo a su procedencia, cuál era su condición socioeconómica antes de migrar, su género, etc. Así, ante la sociedad receptora son discriminados básicamente "en bloque" sin la dilucidación de estas distinciones. La metáfora de este proceso en el plano de los alimentos podría encontrarse en el ceviche, ya que en este plato emblemático quedan cristalizadas tanto la jactancia como la vergüenza de ser peruano. Jactancia por parte de los peruanos porque, más allá de las diferencias mencionadas que pueda haber entre ellos, lo consideran sin titubear un diacrítico de la identidad peruana, y vergüenza porque en el desprecio que muestra la sociedad receptora por el "pescado crudo" que ellos comen y con el cual son identificados, se materializa el estigma de saberse discriminados por los argentinos. Sin embargo, en el marco de las autoadscripciones, se convierte en el plato que todos quieren y "necesitan" comer lejos de su casa. Para traducirlo a los códigos argentinos, se asemeja al asado que los argentinos migrantes sin lugar a dudas anhelarían comer, sin importar de qué provincia específica fuesen originarios, lejos de su país. Así, para el peruano, si bien el ceviche es el más representativo de la costa en el país de origen (tal como el asado lo es de la región pampeana en Argentina), en el nuevo espacio se resignifica y se convierte en lo que circula por las manos de los participantes, se convierte en lo que se come, lo que sabe, lo que recarga energías vitales, mentales y simbólicas.

10. Los rasgos de la argentinización

En algunos de los restaurantes ubicados, no ya en los barrios del Abasto y Once, sino en otros igualmente importantes de la ciudad, pudimos comenzar a percibir algunas distinciones. Por ejemplo, según el dueño de uno de ellos nos decía, mientras en Perú la gente cuente con un "hueco donde meterse", refiriéndose con ello a los restaurantes populares y al aparente desinterés por la decoración del lugar en el que se va a comer; en Buenos Aires nota que "el argentino es distinto, no entra a cualquier lugar". Por esa razón, tenía en mente actualizar la decoración de su restaurante. Por lo demás, ya contaba con unos elegantes y sugerentes menús diseñados con motivos incaicos, tal como la página web que mandó realizar del restaurante. Por su parte, el dueño de otro de ellos nos contaba que su intención era la de difundir la comida de la colectividad entre el público argentino y los turistas. Por ello es por lo que se veía en la necesidad de ampliar y modernizar el aspecto del lugar, incluyendo la remodelación de la entrada, que pensaba hacer de piedra con la intención de recrear un estilo arquitectónico que remitiese a Machu Pichu.

En este sentido es por lo que las prácticas alimentarias pueden verse como *performances*, que permiten no solo la reconstrucción de la identidad sino la proyección de imágenes alternativas de la persona contraponiéndose a las imágenes con que frecuentemente son estigmatizados. De esta forma, a través de la alimentación se presentan ante los "otros" controlando la impresión que se forman de ellos. Las prácticas alimentarias permiten construir la estrategia a la que Goffman denominó "pasar", definida como la capacidad que tiene un individuo de ocultar información lesiva que pesa sobre el yo, lo cual lleva a que usen supuestos culturales sobre "lo argentino" que les permite "pasar" como "otro" (Canevaro y Gavazzo, 2009). Se podría plantear que una marca de la "argentinización" sería adoptar motivos y estilos decorativos pertenecientes a espacios globales –por ejemplo, los que remiten a Machu Picchu–, que refuerzan la potencialidad de los restaurantes como promotores del turismo hacia Perú. Estos contextos permiten a los migrantes dejar de ser aquellos que "vienen" a vivir a Argentina, siendo los "nativos" los que visitan Perú a través de ellos (Benza, 2011: 75). Se concretan así los aparentemente contradictorios objetivos de los discursos globales sobre la comida: atraer turistas y preservar los rasgos de las culturas locales al mismo tiempo (Matta, 2013).

Otra marca que refuerza lo que venimos señalando se registra en la utilización del picante. Mientras que en la zona del Abasto, centro urbano asociado, como ya hemos mencionado, a la concurrencia casi exclusiva de los paisanos, las comidas se preparan con la cantidad usual de picante –lo cual para un porteño puede llegar a ser demasiado fuerte–, estos otros dos lugares coinciden en que, para atraer a un público más variado y que la comida peruana se conozca y se difunda, es preciso no cocinar las comidas con mucho picante, y en lugar de ello ofrecerlo solamente en potecitos para que el comensal se sirva a gusto.

Así, estos restaurantes, cuando dejan de dirigirse exclusivamente a los nativos de la cultura de origen, elaboran una cocina en la cocina; ponen la cocina de origen, por así decir, en la "salsa" de la cocina receptora. Esta adaptación no afecta solamente a los productos o a los sabores, sino que en realidad afecta a las estructuras profundas de la cocina, a su orden y a las categorías culinarias subyacentes (Fischler 1995: 161). Afecta incluso a los aspectos que tocan a la manera de comer, al clima que se genera en torno al alimento y los mismos comensales, pues, como veremos en muchos de los restaurantes, estos también comienzan a cambiar.

Ambos dueños, durante las entrevistas, no dejaron de marcar que no solo eran visitados por paisanos y argentinos, sino que también por rusos –estos últimos, explicaban, atraídos por los sabores picantes–, por alemanes, japoneses y franceses. La concurrencia de estos "otros" no argentinos, pero que al pertenecer a nacionalidades "bien vistas" en el contexto local, hace que aumente el respeto y valorización de la cultura peruana dentro de la sociedad receptora, tendente siempre a disminuirlos y empobrecerlos bajo atributos descalificadores. Desde esta mirada sale a la luz que, a través de sus comidas, los peruanos encuentran una interesante vía para resistir la discriminación que recae sobre ellos de parte de la sociedad receptora. Sus saberes culinarios logran ubicarlos en una posición que les otorga una incipiente distinción positiva en el contexto migratorio.

En síntesis, por estas señas se deja entrever que, en algunos aspectos, la identidad peruana comienza a hacerse híbrida. Al respecto dice Garcia Canclini (1995:109): "Cuando la circulación cada vez más libre y frecuente de personas, capitales y mensajes nos relaciona cotidianamente con muchas culturas, nuestra identidad no puede definirse ya por la pertenencia exclusiva a una comunidad nacional". Es decir, que en el proceso de negociación con la cultura argentina, estos peruanos, en el intento por atraer el interés de los argentinos y revalorizar su imagen frente a ellos, incorporan a sus referentes tradicionales de la identidad peruana, la de los argentinos. Por ello, a la vez que apuntan a lograr satisfacer la necesidad de los paisanos por reencontrarse con "sus" comidas y ese plus que les devuelve la familiaridad perdida, intentan ampliar su empresa étnica capturando aquel sector del mercado argentino interesado por los gustos exóticos.

11. Volver al campo

Como señalamos en el comienzo, nuestro primer trabajo de campo finalizó en el 2001. Año que coincide con la crisis nacional y con la depreciación de la moneda. A raíz de estas circunstancias hubo inmigrantes que retornaron a Perú y algunos de los restaurantes cerraron sus puertas. Sin embargo, poco a poco fue generándose otro fenómeno. Debido a que nunca dejamos de concurrir atraídos por el gusto de las comidas peruanas; pudimos observar cómo aquellas tímidas tendencias de "argentinización" fueron acentuándose. En aquellos dos restaurantes donde comenzamos a notar las diferencias, fueron plasmándose acentuados cambios. Por ejemplo, si en un primer momento nuestra presencia podía llamar la atención entre los comensales exclusivamente peruanos (nuestra "argentinidad" se expresa fundamentalmente por nuestra manera de hablar, que como mencionábamos más arriba, no es de "io" o de "tú"), lo que comenzó a destacarse es la masiva concurrencia de porteños – sobre todo jóvenes, con formación universitaria y una marcada atracción por los saberes que remiten a Americana Latina– y, para nuestra sorpresa, la práctica ausencia de peruanos. Hemos presenciado incluso largas colas de comensales de estas características a las puertas de los establecimientos, a la espera de poder ocupar una mesa. Comenzamos a notar asimismo, si bien los sabores siguieron siendo los mismos, la disminución de las porciones, y el encarecimiento progresivo de los platos. Notamos también que estos restaurantes fueron ampliándose y aumentando considerablemente el número de mesas. Otro cambio que pudimos presenciar fue la desaparición de las bebidas importadas de Perú y su definitivo reemplazo por las marcas locales, debido al encarecimiento de los productos importados tras la crisis económica. Ahora bien, un fenómeno especial se dio con la gaseosa Inka kola, que, dado que no tiene su símil local, a raíz del emprendimiento personal de un migrante, emergió una gaseosa de similares características, denominada "La Chola de Oro", y que por lo que pudimos observar, no falta actualmente en ninguno de los establecimientos visitados.

Este éxito que comenzaron a tener muchos de los restaurantes peruanos entre los porteños, después de más de una década de su instalación en el nuevo medio, podemos enmarcarlo dentro del contexto de otro fenómeno; el que se ha denominado la "revolución gastronómica peruana[73]" (Lauer y Lauer, 2006), hecho

73. Para entender las modificaciones que se están dando en la gastronomía peruana, retomaremos a estos autores, quienes señalan que se trata de una transformación social y tecnológica de ida y de vuelta, retrotrayéndose a la década de 1950, en la que los migrantes de los Andes en ciudades de la costa se encuentran con el alimento marino. A este aumento del consumo popular de pescado –que obedeció al "boom" pesquero–, se le sumó el de los azúcares y los alimentos procesados hacia 1970. Estas paulatinas, lentas y endógenas transformaciones se ven confrontadas con cambios que se dieron en las mesas de los restaurantes más selectos de Lima y en los lobbies de los mejores hoteles de las capitales la-

que ha implicado cambios en los sabores y formas tanto dentro como fuera de Perú. Estos cambios implicaron que los peruanos encontraran motivos de orgullo, ya no en los símbolos oficiales tan estrechamente relacionados con un Estado pretendidamente corrupto y ajeno a la población, sino en elementos más cercanos y cotidianos, como la comida y la música, a los que se tiene un acceso mucho más inmediato y sobre los cuales se puede ejercer una influencia más directa.

Esta activación del patrimonio gastronómico peruano fue promovida inicialmente en la década de 1980 por las elites limeñas y actualmente se encarna en discursos ambiciosos sobre el desarrollo, al impulsar la declaración por la UNESCO de la comida peruana como Patrimonio de la Humanidad. La idea que subyace a esta solicitud es que la cultura culinaria peruana, basada en un balance entre la preservación cultural y la adaptación a los mercados internacionales, puede proveer impactos económicos positivos al país y desde allí, representar un vehículo de identidad nacional que conduzca a la reconciliación social. Así, se presenta a la cocina peruana como producto del consenso, de la inclusión social y la armonía (Matta, 2013).

Así, podemos decir que el auge actual de los restaurantes peruanos[74] en Buenos Aires obedece a la vinculación con este *boom*

---

tinoamericanas como producto de cambios mundiales, que en Perú se plasmaron cuando la globalización se puso en marcha a partir del autogolpe de Estado de 1992. Asimismo, este boom responde también al impacto de la "mirada foránea" de especialistas extranjeros en gastronomía peruana, que no han dudado en mostrarla como un tesoro a descubrir, situándola en el tercer puesto a nivel mundial y vinculándola a la historia y a la identidad. Los autores mencionados no dudan en señalar que es cada vez mayor el acercamiento existente entre las gastronomías de dentro y de fuera del país, si bien la idea de exportación cultural es exclusiva de la parte más dinámica de la población, que es minoritaria, mientras que en términos generales, a los peruanos que permanecen en Perú no les significa mucho la peruanidad en el exterior, a no ser que tengan parientes afuera.

74. En 2011, la ciudad de Buenos Aires contaba con, aproximadamente, 135 restaurantes peruanos (registro propio).

gastronómico y no tanto a la atracción que pueda generar la presencia de estos migrantes y su cultura. Sin embargo, en restaurantes ubicados en zonas "no emblemáticas" y más pobres de la ciudad, como el barrio de Liniers, seguimos hallando las mismas señas que encontramos hace casi diez años atrás.

Dentro de una categoría decididamente aparte, justamente enmarcada al interior de este fenómeno que analizan Lauer y Lauer (*op. cit.*), ubicamos algunos restaurantes peruanos que se han ido instalando durante estos últimos cinco años en otros barrios de la ciudad, como Palermo, San Telmo, etc., barrios estos que se reconocen por su oferta gastronómica gourmet. Los platos, bajo los sugerentes nombres, por ejemplo, de "tiradito al olivo", "causa Nikkei", "salmón novoandino", "tallarines mar y tierra", "lenguado en salsa de seco con tacu tacu" nos remiten a otras gramáticas culinarias que responden a la denominada cocina de autor. Si bien en los platos hay reminiscencias a los tradicionales, estos no podrían ser comidos en ningún otro restaurante peruano. Por otra parte, los dueños de estos emprendimientos no necesariamente son de nacionalidad peruana, aunque sí lo son sus cocineros altamente especializados en gastronomía. Coincidimos con Imilán (2014) en la clasificación de estos restaurantes como de "empresarios migrantes" o "globales", en contraste con la clasificación anteriormente mencionada de "restaurantes familiares[75]".

75. Al referirse a este tipo de restaurantes en la ciudad de Santiago de Chile, Imilán (2014) señala que los mismos son administrados por "empresarios migrantes", grupo compuesto por un segmento de migrantes que poseen habitualmente altos niveles de escolarización y que se adscriben a segmentos de clase media-alta en Perú. Este colectivo desarrolla prácticas asociativas informales y formales; se autoconciben como empresarios y poseen redes personales amplias entre connacionales y población chilena. Son restaurantes que explotan la noción de alta cocina, sofisticada y de circulación global y cosmopolita. Estas asociaciones informales reciben el apoyo de organizaciones oficiales, como pueden ser la embajada o asociaciones empresariales binacionales o peruanas. El autor también se refiere a los "restaurantes globales", que no se comunican con las redes económicas y políticas que el

Los comensales que concurren a estos restaurantes no encontrarán prácticamente ninguna señal en la decoración ni en la ambientación que les remita a Perú; y sus bolsillos, por otra parte, saldrán considerablemente más flacos que de haber ido a las otras "categorías" de restaurantes peruanos. En estos establecimientos la alta carga simbólica que hemos podido hallar en los demás desaparece, situación que no se da en ninguno de aquellos otros restaurantes, pues la evocación con Perú sigue permaneciendo, aun a pesar de la disminuida presencia de los migrantes en aquellos establecimientos en los que pudimos observar una más marcada "argentinización". En otras palabras, se puede establecer un contraste entre las "performances de la identidad peruana" que se llevan a cabo en los restaurantes gourmets y en aquellos más populares, ubicándolos en los polos del *continuum* eficacia-entretenimiento señalados por Schechner (2000).

La asistencia a los restaurantes populares se vincula con algunas características del ritual, en tanto este implica eficacia: el énfasis está puesto en la generación de "resultados", en efectuar transformaciones; hay una relación con un "otro" ausente, con un tiempo simbólico, el público cree, y la creatividad es colectiva, sin invitación a la crítica. En contraposición, la asistencia a los restaurantes *gourmet* se acercaría al polo del entretenimiento, pues el acento está puesto en la diversión –y no en la transformación–, la relación solo se da entre los presentes, hay un énfasis en el ahora, el actor sabe lo que hace, el público aprecia lo que come, prospera

grupo de empresarios asentados ha construido en Chile, pues no las necesitan. Los globales son un segmento social que se desplaza a través de las fronteras nacionales de forma cotidiana, con el fin de desarrollar negocios y actividades profesionales. No poseen un vínculo de arraigo en particular con ningún lugar en el que participan, así como tampoco logran insertarse en redes sociales de base local. Estos restaurantes participan en la construcción de un capital simbólico de reconocimiento a la gastronomía peruana como participante de una élite culinaria internacional. Consideramos que esta distinción es válida también para un sector de los restaurantes inaugurados en Buenos Aires en los últimos años.

la crítica y la creatividad es individual (esto último se aplica sobre todo si se piensa que en los restaurantes *gourmets* se da mucha importancia a la "cocina de autor").

Todos estos cambios que hemos ido relevando nos permiten dar cuenta de la apertura de nuevos sectores de mercado y de actuación económica para este sector de los inmigrantes dedicados al rubro gastronómico. Influye en este fenómeno el auge y la relevancia a nivel internacional de la cocina peruana, sin embargo, en este proceso visualizamos la ausencia o poca presencia de su capacidad de constituirse en referente emblemático de la cultura peruana –o las *culturas peruanas*– concretas. Es decir, la cocina de esta nacionalidad adquiere un valor agregado, el de su rentabilidad económica para este reducido número de empresarios de restaurantes de comida peruana "de autor", y de aquellos otros que han dado un giro y han logrado captar comensales mayoritariamente porteños, a través de la creación y recreación de productos que responden a esta demanda de "producción de sensaciones" y su reutilización como nuevas manifestaciones para la recreación y el ocio. No incluimos dentro de esta clasificación a los dueños de todos aquellos otros restaurantes que, si bien generan fuentes de trabajo para ellos y demás inmigrantes vinculados con el rubro gastronómico, satisfacen las demandas, ya analizadas, de comensales de la misma nacionalidad. Es decir, no consideramos que puedan integrarse, como los demás establecimientos, dentro del auge de este *boom* gastronómico en el que sí se insertan los otros dos tipos de restaurantes.

Por otra parte, no hemos descubierto que el gusto por las comidas peruanas entre cierto sector del público porteño redunde en la valorización de los usos y saberes locales que estos inmigrantes traen a cuestas y que implique modificaciones positivas en la construcción de su ciudadanía. Si bien la cocina peruana *gourmet* en Argentina cobra auge, como lo hace en muchos otros países debido a este fenómeno que describen y analizan Lauer y Lauer (*op cit.*), la cocina tradicional que convoca a los paisanos, aunque se transforma en una marca de la especificidad y en un modo de resistencia ante la hostilidad de la sociedad receptora, no ha logrado modificar la visualización negativa que sigue recayendo sobre estos migrantes.

En definitiva, podríamos decir que lo que parece primar en estos restaurantes peruanos de cocina de autor es la propia experiencia gastronómica en sí, despojada de su posibilidad como fuente de diálogo intercultural. Allí, la relación impuesta entre los comensales queda muy alejada de la descrita para los demás establecimientos en las que se habla de "io" y de "tú", y se viven otras experiencias. La relación que se genera básicamente es la del anonimato, por lo que no influyen y no aportan en la interlocución de los migrantes y la sociedad receptora. No obstante, comenzamos a entrever que la comida de este otro peruano deja de representarse con la misma connotación peyorativa que observamos al comienzo de nuestro trabajo de campo, al menos para ese sector de la sociedad receptora para quienes la cocina peruana ya no causa aversión. Sí pareciera seguir causando rechazo para los locales la concurrencia a aquellos otros restaurantes, los que aún conservan todas las señas de identidad peruana descritas, fenómeno en el que se vuelve a poner de manifiesto que la aversión a los inmigrantes peruanos de algún modo queda, parafraseando a Le Breton (2007: 292), "simbólicamente contaminada por aquello con lo que se alimenta". De este modo, nos parece que el caso de estos restaurantes peruanos, en los que la etnicidad permanece vívida, pone en perspectiva la necesidad de revisar la vinculación de la alteridad alimentaria de este grupo poblacional migrante ante la sociedad receptora, como parte de una posible política de integración de los inmigrantes a partir de sus comidas, y generar vías para su inclusión social, la creación de empleos y la celebración de la diversidad cultural entre personas y sociedades.

Bibliografía

Adaszko, D. (1998). "Redefinición de las esferas pública y privada a partir de la ampliación del uso de Internet". En: E. Cafassi (comp.). *Internet: Políticas y Comunicación.* Buenos Aires: Biblos.

Aguirre, P. (2005). *Estrategias Domésticas de Consumo. Qué Comen los Argentinos que Comen.* Buenos Aires: CIEPP-Miño y Dávila.

Auge M. (1993). *Los "no lugares". Espacios del anonimato.* Barcelona: Gedisa.

Appadurai A. (1991). "Etnopaisajes globales. Notas e interrogantes para una antropología transnacional". En: R. G. Fox (ed.). *Recapturing Anthropology: Working in the Present.* Santa Fe (NM): School of American Research Press.

Benza, S. (2011). "Análisis de las páginas web y esferas públicas de los grupos de danzas peruanas en Buenos Aires". En: G. Cordero Huertas; M. C. Cordero Huertas (ed.). *Globalización de las comunicaciones y comunicación en la globalización: funcionalidades y disfuncionalidades de las tecnologías de la comunicación y su papel en la construcción de proyectos identitarios, culturales y políticos.* Huelva: Ybris.

Bourdieu P. (1996). *Cosas Dichas.* Barcelona: Gedisa.

Calvo, M. (1982). "Migration et Alimentation". *Information sur les Sciences sociales* (vol. 3, núm. 21, pág. 383-446).

Canevaro, S.; Gavazzo, N. (2009). "Cuerpos migrantes, comunidades crea(c)tivas. Reflexiones en torno a las identidades y performances bolivianas y peruanas en Buenos Aires". *Revista Espaço Plural, Revista da Universidade do Paraná* (pág. 130-139).

Contreras, J. (1993). *Antropología de la alimentación.* Madrid: Eudema.

Douglas, M. (1973). *Pureza y peligro.* Madrid: Siglo XXI.

Douglas, M. (1995). "La estructuras de lo culinario". En: J. Contreras (ed.). *Alimentación y Cultura.* Barcelona: Universidad de Barcelona.

Espeitx, E. (2004). "Patrimonio Alimentario y Turismo: Una relación singular". *Pasos. Revista de Turismo y Patrimonio Cultural* (vol, 2, núm. 2, pág. 193-213).

Fischler, C. (1995). *El (h)omnívoro. El gusto, la cocina y el cuerpo.* Barcelona: Anagrama.

Fischler, C.; Garine, I. de (1985). "Ciencias humanas y alimentación: la investigación europea". En: G. Ainsworth *et al. Carencia alimentaria. Una perspectiva antropológica.* Barcelona: Serbal-Unesco.

Gans, H. (1979). "Symbolic Ethnicity: The Future of Ethnic Groups and Cultures in America". *Ethnic and Racial Studies* (vol 1, núm. 2, pág. 2-20).

Garcia Canclini, N. (1991). "¿Construcción o simulacro del objeto de estudio? Trabajo de campo y retórica". *Revista Alteridades* (vol. 1, núm. 1, pág. 58-64).

Garcia Canclini, N. (1991). *Culturas Híbridas.* México: Grijalbo.

Grimnson, A. (1999). *Relatos de la diferencia y la igualdad.* Buenos Aires: Eudeba.

Imilán, W. (2014). "Restaurantes peruanos en Santiago de Chile: construcción de un paisaje de la migración". *Revista de Estudios Sociales* (núm. 48, pág. 15-28).

Jiménez, G. (1996). "Cultura y Territorio". *Estudios sobre las Culturas Contemporáneas. Revista de Investigación y Análisis* (vol. 4, núm. 2, pág. 9-30).

Harris, M. (1989). *Bueno para comer. Enigmas de alimentación y cultura.* Madrid: Alianza.

Lauer, M.; Lauer, V. (2006). *La Revolución Gastronómica Peruana.* Lima: Universidad de San Martín de Porres, Facultad de Ciencias de la Comunicación, Turismo y Psicología.

Lévi-Straus, C. (1965). *Lo crudo y lo cocido.* México: Fondo de Cultura Económica.

Lins Ribeiro, G. (2004). "El espacio público-virtual". En: N. García Canclini (ed.). *Reabrir espacios públicos. Políticas Culturales y Ciudadanía* (pág. 1-27). México D.F.: Universidad Autónoma Metropolitana-Plaza y Valdés Editores.

Macchiavelo, M. (2009). *Religión y Migración. El caso de los peruanos en la Argentina.* Buenos Aires: Mesa.

Matta, R. (2013). "Valuing Native Eating: The Modern Roots of Peruvian Food Heritage". *Anthropology of food* [Online], S8, 2013.

Mera, C. (2010). "El concepto de diáspora en los estudios migratorios: reflexiones sobre el caso de las comunidades y movilidades coreanas en el mundo actual". *Revista de Historia* (núm. 12). Universidad Nacional de Comahue.

Núñez, L.; Holper, D. (2006). "En el Perú, nadie se muere de hambre". En: U. Berg; K. Paerregaard (comp.). *El Quinto Suyo. Transnacionalidad y formaciones diaspóricas en la migración peruana.* Lima: Instituto de Estudios Peruanos.

Remedi, F. (1997). "Las condiciones de vida material: cocinas étnicas y consumo alimentario en la provincia de Córdoba a comienzos de siglo. Procesos socioculturales y alimentación". En: M. Alvarez; L. Pinotti (comp.). *Procesos socioculturales y alimentación.* Buenos Aires: Ediciones del Sol.

Rozin, P. (1995). "Perspectivas psicobiológicas sobre preferencias y aversiones alimentarias". En: J. Contreras (ed.). *Alimentación y Cultura.* Barcelona: Universidad de Barcelona.

Schechner, R. (2000). *Performance. Teoría y práctica interculturales.* Buenos Aires: Universidad de Buenos Aires.

Turner, V. (1980). *La selva de los símbolos.* Madrid: Siglo XXI.

Capítulo XII

Alimentación, migraciones y contactos culturales: el Mercado de la Abacería Central de Gràcia en Barcelona

F. Xavier Medina, Danielle Provansal, Cecilia Montero

En su definición más prosaica y cotidiana, los mercados son aquellos espacios físicos donde ocurren intercambios comerciales, lugares donde se compra y se vende en pequeñas cantidades, destacadamente alimentos, aunque no únicamente. Si bien los intercambios económicos tienen carácter universal, los mercados, como lugares reservados a tal efecto, implican –al menos, en principio– un cierto grado de especialización espacial y comercial[76].

Desde una aproximación más visual, en nuestras latitudes, los mercados se presentan con una estricta ordenación espacial en la que los puestos de venta se organizan con diferentes alineaciones y estructuras, ya sea al aire libre o bajo una cubierta, o bien dentro de un edificio creado expresamente para el mercado o utilizado simplemente como tal. Cuando se trata de un mercado especializado en productos alimenticios frescos, la simple necesidad de adquirir alimentos se convierte en una verdadera experiencia sensorial y lúdica: quienes penetran en su universo se sumergen en toda una gama de colores, de aromas delicados o de olores penetrantes, así como en la espectacular escenografía de presentación

76. Este artículo es una versión actualizada en castellano de uno publicado con anterioridad en inglés en la revista *Anthropology of Food* (Medina, Provansal y Montero, 2010). A pesar de seguir las líneas maestras expuestas en aquel artículo, el que aquí publicamos se centra más en las migraciones de origen latinoamericano, recogiendo nuevos datos y actualizando algunos otros, además de añadir algunas nuevas citas y referencias bibliográficas. Agradecemos a *Anthropology of Food* el acuerdo para poder versionar y actualizar en castellano y en clave iberoamericana el artículo allí publicado en inglés.

de frutas y hortalizas, de pescados y mariscos, a la profusión de la oferta en las carnicerías y en las charcuterías.

Desde una perspectiva más estrictamente antropológica, los mercados son, además de sus funciones económicas, formas sociales específicas que funcionan en torno a un determinado consenso colectivo, cuyas normas proceden de un orden negociado en el cual se dan múltiples interacciones. Es un espacio público donde la gente se reúne, habla, hace circular y recibe información. Como señala Contreras, a través de los mercados "pueden pulsarse los pueblos y sus tradiciones (...). Cualquier mercado permite una aproximación a sus pueblos, a sus culturas" (Contreras, 2004: 17-18). Son lugares de encuentro y de transacciones de gentes de diferentes orígenes y credos; "lugares privilegiados para la observación de aquellas funciones definidoras de la vida social, (donde) la noción de intercambio en sus diferentes facetas (es) el punto de arranque" (Provansal, 1996: 96; Provansal y Levick, 1991; Provansal, 1999). Lugares donde se alimenta y se mantiene viva, en definitiva, la relación social local en un contexto claramente alimentario (Medina, 2007).

Además, por el hecho de ser lugares reservados para funciones colectivamente aceptadas, los mercados han de interpretarse también como formas culturales regidas por un determinado orden simbólico, que interviene en la categorización de los elementos intercambiados y en las pautas de consumo que la venta de los productos presupone, según un código compartido de significados y de valores entre los diferentes participantes.

Se trata de formas sociales y culturales en movimiento, dinámicas (Medina, 2004, 2007b). Así, con la presencia de personas procedentes de fuera, en particular inmigrantes, los espacios interiores del mercado pueden segmentarse o, al contrario, abrirse los unos a los otros; asimismo, las relaciones sociales tienden a diversificarse, mientras se superponen al orden simbólico local nuevos significados procedentes de códigos ajenos, a partir de los cuales pueden iniciarse intervalos de comunicación intercultural, como vamos a intentar ilustrar a continuación.

1. Mercados municipales en Barcelona: el Mercado de la Abacería Central

La ciudad de Barcelona (Cataluña, España) posee actualmente la red de mercados municipales cubiertos más importante de Europa: 40 mercados de alimentación de titularidad municipal, los cuales aglutinan una parte altamente destacada del pequeño comercio urbano.

En el presente artículo, nos centraremos en uno de estos mercados: el Mercat de la Abaceria Central, situado en el corazón mismo de la antigua Vila de Gràcia, actualmente uno de los barrios que integran el distrito del mismo nombre. La observación etnográfica en torno a la vida del mercado nos ha llevado a preguntarnos sobre múltiples aspectos: en primer lugar, la sinergia que se establece entre el mercado y el barrio en el cual se inserta; en segundo lugar, las interacciones que se establecen en su interior.

Iniciamos el trabajo etnográfico planteando algunas preguntas aparentemente muy sencillas, pero válidas para cualquier mercado y que nos han abierto vías sugerentes: ¿Quiénes van al mercado? ¿A qué horas? ¿Compran solo alimentos? Los alimentos, ¿son solo autóctonos? ¿De dónde? En definitiva, ¿cómo influye comprar o no alimentos en el mercado en el estilo de alimentación de los habitantes del vecindario? ¿Qué se hace en el mercado, además de comprar? Nuestro objetivo principal ha sido acercarnos a la conformación de los diferentes estilos alimentarios de la gente que acude al mercado; unos usuarios que, de ahora en adelante, son tanto locales como por personas de diferentes nacionalidades y orígenes étnicos.

Como subrayaba Manuel Calvo en su pionero y ya clásico artículo sobre alimentación y migración:

> "La observación de las prácticas alimentarias permite desvelar, en el seno de la sociedad global, situaciones originales provocadas por la puesta en contacto de realidades socioculturales (estilos de vida) lejanos."
>
> M. Calvo, M. (1982). "Migration et alimentation". *Social Science Information* (núm. 21, pág. 385). Traducción de los autores.

La observación de esta interacción social interna al mercado abre vías sugerentes para poner de relieve cómo ingredientes y preparaciones "de toda la vida[77]" se mezclan o se combinan con ingredientes y recetas procedentes de fuera o, incluso, cómo determinados alimentos son sustituidos por otros en la dieta cotidiana, conformando un "nuevo estilo alimentario". Además, durante estos diferentes procesos, hay personajes y vínculos que desempeñan un papel clave en este proceso y que inducen a considerar los recorridos entre los diferentes lugares de aprovisionamiento como mapas altamente significativos en la configuración y transformación de los hábitos alimentarios de las personas que compran en el mercado; e informan, asimismo, sobre los diversos "estilos" de alimentación existentes. Nuevamente en palabras de Manuel Calvo:

77. Expresión coloquial que designa un hábito o uso considerado localmente como tradicional.

> "Esta creatividad alimentaria de los grupos no depende de la puesta en marcha de un modelo racional, normativo y nutricional, sino más bien de un estilo en armonía con la cultura y la economía del mercado de inserción: la búsqueda de un equilibrio a partir de una elección de productos cuya utilidad sensorial y cultural se encuentra maximizada, habida cuenta de las limitaciones presupuestarias."
>
> M. Calvo, M. (1982). "Migration et alimentation". *Social Science Information* (núm. 21, pág. 394). Traducción de los autores.

Indudablemente, el mercado es un espacio central en el cual se elaboran las tácticas de consumo de acuerdo con modelos culturales en evolución. Pero, más allá de su función comercial, el mercado constituye también un eje social primordial dentro del barrio. Además de su función cultural en tanto que conservatorio de los hábitos alimentarios locales permanentemente reactualizados, y de ser un escaparate de excepción para nuevos productos culinarios procedentes de otras pautas de consumo, pone en interacción en un mismo espacio a nativos o residentes en el barrio, en la ciudad o en Cataluña de larga duración, con otras personas, recién llegadas y de procedencia distinta. Dicho de otro modo, contribuye a visibilizar a estas últimas, bien directamente, como usuarias, bien indirectamente, por mediación de los productos que consumen y que, a menudo colocados estratégicamente en los escaparates, son tantos otros signos de su existencia y del hecho de que "están aquí", compartiendo el mismo barrio que los vecinos de siempre.

Como señala el analista norteamericano Stephen Davies (2007), la visita y compra en un mercado implica alrededor de unas veinte interacciones personales entre vendedores, compradores u otros usuarios, mientras que, por ejemplo, la compra en un supermercado implica como mucho dos. En este sentido, el abastecimiento de los inmigrantes en el mercado obliga a una multiplicidad de relaciones sociales breves que facilitan el conocimiento y la relación social. A pesar de ser generalmente efímeros y limitados en el tiempo, los contactos que se establecen entre estas distintas categorías de población en el día a día, acaban banalizando la presencia de los foráneos, lo que constituye un primer paso –aunque importante– hacia el conocimiento mutuo y la convivencia.

2. El barrio de Gràcia como contexto

El Mercado de la Abacería Central se encuentra en el centro del barrio de Gràcia, núcleo histórico del distrito del mismo nombre, uno de los diez en que se divide administrativamente el municipio de Barcelona. Este distrito, con una extensión de 4,2 km^2, es el más pequeño de la ciudad, pero el segundo con mayor densidad demográfica de todo el municipio.

En el 2006, a raíz de una consulta popular, el Ayuntamiento de Barcelona dividió los distritos en barrios, retomando antiguas delimitaciones que correspondían mejor con lo que los vecinos entendían como comunidad vecinal y que, en la mayoría de los casos, se ajustaban mejor a la historia del núcleo y al desarrollo de sus prácticas festivas. La mayoría de los barrios se articulan alrededor de un mercado municipal (en tanto que antigua "plaza" central).

Desde un punto de vista etnográfico, la nueva subdivisión del distrito en barrios es mucho más pertinente, en tanto en cuanto se trata de un contexto que reúne las múltiples dinámicas creadas en torno al mercado como lugar que, gracias a la memoria de un pasado singular y a la experiencia de un presente atractivo, conserva un importante potencial identificador. Por ello, nos parece importante mencionar los datos referentes a la *Vila*[78] propiamente dicha, porque es la que nos va a servir para contextualizar el Mercat de l'Abaceria Central. Mientras que el conjunto del distrito de Gràcia suma 418,6 ha, la *Vila* representa algo menos de la mitad de esta cifra, es decir, 204,6 ha[79]. Si tenemos en cuenta el número de habitantes que hemos mencionado más arriba, podemos constatar que la densidad de la población del barrio es elevada[80], incrementándose de manera regular en los años siguientes debido principalmente a la llegada de residentes extranjeros; una llegada que aumenta en los últimos años, mientras que, por el contrario, la población nacida en Barcelona o en España disminuye.

El período observado es demasiado limitado en el tiempo para obtener conclusiones definitivas; sin embargo, nos permite esbozar alguna que otra tendencia, como el mestizaje aparentemente creciente de un barrio que, por otro lado, es un referente de la identidad catalana progresista desde finales del siglo XIX.

Utilizando como ejemplo los datos disponibles entre 2008 y 2009, vemos que el número de extranjeros residentes en la *Vila* pasa de 9.083 a 9.744, es decir, oscila entre 17% y 19% del conjunto de la población[81]. Las nacionalidades presentes en el barrio son, por orden de importancia, la italiana, la francesa, la ecuatoriana y la argentina. A continuación, son varias las nacionalidades latinoamericanas (Bolivia, Perú...) que están representadas, así co-

78. El barrio de Gràcia, que corresponde al antiguo centro del municipio de Gràcia antes de unirse a Barcelona, es conocido popularmente como "la Vila" (la "villa" o el "pueblo").
79. Datos del Institut Municipal d'Informàtica, Ajuntament de Barcelona, 2006.
80. La población total del distrito en esta fecha correspondía a 120.587 habitantes y la población total de la ciudad de Barcelona sumaba 1.603.178 habitantes, ocupando un total de 10.096 ha (Padró Municipal, Departament d'Estadística, Ajuntament de Barcelona, 2007).
81. En 2008, el municipio de Barcelona contaba con 280.817 residentes extranjeros y en el 2009 con 294.918 personas en total, o sea, un aumento medio de 5% (Informes y documents estadístics: 2008 y 2009. La població estrangera a Barcelona, anys 2008, 2009, Ajuntament de Barcelona).

mo de Asia, África y Europa del este, hasta más de 35 nacionalidades presentes en el barrio.

Vemos, en este sentido, cómo las nacionalidades latinoamericanas tienen una especial importancia en el barrio, contando además con el hecho de que buena parte de los italianos (nacionalidad mayoritaria en el barrio) son de origen argentino y han conseguido el pasaporte italiano debido a sus orígenes, por ser argentinos nietos o hijos de italianos o de italo-argentinos. Así, buena parte de argentinos residentes en el distrito (y en España en general) tienen actualmente nacionalidad italiana o española, debido a los acuerdos bilaterales en el marco de la Unión Europea que España e Italia –y especialmente este último estado– tienen en vigor con Argentina. De este modo, los argentinos descendientes de italianos tienen un acceso relativamente fácil a la nacionalidad italiana. Y un porcentaje no desdeñable de italianos (e incluso de algunas otras nacionalidades europeas, como Francia, la República Checa, Hungría o Austria) residentes en el distrito son en realidad también argentinos.

Como dato curioso, podemos destacar el número importante de confesiones presentes en la Vila a través de sus centros de culto, lo que viene a confirmar la vocación pluricultural del barrio y su creciente mestizaje. Por ejemplo, la Vila contaba hace unos años con un salón del Reino de los Testigos de Jehová, cuatro centros budistas, uno hinduista, una sinagoga y dos templos taoístas, abstracción hecha de las iglesias católicas (11) y de los templos cristianos evangélicos (6) (Monteys, 2005:105). En los últimos años este número ha aumentado ligeramente, añadiéndose además alguna mezquita para la creciente población musulmana.

Sin hablar aquí de extranjería, cabe mencionar también, finalmente (aunque no en último lugar), la importante presencia gitana histórica asentada en la Vila y muy integrada en ella, a diferencia de lo que ocurre en otros barrios (ellos mismos se autodesignan como "gitanos catalanes", en contraposición a otros grupos de etnia gitana llegados en épocas más recientes y con otras procedencias). Dedicado esencialmente al comercio, este colectivo integra igualmente a artistas del flamenco, bailaores o cantaores que han contribuido a imprimir al barrio su particular carácter y han hecho de él uno de los más importantes referentes para la popular rumba catalana (Álvarez, *et al.*, 1995).

3. La memoria histórica de la Vila de Gràcia

Hemos aludido más arriba brevemente a la destacada historia del barrio de Gràcia. Nos parece importante señalar algunos detalles al respecto, ya que esta historia que en el pasado ha diferenciado la Vila de otros barrios, sirve en la actualidad para residentes progresistas y/o inconformistas, como una poderosa seña de identidad. Durante el siglo XIX, marcado en España y en Cataluña por importantes turbulencias políticas, revueltas, huelgas y atentados, Gràcia, simple arrabal, entre campos de cultivos y lejana al centro de la capital, consigue en diversas ocasiones independizarse de Barcelona. El asentamiento se densifica a lo largo del siglo y se especializa en determinados producciones artesanales. En 1830, le es otorgado el título de "Villa", que la denominación actual del barrio recuerda, sin que ello signifique actualmente privilegio alguno, aunque al evocar su pasado como tal, ejerce un significativo efecto simbólico.

Sede de corrientes ilustradas, entre otras la francmasonería, Gràcia se convierte posteriormente en sede de los primeros movimientos socialistas y anarquistas y alberga en 1870 el Congreso

Obrero, que reúne a más de 1000 trabajadores afiliados a la federación local de la asociación internacional de trabajadores. La huelga general y el enfrentamiento con el ejército es una constante durante todo el siglo XIX y principios del XX. La Vila está en la vanguardia de las protestas. Desde 1868 tienen lugar diferentes rebeliones, entre las cuales la de 1868 (que da nombre a una de las principales plazas del barrio) o la "Revolta de les quintes" (revuelta de los reclutas) gracienses, que se rebelan contra el reclutamiento de jóvenes por parte del ejército español para ir a luchar a Cuba. Se levantan barricadas en dos arterias estratégicas, la calle Torrent de l'Olla y la Calle Mayor (el Carrer Gran), en medio de bombardeos del ejército. Esta revuelta será, en definitiva, un ensayo general para la Semana Trágica, durante la cual la población de barrios populares de Barcelona se enfrentó al ejército español ante la llamada a filas de los jóvenes para la guerra colonial contra Marruecos (Chifoni, 1997).

El impacto de este pasado sobre la memoria colectiva es tan poderoso y potencialmente explosivo que el mismo régimen franquista no se atrevió a modificar los nombres de las calles del barrio, limitándose a traducirlos al castellano. Son nombres llenos de connotaciones, como las calles del Progrès ('progreso'), Avenir ('porvenir'), Lleialtat ('lealtad')... que evocan los ideales liberales, o las calles de la Llibertat ('libertad'), Igualdat ('igualdad'), Fraternitat ('fraternidad'), que constituyen directas alusiones a la revolución francesa, sin olvidar por supuesto la Plaza de la Revolució (Huertas Clavería et al., 1995). La calle de la Llibertat, por cierto, da nombre a otro de los principales mercados del distrito, no muy lejano del nuestro de la Abaceria Central.

4. "De marcha" por Gràcia: cosmopolitismo y pluralidad

En la actualidad, el barrio de Gràcia saca provecho de la leyenda de su pasado para cuidar su vocación de barrio emblemático en el conjunto barcelonés. En las últimas décadas, la población joven, a menudo universitaria y cosmopolita, ha ganado presencia y protagonismo. La importante y animada vida nocturna de las estrechas calles del barrio de Gràcia, llenas de bares, restaurantes y comercios de todo tipo, han convertido al distrito en uno de los lugares más atractivos y dinámicos de la ciudad. Igualmente, el barrio se distingue también por ser sede de centros culturales de carácter vanguardista y alternativo, especialmente en aquello que respecta a las artes escénicas (teatros, salas de cine...) y artísticas en general (galerías de arte, salas de exposiciones, etc.).

Finalmente, hay que señalar que se trata de un barrio con una tupida red social y con una gran riqueza de vida asociativa, gracias a la actividad de sus múltiples entidades y asociaciones cívicas, sociales y culturales. La fiesta mayor de Gràcia, que tiene lugar a mediados de agosto, es el punto culminante de esta riqueza asociativa. La importancia de la fiesta es tal que muchos la llegan a confundir con la fiesta mayor de la ciudad entera. Las calles de Gràcia se ornamentan con espectaculares escenografías preparadas por los vecinos durante todo el año, y que luchan por obtener el premio que el distrito concede a la calle mejor engalanada.

Populares en toda Cataluña, estas fiestas atraen a ciudadanos de toda Barcelona, a foráneos y a turistas, que acuden al distrito para disfrutar de las terrazas de verano y las actuaciones de música en directo que proliferan en todas las plazas. Unas fiestas que también han generado a menudo conflictos (especialmente en el 2005, aunque también, de manera más moderada, en alguna otra edición más reciente) por los desórdenes públicos que se produjeron durante el desalojo policial de plazas y calles a altas horas de la madrugada.

El aspecto que, sin embargo, nos interesa más destacar aquí es la situación del barrio alrededor del mercado. En su entorno se han ido gestando, sobre todo a lo largo de las dos últimas décadas, las transformaciones urbanas ligadas a las nuevas migraciones y a los cambios en los hábitos alimentarios de la población.

5. El mercado: lugar de abastecimiento, de encuentro y de cambio social latinoamericano e internacional

El Mercado de la Abacería Central se encuentra situado en el corazón de la Vila de Gràcia, como un centro urbano que va más allá de lo comercial, y a partir del cual convergen sinergias y del cual surgen determinadas iniciativas y experimentos socioculturales. Se encuentra situado en medio de una de sus principales arterias, la Travessera de Gràcia, y está rodeado de decenas de pequeños comercios (alimentarios o de otro tipo), donde se mezclan los de origen local con los exóticos, los tradicionales con los vanguardistas... Todo ello forma un espacio social singular, abigarrado y bullicioso con respecto al resto del barrio, y que a menudo sirve como referencia o como lugar para encuentros o paseos urbanos.

5.1. El espacio: Las cuatro entradas

Fue en 1892 cuando se construyó el mercado. En la zona había numerosos comerciantes que tradicionalmente se agrupaban, y que crearon el nuevo mercado de Santa Isabel. A partir de una estructura metálica inicial, se le añadió un revestimiento de obra vista formado por una nave central y dos pasillos laterales. Su primer nombre fue ese: Santa Isabel; luego se pasó a llamar Mercat de la Revolució (Mercado de la Revolución, nombre tomado de la próxima plaza de la Revolución de 1868) y hoy es conocido con el nombre de Mercado de la Abacería Central. Ha sido reconstruido y reformado en diversas ocasiones, la última de ellas en 1997.

El Mercado de la Abacería Central se ubica en el número 186 de la Travessera de Gràcia; como decíamos más arriba, una de las principales arterias de comunicación del barrio (y de esta zona de la ciudad en general). En él desembocan diversas calles peatonales, como la calle Verdi (con uno de los principales cines de la ciudad, así como un área plagada de pequeñas tiendas, bares y restaurantes sirios, libaneses, palestinos, vascos, italianos, egipcios... y también catalanes).

La calle Verdi desemboca en la plaza de la Revolución. Paralela a ella discurre la calle Torrijos, peatonal, que nace de la plaza de la Virreina para acabar en el mercado después de pasar por la puerta de diferentes "tiendas étnicas" de ropa, de complementos y de alimentación, y hasta hace relativamente poco tiempo, por una antigua vaquería que aún vendía leche fresca y que lucía sus anuncios de distintas viejas marcas en el escaparate (la antigua vaquería cerró definitivamente en el 2012 y hoy puede verse únicamente su puerta tapiada).

Figura 1. El Mercado de la Abacería Central en el barrio de Gràcia

Fuente: Ayuntamiento de Barcelona

Tres calles peatonales rodean el mercado. Permiten al paseante ir en zigzag, guiado solo por su curiosidad, sin atender al tráfico. Se puede caminar entre plantas, ropa que cuelga, lencería, puestos de carne (con anuncios de "corte argentino"), pesca salada, estancos... Se puede llegar al mercado mientras se come una empanada de "choclo[82]", o detenerse frente a la librería gastronómica situada en las inmediaciones del mercado. O bien pasar por uno de los locutorios de la plaza y ver a las mujeres que atienden a las vecinas entre vendedores ambulantes de lotería, trapos de cocina, mujeres de etnia gitana que venden ajos y limones o ropa interior femenina que cuelga de un brazo... Al mismo tiempo, grupos de sillas anchas pegadas al suelo y maceteros que se emplean como asientos salpican las calles. Allí encontramos durante la jornada

82. Nombre dado al maíz en la zona andina.

–especialmente durante la mañana– a personas de todas las edades que descansan del peso de sus bolsas o que, simplemente, se sientan a mirar y charlar con alguien a cualquier hora del día, en cualquier época del año.

La entrada principal da a Travessera de Gràcia, por donde circulan los coches que vienen desde las grandes calles circundantes hacia el mercado. Las entradas laterales y la trasera desembocan en zonas peatonales. Los vecinos utilizan todas y cada una de sus puertas durante la mañana. Por la tarde, la puerta trasera está vigilada y su acceso se restringe. Es por ahí por donde entran a trabajar los dueños de los puestos.

Los establecimientos que dan a la calle principal son variados, modernos y mucho más vistosos que los de la parte posterior; aun así, estos últimos se esmeran también por estar bien decorados y por presentar una gran variedad en su oferta de alimentos.

En la parte trasera interna se encuentran los nuevos puestos "étnicos": el puesto de *sushi*, el sirio-libanés, y los primeros establecimientos latinoamericanos de fruta y verdura que trajeron la yuca y el plátano macho al barrio (*cf.* al respecto Montero, 2008, 2009).

El mercado se abre internamente hacia la plaza, un espacio cubierto construido dentro del mercado y que tiene cuatro atracciones mecánicas para niños y dos bancos antiguos, que alberga un obrador y un puesto de venta de pasta fresca argentino-catalán. Frente a ellos, hay un puesto de legumbres cocidas y una verdulería. También podemos encontrar en uno de sus lados una especie de escenario con una cocina; a su izquierda, se puede ver un singular puesto de libros de segunda mano, donde cada cual puede dejar sus libros y comprar después un ejemplar por tan solo un euro.

5.2. Vendedores y clientes

Entre los vendedores y los compradores que acuden al mercado hay gente de cualquier procedencia: locales y foráneos, inmigrantes antiguos y nuevos. Todos se relacionan entre sí en el mercado, independientemente de si son o no autóctonos. Y como decíamos más arriba, los de origen latinoamericano tienen una particular relevancia.

El trabajo de campo[83] llevado a cabo en el mercado demuestra que las relaciones dentro y fuera de este espacio, tanto a un lado como al otro del mostrador, no tienen que ver con la nacionalidad de los protagonistas. Matrimonios cuyos miembros vienen de diferentes lugares, cuidadores de ancianos y de niños, estudiantes universitarios y Erasmus, empleadas/os domésticas/os, niños o jóvenes de origen inmigrante adoptados en el extranjero por padres españoles... Todos acuden al mercado porque buscan los alimentos para el día a día, y allí se encuentran con un buen número de tiendas que amplían sus fronteras.

En el mercado, en la plaza interior, la actividad es más intensa los jueves, los viernes y los sábados. Se puede encontrar todo tipo de gente, desde ancianos solos o acompañados por cuidadoras (particularmente jóvenes inmigrantes, a menudo latinoamericanas) hasta niños muy pequeños que trepan a un caballo mecánico mientras esperan a que sus padres hagan la compra.

83. La parte etnográfica principal de este trabajo corresponde a la investigación para la tesis doctoral de Cecilia Montero (2008), bajo la dirección de Jesús Contreras. Durante el período de elaboración de dicha tesis (2003-2008) sobre migración y alimentación en el barrio de Gràcia, el estudio contemplaba el espacio del mercado, aunque no estaba completamente centrado en él. Sin embargo, desde principios del 2008 hasta el presente, el estudio etnográfico del mercado fue reconducido y tomado como elemento central en su relación con el barrio. En el momento presente, dicha investigación etnográfica se lleva a cabo dentro del marco de un proyecto de investigación desarrollado por los autores de este artículo y que tiene como eje principal el Mercado de la Abacería Central de Gràcia.

Ese espacio tan denso de comunicación a veces parece estar regulado por la mirada de Sara, que desde su puesto de verdura lo ve todo, mientras la gente abre y cierra los libros de segunda mano de la parada que limitan con su puesto. Su mirada experta pronostica rápidamente si ese día "venderán poco o mucho". Es una vendedora que hace más de diez años fue de las primeras en traer ciertos productos, y su establecimiento se mezclan patatas, coles y naranjas, yucas, plátanos machos, cilantros, papayas... En el lado opuesto del mercado, en la zona que da al otro lateral, otra de las paradas expone todo tipo de verduras y de frutas primorosamente dispuestas. Los dueños de los diferentes puestos compiten entre sí por la clientela, pero eso no impide que se ayuden cuando a uno le falta algún alimento que el otro sí tiene.

Al salir a la calle, por ese mismo lado del mercado, lo primero que se encuentra es la carnicería, que posee distintos cortes de carne (especialmente el corte argentino, muy solicitado hoy en día y no solo por los numerosos vecinos de origen argentino del barrio), y que luce letreros muy visibles. Desde allí, se alcanza a ver al fondo la plaza de la Virreina.

Si seguimos el camino, nos encontramos con la tienda de ropa de los senegaleses, quienes cuando llega el verano sacan sus sillas a la calle y toman el té allí sentados, junto con la dueña de la tienda de productos latinos de enfrente.

Si se sigue por la Travesera de Gràcia nos encontramos con el Passeig de Sant Joan (uno de los grandes bulevares de la ciudad, que une el barrio de Gràcia con el parque de la Ciutadella), en el que además de un gran restaurante chino que ofrece patatas bravas[84] como parte de su menú, hay una tienda pequeña de produc-

84. Las patatas bravas son hoy en día consideradas como el aperitivo "típico" o "tradicional" de la ciudad de Barcelona. Diferentes iniciativas públicas (del Ayuntamiento de la Ciudad, o del consorcio local de turismo) han destacado desde hace años el papel de las patatas

tos rusos de alimentación, y que vende también artesanías y libros, que alquila vídeos y DVD y a la que entra con frecuencia gente del lugar a comprar caviar.

Esta área del barrio de alrededor del mercado se encuentra en pleno apogeo durante la semana; los vecinos hacen su compra en estos lugares, por diferentes que sean los productos que incluyen en su lista de la compra.

6. Estilos alimentarios interétnicos: migraciones latinoamericanas

El Mercado de la Abacería Central establece, junto a los pequeños comercios situados en las calles adyacentes, una red tupida de establecimientos de diferente índole, y que aúna en un mismo espacio interrelacionado tiendas de diferentes orígenes y especializaciones.

Este contacto cotidiano y continuado estimula el intercambio, la creación de recetarios mestizos creativos y originales, y vehicula conocimientos sobre diferentes aspectos del ámbito alimentario de sus consumidores. En estos espacios de relación social circulan recetas, procedimientos, ingredientes y saberes culinarios.

El testimonio de esta informante, madre de familia española, casada con un peruano, ejemplifica bien el tipo de compras y cómo se cocina y se come en su casa:

> "Mi hijo es nuestro aprobador final de experimentos en la cocina, aunque mi marido poco entra en ella, todo lo demás sí (...) Bueno, la tortilla

bravas en tanto que "tapa" definidora de la identidad local urbana (Turisme de Barcelona, 2006: 134).

de chuño[85], hay que ver lo buena que está..., le compro el chuño en (la calle) Torrijos, ahí en la casita, la tiendecita, que traen todo lo de allá (de la zona andina); a veces le pregunto a ella (a la dependienta) recetas porque mi marido no se acuerda y le hago algunos platos, pero hacemos mucha mezcla..."

Asimismo, añade:

"Compro aquí en el mercado la mayor parte de la verdura fresca y después o antes paso por allí (...). Fíjate en que yo me casé en el ochenta y uno con un peruano, que lo que más rabia me da que haya perdido su lengua, que es el aimara, porque él viene de un pueblo a más de 4.500 metros (del altitud)... Yo fui de las primeras, y mi hijo tiene las dos nacionalidades, ¿no te parece mejor?"

Si se observa con detenimiento la zona de la plaza interior, se advierte que el puesto de pasta ha ido cobrando cada vez mayor importancia y espacio. Los propietarios son un matrimonio mixto: ella es una catalana estudiante de Filosofía, y él, un argentino con estudios secundarios. A su puesto acude algún familiar de ella que los ayuda con la elaboración en el obrador, más que con la venta. Elaboran un producto italo-argentino con signos que pretenden ser fácilmente distinguibles, por lo que los utensilios que emplean son en parte argentinos (aunque algunos de ellos tampoco se fabrican ya allí) o italianos (como por ejemplo, los que emplean para preparar los diversos tipos de raviolis). Como manifiesta el dueño del puesto de pasta:

"A nosotros nos compra (todo tipo de gente)... Los homosexuales fueron los primeros (...) Gentes de diferentes nacionalidades. Los ñoquis y los raviolis son lo que más vendemos... Estamos por hacer los tallarines, pero hay que comprar la máquina y falta lugar; no me lanzo porque han

85. Patata deshidratada, muy usada en la comida criolla de las regiones andinas.

puesto otra fábrica de pasta unos italianos, allá afuera, y me discuten sobre la pasta que yo hago, que no está bien, que no se hace así, y yo los mando a la m... Mi vieja y mi viejo aprendieron de mis nonos[86]. En casa, todos los domingos se comía pasta. A mí no me van a decir ellos cómo se hace. Creo que a la gente le gusta más la que yo hago, porque además yo traigo hasta la ricota importada de Italia (...) Los raviolis de provolone, cebolla y nuez salen mucho... Son recetas (maternas) que ella hacía allá en Buenos Aires y que aquí gustan de verdad."

Pero no solo es lo que se vende, sino la estética que los mercados, por lo general, poseen. Algunos vendedores se ocupan de decorar sus puntos de venta como reclamo para un público de origen diverso. Estos cambios de estética se suman a los "nuevos" alimentos, frutas (papayas, mangos...) y verduras o vegetales (diferentes tipos de patatas, yucas, mandioca, etc.). En algunas de las paradas, se suman a estos productos frescos las elaboraciones de platos ya listos para comer. Tradicionalmente, en la mayoría de los puestos de pesca salada se ofrecían ya platos precocinados: pimientos rellenos, buñuelos de bacalao, empanadillas...). Hoy en día, y desde hace ya unos años, el mercado ofrece de manera corriente alimentos precocinados o cocinados (macarrones con distintos tipos de salsas, carnes estofadas, judías verdes con patatas, espinacas a la catalana, etc.). Algunas paradas –verdulerías, por ejemplo– parecen haberse reconvertido en cierto modo en establecimientos de comidas para llevar, elaboradas con los mismos productos del puesto: ensaladas ya preparadas, tortillas de patatas y cebolla o de calabacín, espinacas a la crema...). Por su parte, las verdulerías y las fruterías ofrecen los guisantes ya embolsados, y lechugas diferentes empaquetadas en el mismo puesto, o verduras ya peladas y limpias, o cortadas y dispuestas en estuches o en bolsas transparentes...

86. "Abuelos", en dialecto argentino. Procede de la voz italiana *nonno*.

"(...) Los empaquetados y preparados tienen cada vez más éxito. La gente necesita las cosas hechas (...). En sus casas no tienen tiempo o no quieren limpiar las verduras. Hasta hay gente que se lleva las frutas peladas y cortadas ¡Y no son turistas! (...) Luego están todas estas otras cosas nuevas[87] que la gente todavía no sabe cómo pelar o cómo se cocinan, y te piden consejo o te piden que se lo peles o cortes ya directamente (...)."

En un momento como el actual, en el cual la tendencia a la globalización parece abarcar la totalidad del espectro de actuación social, los sujetos se enfrentan a un escenario de circulación de alimentos y objetos, tanto para autóctonos como para inmigrantes, en cantidades y variedades sin precedentes. Los consumidores, así, van tomando consciencia de rasgos específicos de "nuevos" (o quizás ya no tan nuevos) alimentos, cortes o formas de cocción, utensilios de cocina o maneras de comer, que abren ante sus ojos un abanico de nuevas posibilidades.

7. Conclusiones

Al analizar la fase de elección de los alimentos en general, el mercado (y particularmente uno como el de la Abacería Central, incluyendo su área de influencia en el barrio) se convierte en un espacio donde se vehiculan las relaciones sociales, los conocimientos, la observación, la percepción de diferencias, el descubrimiento de nuevos alimentos, texturas, colores... Y todo ello junto al movimiento cotidiano continuado. De este modo, el repertorio alimentario de los usuarios del mercado se ha visto claramente

87. Se refiere aquí la informante a productos como el jengibre, yuca, mandioca o plátanos verdes que tiene en su establecimiento.

ampliado en los últimos años y, tal como expresa uno de nuestros informantes, carnicero, la circulación de productos y de técnicas culinarias comienza a dar su fruto:

> "(El corte argentino de la carne) cada vez nos lo piden más. Pero gente que no es argentina, ¿eh? Supongo que lo prueban en otras partes y les gusta. Imagino que en los restaurantes (...) O gente casada con argentinos, que hay mucha. El caso es que nosotros tenemos una chica argentina que lo corta estupendo, y hay mucha gente que viene a comprar y quiere que se lo corte ella, y si no puede, se espera a que ella le pueda atender (...)."

Estos recorridos y contactos nos exponen un cuadro relacional activo, en el que el mercado ocupa el lugar central del escenario en el encuentro diario a distintas horas (temprano por la mañana, rápidamente al medio día, o en las horas punta de la tarde-noche); jueves, viernes y sábados, especialmente, en los que, como muchos otros, el Mercado de la Abacería Central se abarrota y su murmullo crece y desciende a medida que se apagan sus luces.

Tal como hemos visto anteriormente, el abastecimiento en el mercado (tanto de inmigrantes como de autóctonos o de residentes de larga duración) obliga a una multiplicidad de relaciones sociales que facilitan el conocimiento y la relación social. Aun breves y limitados, los contactos establecidos cotidianamente entre los usuarios del mercado acaban creando un cierto conocimiento mutuo y acaban por banalizar la presencia de los foráneos, de los "extraños", lo que constituye un primer paso –aunque importante– hacia la convivencia.

Si una cosa está clara, sin embargo, es que los mercados avanzan constantemente de la mano de la sociedad que los ha creado, que los usa y que los recrea. De cara al futuro, y como siempre ha sido, los mercados continuarán ocupando el lugar central, geográfico, cotidiano, social y cultural, que desde hace siglos llevan ocupando, cambiando constantemente con la sociedad y atendiendo a sus demandas. Y los movimientos migratorios seguirán estando –y lo estarán cada vez más– vinculados a ellos.

Bibliografía

Ajuntament de Barcelona (2006). "La immigració del continent americà supera el 50% del total d'estrangers empadronats a Barcelona". *Notícies*. Barcelona.

Ajuntament de Barcelona (2007/2009). *Informes i documents estadístics. Característiques de la població*. 2007, 2008, 2009 (series). Barcelona: Ajuntament de Barcelona.

Alvarez, A.; Iglesias, D.; Xifra, J. A.; Sánchez J. (1995). *Sabor de rumba. Identitat social i cultural dels gitanos catalans*. Lleida: Pagès.

Calvo, M. (1982). "Migration et alimentation". *Social Science Information* (núm. 21, pág. 3).

Contreras, J. (coord.) (2004). *Mercats de la Mediterrània*. Barcelona: Lunwerg.

Chifoni, C. (1997). "La gran *Vila* del llano". *Barcelona Metrópolis* (núm. 35).

Davies, S. (2007). "Markets and social life". *I Congrès Internacional de Mercats*. Barcelona, Institut Municipal de Mercats de Barcelona, 19 de marzo del 2007 (inédito).

Huertas Clavería, J. M.; Geli, C.; Favà, M. (1995). *50 veces Barcelona: guía de visita de la ciudad*. Barcelona: Ajuntament de Barcelona.

Medina, F. X. (2004). "Els futurs dels mercats: reflexió i prospectiva". En: J. Contreras (coord.). *Mercats de la Mediterrània*. Barcelona: Lunwerg.

Medina, F. X. (2007). "Mercados del Mediterráneo: alimentación y estilos de vida". En: J. Castaño (coord.). *Espacios vitales de las tres culturas*. Murcia: Ayuntamiento de Murcia y Universidad de Murcia.

Medina, F. X.; Álvarez, M. (2007). "El lloc per on passa la vida... Els mercats i les demandes urbanes contemporànies (Barcelona-Buenos Aires)". En: (dosier) F. Medina; F. Xavier; R. Sánchez (coord.). *Espais urbans: usos i transformacions. Revista d'Etnologia de Catalunya* (núm. 31). Barcelona.

Medina, F. X.; Provansal, D.; Montero, C. (2010). "Food and Migration: the Abacería Central Market of Gràcia (Barcelona)". En: (dosier) C. Crenn; J.-P. Hassoun; F. X. Medina (coord.). *Migration, food practices and social relations: when continuity is not reproduction and discontinuity is not rupture. Anthropology of food* (núm. 7).

Montero, C. (2008). *Migración i alimentación: Totemismo Alimentario. El caso de la yuca i el plátano macho en el Barrio de Gràcia* (Tesis doctoral). Universidad Barcelona.

Montero, C. (2009). "La yuca y el plátano macho, migración y totemismo alimentario". En: F. X. Medina; R. Ávila; I de Garine (ed.). *Food, Imaginaries and Cultural Frontiers. Essays in Honour of Helen Macbeth.* Guadalajara (México): Estudios del Hombre / Universidad de Guadalajara.

Monteys, C. (2009). "L'Oficina d'afers religiosos: Diversitat religiosa i cohesio social, Barcelona Societat". *Revista d'informació i estudis socials* (núm. 16, pág. 109-113). Barcelona.

Provansal, D. (1996). "Els antropòlegs van al mercat. Algunes reflexions al marge de la pràctica etnogràfica". *Revista d'Etnologia de Catalunya* (núm. 6, pág. 96-107). Barcelona: Departament de Cultura, Generalitat de Catalunya.

Provansal, D. (1999). "Mercados, mercadillos, golosos y curiosos". *Barcelona Metrópolis* (núm. 46). Ajuntament de Barcelona, maig-juny, 34-36.

Provansal, D.; Levick, M. (1991). *Els mercats de Barcelona.* Ajuntament de Barcelona.

Turisme de Barcelona (2006). *Assaborint Barcelona. Memòria de l'Any de l'Alimentació, la Cuina i la Gastronomia 2005-2006.* Barcelona: Ajuntament de Barcelona/Turisme de Barcelona.

Capítulo XIII

Guacamole y *gefilte fish* en Barcelona: migraciones judías y la búsqueda de una identidad a través de la comida

Catherine S. Gallin

> "No necesito estar cocinando para recordar a mis muertos..., los ruidos, los sonidos, los olores de la cocina. Cuando se pelaba una fruta, cómo cambiaba..., la patata que parecía tan fea y que luego, cuando la cortabas, dentro, tenía ese color tan limpio, tan bonito."
>
> Entrevista, 08-042013-CG, mujer marroquí sefardí, 60 años, Barcelona

> What would become visible if I focused on the immigrant as a gardener [as opposed to a plant]–a person who shapes the world rather than simply being shaped by it?
>
> Patricia Klindienst (2007). *The Earth Knows My Name*

Hay muchas formas de recordar a nuestros antepasados, de recorrer los pasillos de nuestra memoria, de nuestra infancia, y quizás hasta de la misma infancia de nuestros seres queridos. Existen muchos modos de mantener el vínculo entre nosotros y las personas, la tierra y la cultura que nos hacen sentir en casa. Este impulso de volver a la memoria como a un espacio seguro, un refugio, es quizás aún más fuerte entre los inmigrantes, los que han dejado atrás su tierra natal para buscar en otro lugar algo, un algo que a veces es concreto y en otras ocasiones no.

Claro está que tenemos la fotografía, la literatura, las cartas, la poesía, los bailes, una colección infinita de posibles indicadores culturales a nuestro alcance y que son capaces de ayudarnos a recordar. Pero uno de los vínculos más fuertes de la memoria colectiva e individual se mantiene a través de la comida. Es en la cocina y en la mesa donde se reúnen los cinco sentidos y donde se descubre, quizás de un modo algo inconsciente, el lazo entre un sabor y un recuerdo. Aunque el alimento sea algo biológicamente vital, también es portador de símbolos, representaciones, identificaciones y desidentificaciones culturales y psicológicas. Como el antropólogo francés Claude Lévi-Strauss nos señala: "El alimento está, en su totalidad, impregnado de signos y de peligros" (Lévi-Strauss, 1985: 73). El vínculo entre el sabor y el recuerdo, entre el alimento y la cultura, está extremadamente marcado entre grupos de todo tipo, tanto minoritarios como mayoritarios.

Aquí exploramos este lazo, fuerte pero sutil, entre la comida y la identidad judía barcelonesa. Casi toda la población judía de Barcelona tiene alguna historia migratoria en su genealogía reciente. Examinaremos qué significa, para los mismos judíos de la capital catalana, expresar e incluso a veces rechazar su identidad judía a través de la comida. Dada su historia en España (con su expulsión en el año 1492 y su subsecuente ausencia y ese llevar una doble vida forzosa por miedo), la población judía española está compuesta de inmigrantes de todas partes del mundo que se han asentado o que han regresado al país. Existe, pues, una amalgama de nacionalidades y culturas que llevan consigo una diversidad enriquecedora a la cocina y a la mesa.

A partir de una investigación histórica y de un trabajo de campo antropológico basado en entrevistas semiestructuradas, observación participante y un estudio de recetas, este capítulo forma parte de un proyecto más amplio que examina y analiza la expresión y la construcción de la identidad cultural-alimentaria de la población judía de Barcelona hoy en día. En estas líneas, trataremos de entender lo que significa "la comida judía" y en qué consiste la identidad alimentaria de los judíos de Barcelona. Asimismo, prestaremos especial atención a algunas de las poblaciones judías que provienen de países latinoamericanos, como Argentina y México.

Aunque a menudo se la vea como algo monolítica y homogénea, la población judía de Barcelona es, a la vez, pequeña y enormemente variada. La componen inmigrantes provenientes de Marruecos, Turquía, Argentina, Estados Unidos, Polonia, Alemania... Este capítulo analiza cómo los hábitos alimentarios de estos grupos de procedencia tan diferente están relacionados entre sí. Se presta especial atención a la fusión culinaria y cultural (o a la inexistencia o las dificultades de esta) entre las comunidades askenazíes y sefardíes de Barcelona, a la observancia de *kashrut* (tanto colectiva como individualmente) y a la conceptualización de "la comida judía", como término cultural, aun cuando es imposible precisar exactamente qué significa tal concepto. Y es que cabe preguntarse si, para los judíos de Barcelona, hoy en día la comida judía es algo real, una invención basada en la nostalgia o una recreación de una identidad perdida. Al estudiar de cerca a esta pequeña pero variada población a través de la lente de su alimentación, surgen muchas preguntas, y más aún cuando tenemos en cuenta el hecho de que España es un país con raíces judías, aunque a menudo se haya alejado de ellas.

1. Identidad y comida

¿Quién no ha escuchado alguna vez la frase "eres lo que comes"? En el colegio, en el comedor de nuestra casa, en alguna clase de nutrición o en una publicidad alimentaria. Pero es que, además, el vínculo entre la comida y la identidad va mucho más allá del mero hecho de lo que comemos; involucra el *cómo*, el *cuándo*, el *con quién*, el *cuánto* y el *en qué contexto* comemos (Contreras, 2011). Como el renombrado sociólogo francés Claude Fischler señala: "... por lo menos, lo que comemos se convierte en nosotros mismos. El vestido y los cosméticos solo están en contacto con nuestros cuerpos; los alimentos deben traspasar la barrera oral, introducirse en nosotros y convertirse en nuestra sustancia íntima" (Fischler, 1995:11). Justamente, este estudioso francés, junto a numerosos sociólogos, antropólogos e historiadores que han escudriñado la alimentación como indicador sociocultural, propone que el acto de consumir un alimento es tanto una función biológicamente vital como un fenómeno social. Todos ellos señalan que la comida une lo nutricional, lo biológico, lo psicológico, lo social, lo tangible y lo simbólico. Lo individual y lo colectivo se funden, entrelazándose misteriosamente en el acto de llevar un trozo de pan a la boca. La comida es una herramienta para la creación de una identidad, pero una forma de expresar nuestro sentimiento de pertenencia y desarraigo. La comida como marcador sociocultural se ve tanto en los grupos mayoritarios como en los sectores marginales.

En la mayoría de las sociedades, comer es, esencialmente, una actividad social. El modo en que se preparan y se sirven los alimentos, la comida que se concibe para ser compartida, la forma en la que nunca se utilizaría... Todo ello son formas a través de las que los individuos de cada sociedad o de cada grupo particular proyectan su identidad. "Dime qué comes y te diré quién eres", afirmaba Brillat-Savarin, y después de él otros muchos. Diferentes predilecciones a la hora de preparar cierta comida, así como distintas preferencias y aversiones sobre determinados alimentos, proporcionan una identidad, no solo en el sentido de algo que expresa la pertenencia a un determinado grupo, sino también en el de prestar atención a diversas circunstancias sociales, pues la "demarcación de uno mismo se establece más rápidamente y mejor mediante las expresión o exhibición de determinados contrastes entre uno mismo y los demás" (Contreras, 1992).

2. Judíos en Barcelona

Así pues, en esta maraña de *tus, yoes, nosotros, vosotros, los otros* y *los demás*, ¿dónde tenemos cabida? ¿Y quién es el *nosotros* y quién es el *otro* para la población judía de Barcelona? Eso depende, claro está, de a quién se lo preguntes. Aunque a los judíos, vivan donde vivan, se les suela encasillar y agrupar juntos como si formaran parte de una civilización homogénea, la realidad no podría ser más distinta. Hay infinitos puntos de partida para el judaísmo, una cultura rica en distintas costumbres a la hora de considerar la religión, la comida, la literatura, el vestido, las formas de celebrar las fiestas, los cantos y oraciones, etc. Entre las diferencias que caen bajo el término paraguas *judío*, encontramos, por ejemplo, todo tipo de tendencias religiosas: la reformista, la progresista, la conservadora, la ortodoxa, la cabalista, la jasídica...

En el caso de Barcelona, hallamos un espectro amplio de grados de observancia y creencia religiosa. Hay cuatro comunidades judías oficiales en la ciudad, además de una cantidad significante de residentes judíos que optan por no afiliarse a ninguna congregación en particular. Las comunidades oficiales de Barcelona son la Comunidad Israelita de Barcelona (la CIB), la ATID Comunitat Jueva de Catalunya, la Jabad Lubavitch de Barcelona y la Bet Shalom. Se identifican como conservadora, reformista, jasídica ortodoxa y progresista, y cada una tiene una trayectoria histórica diferente.

La más antigua de todas es la Comunidad Israelita de Barcelona (CIB), una comunidad conservadora cuyos primeros escritos datan de 1918, aunque sus años de florecimiento se sitúan en la década de los treinta. Aunque no fue siempre así, actualmente a la CIB se la conoce por ser la comunidad más tradicionalmente sefardí de Barcelona. Su sinagoga tiene dos salas de rezo, una para los sefardíes y otra para los askenazíes, pero la mayoría de las actividades y comidas se llevan a cabo según las tradiciones sefardíes. La CIB también tiene su propio colegio, el Hatikva, que anteriormente era conocido como Colegio Sefardí. Está en las afueras de Barcelona, en Valldoreix.

Cuando estalló la guerra civil española, muchos judíos volvieron a sus países, huyendo de la violencia, las privaciones y el miedo y malas condiciones que acompañan a todo conflicto bélico. Aunque los judíos no sufrieron un ataque directo e intencionado contra su identidad religiosa y cultural, la doctrina totalitaria, militantemente católica y xenófoba, se cernía como una amenaza aún más aguda para grupos minoritarios de cualquier tipo. Los judíos de Barcelona, lejos de ser extraños a la clandestinidad y la persecución, en muchos casos se veían obligados a ocultar su identidad judía. En 1939, un grupo de falangistas saquearon la sinagoga de la comunidad en pleno Eixample de Barcelona. Tras esto, las actividades de la comunidad judía de Barcelona se volvieron, una vez más, clandestinas hasta el año 1946. Muchos judíos que huían de la Alemania nazi inmigraron, y eso hizo que la población judía de España en general y de Barcelona en particular, dada su proximidad geográfica con la frontera francesa, volviera a crecer. Muchos de los judíos que venían del este y del norte de Europa pasaron por los Pirineos. Un buen número de ellos hizo el camino a pie hasta llegar a la capital catalana, donde esperaban encontrar seguridad y libertad, pero sobre todo albergue y sosiego.

En su libro *Memorias judías (Barcelona 1914-1954): historia oral de la Comunidad Israelita de Barcelona*, Martine Berthelot cuenta, a través de una recopilación de entrevistas con los miembros de la comunidad, la historia multifacética de la CIB. En esta colección de historias orales, se ve un patrón interesante, que se repite a lo largo de los cuarenta años que abarca el libro. Hay un respeto mutuo entre los askenazíes y los sefardíes de Barcelona. Eso sí, también se observa que se mantiene cierta distancia sociocultural entre los dos grupos. Varias de las entrevistas de los miembros dejan ver la brecha que hay entre ellos. Se desprende, por ejemplo, de las formas de festejar y guardar las fiestas, así como del nivel socioeconómico de sus miembros. Los entrevistados señalan en varias ocasiones que los askenazíes y los sefardíes de la misma comunidad tenían dos espacios distintos para rezar y que, por lo general, vivían en puntas opuestas de la ciudad. Los askenazíes, más cultos y que vivían su religiosidad de un modo menos estricto, solían vivir en la parte alta de Barcelona; mientras los sefardíes —al menos en esa época— solían tener menos nivel de estudios, quizá menos recursos económicos, pero más tendencia a observar las fiestas y las pautas judías a rajatabla; la mayoría de ellos vivían más cerca del puerto, por la zona del Paralelo (Berthelot, 2001). Aunque las cosas han cambiado, lo que sí perdura es una interesante combinación de hermandad y distancia entre las comunidades judías de Barcelona, y entre los sefardíes y los askenazíes. Esto se puede observar en el idioma o en lo que comen.

A la CIB le sigue en antigüedad la ATID. En hebreo, la palabra *atid* significa 'futuro'. La comunidad, aunque es la segunda más antigua, nació hace relativamente poco, en 1992. Se fundó como respuesta a la demanda de muchos judíos askenazíes que llegaron a Barcelona desde los países del Cono Sur, de los años setenta en adelante. Procedían de una tradición más liberal y flexible que los judíos que ya estaban asentados en la ciudad. Aparte de buscar una comunidad menos conservadora, algunos de los fundadores y de los primeros miembros de ATID mencionaron en las entrevistas cierta sensación de rechazo, de recelo, o simplemente un choque cultural con la comunidad que encontraron al llegar a Barcelona (si bien los miembros de la CID lo niegan). Hoy en día, ATID cuenta con miembros de toda procedencia, si bien destacan los argentinos y otros latinoamericanos askenazíes. Puede que la fricción que sintieron al llegar se debiera a que la congregación de los inmigrantes askenazíes era mucho más practicante y mayormente sefardí. Esto implicaba una tradición (también en cuanto a la alimentación) muy distinta a la suya.

ATID, como comunidad reformista, promueve una filosofía basada en el aprecio por la diversidad y la igualdad entre los judíos. Conciben el judaísmo como una cultura dinámica, viva y con futuro. Se centran en la inclusión, la educación y el descubrimiento continuo de la cultura judía. Su idea es abrir las puertas a los judíos, sea cual sea su procedencia, e iluminar la población no judía de Barcelona acerca de algunas de las realidades de la cultura judía actual. La mayoría de los miembros de ATID son askenazíes argentinos, pero también hay catalanes y de otras partes de España, sirio-mexicanos, chilenos, israelíes, yemeníes, norteamericanos...

Por su parte, la comunidad ultraortodoxa y jasídica Jabad de Barcelona se fundó en el año 2000 a partir de un grupo de miembros de la CIB que buscaban una aproximación aún más tradicionalista al judaísmo. Hay más de dos mil instituciones de Jabad Lubavitch en todo el mundo, en las cuales se insiste en los principios ultraortodoxos de la *Torá*, el *Talmud* y el *Shuljan Aruj*[88]. La comunidad de Jabad es una congregación sumamente tradicionalista y

88. Uno de los libros pilares del judaísmo, un conjunto de leyes y normas judías, que escribió el cabalista medieval Yosef Karo (1565).

religiosa. No funciona como suelen hacerlo otras comunidades judías. Cuenta con un gran número de participantes, aunque los miembros regulares de la comunidad son relativamente pocos. A diferencia de las otras comunidades, que cuentan con un grupo de miembros más fijos y regulares, Jabad abre su puerta a cientos de personas para fiestas como el Pésaj, e incluso en sus ceremonias del sabbat. Muchos judíos turistas o que están de paso por la ciudad asisten a sus actividades y servicios. Aun así, claro está, la congregación también cuenta con sus miembros regulares, que practican un judaísmo basado en el tradicionalismo y las filosofías ortodoxas y jasídicas.

Finalmente, en el año 2006 se fundó la cuarta comunidad judía de Barcelona: la comunidad progresista de Bet Shalom. Es muy pequeña y sus fundadores son, sobre todo, antiguos miembros de ATID que perseguían un ambiente más flexible y dinámico. Además, según su actual director, se buscaba un lugar más abierto a judíos de habla catalana[89]. Aparte de judíos de inmigrantes de "segunda generación", entre sus miembros también hay una población importante de judíos de procedencia italiana o norteamericana, así como personas que se han convertido al judaísmo. De hecho, su director imparte clases sobre judaísmo a los que se están preparando para la conversión. Bet Shalom es una comunidad progresista, cuya principal idea es la de destacar la vivacidad del judaísmo no solo como una religión, sino también en cuanto "civilización[90]".

Aunque no haya demasiada interacción entre estas cuatro comunidades en el día a día, tampoco se puede decir que sean islas separadas en el mar de la cultura no judía de la ciudad. Hay miembros de ATID que acuden a eventos de la CIB, y viceversa; hay

89. Entrevista, 15-052013-CG, hombre, catalán askenazí, 50 años, Barcelona.
90. Entrevista, 15-052013-CG, hombre, catalán askenazí, 50 años, Barcelona.

niños de familias de ATID que van al colegio Hatikva, que está vinculado a la Comunidad Israelita de Barcelona; asimismo, hay miembros de la CIB que, después de servir años en los comités de esta comunidad, deciden dejarlo por la Jabad, por ejemplo.

De hecho, unas cuantas veces al año, en momentos puntuales o en festivos particularmente importantes, las cuatro comunidades colaboran entre sí para montar eventos, como la feria y el día de juegos al aire libre que se llevó a cabo este año para la fiesta de Yom Ha'atzmaut (el Día de la Independencia de Israel). Y cabe apuntar que estos eventos mixtos, por así llamarlos, suelen celebrarse en torno a una comida, ya sea de carácter especial y festivo, ya sea un mero pica-pica. Las comunidades cuentan con filosofías bastante dispares, pero la interacción de gente e ideas es fluida.

3. Identidades judías en la cocina

Comunidades aparte, está claro que una de las divisiones culturales más importantes entre la población judía de Barcelona (o, en realidad, de cualquier ciudad del mundo) es la que hay entre los askenazíes y los sefardíes. La población judía de Barcelona es muy diversa en cuanto a nacionalidad y cultura, pero los marcadores culturales más fuertes continúan siendo los askenazíes y los sefardíes. La oleada askenazí argentina llegó a España en los años setenta, huyendo de los regímenes dictatoriales que arrasaron no solo su país, sino todo el Cono Sur durante la segunda parte del siglo XX. Por su parte, los sefardíes marroquíes salieron de su país en grandes oleadas. Muchos de ellos se asentaron en Madrid, unas décadas antes que los argentinos, primero cuando Marruecos conquistó su independencia de Francia y España, en 1956, y luego, después de la guerra de los Seis Días en Israel, en 1967 (Berthelot, 2001 y Martínez-Ariño, 2012).

Tales identidades híbridas de argentinos con tradiciones del este de Europa y de marroquíes con tradiciones españolas y del Medio Oriente se dejan ver especialmente en la cocina. Así que, con tanta diversidad entre las culturas alimentarias de los judíos de Barcelona, ¿cómo podemos definir qué es la comida judía, al menos en Barcelona? A través de entrevistas, observaciones y estudio de algunas fiestas y eventos judíos surgieron ciertos patrones comunes.

Según los resultados del proyecto, podríamos hablar de cuatro categorías: los que asocian la comida judía principalmente con el cumplimiento del *kashrut*[91]; los que creen que el concepto de la comida judía está limitada a las tradiciones alimentarias del calendario festivo; los que creen que la comida judía no existe, y los que la relacionan solo, o al menos en gran parte, con sus propias tradiciones familiares y con un impulso nostálgico por recuperar su identidad y mantenerse ligados a su pasado.

De hecho, la conexión entre la comida judía y la familia es uno de los pocos temas que se muestran como factores comunes entre todas las edades, observancias religiosas y afiliaciones a la congregación. Para casi todos los entrevistados, el común denominador a la hora de definir la "comida judía" fueron los bonitos recuerdos de las reuniones familiares, que suelen asociarse con alguna fiesta judía como el sabbat semanal, el Rosh ha'Shanah, o los *seders* de Pésaj[92]. Dicho esto, mucha gente identificó los platos servidos en

91. El conjunto de leyes y pautas judías que indica cuáles son los productos lícitos e ilícitos para los judíos practicantes. Se establecen las leyes de kashrut en la Torá y el Talmud y otros textos religiosos.

92. Sabbat es el día de descanso de la semana judía. Se celebra desde el viernes por la noche hasta el sábado por la noche. Rosh ha'Shanah es el año nuevo judío, que se celebra en otoño. El Pésaj es la Pascua judía, una de las fiestas más populares y emblemáticas del

estas reuniones como judíos, aunque, en realidad, las celebraciones y las comidas no tuvieran connotación religiosa alguna. Por ejemplo, una señora uruguaya, pero que se define más bien como "ciudadana del mundo" por los muchos lugares donde ha vivido, nos explica que para ella

> "es verdad que hay cocina judía desde hace muchos años. Pero las migraciones siguen; por todo eso, al final, sería un poco anacrónico que solo nos paremos en el *gefilte fish* y en el *cholent*[93], ¿no? Lo que quiero decir es que para mí son tan judíos los espaguetis que come una familia judía cuando se reúne en torno a una mesa y charla de sus cosas."
>
> Entrevista 11-052013-CG, mujer, uruguaya askenazí, 45 años, Barcelona

Pero ¿tiene sentido reducir la comida judía a eso? Aunque es cierto que cualquier plato nacional o emblemático de una cultura suele estar basado más en un imaginario construido que en una realidad que brota natural y espontáneamente de la cuna de una sociedad (Hubert, 2000), todavía parece algo simplista y subjetivo sugerir que la comida judía podría ser cualquier cosa que unos judíos comparten en una mesa con otros judíos. El comentario de esta uruguaya, junto a los de otros entrevistados, implica que, en sí, la comida judía no existe, sino que lo que determina su esencia es simplemente el ambiente en el que se coma.

judaísmo tanto para los religiosos como para los más laicos. Durante los ocho días que dura, se conmemora el éxodo del pueblo de Israel de su esclavitud en Egipto. Se celebran dos cenas especiales, llamadas seders ("orden" en hebreo), las cuales siguen un orden específico y en las que se consumen varios alimentos y platos representativos. Durante esta fiesta no se puede comer ningún producto que lleve levaduras.

93. Dos comidas típicas judías de la tradición askenazí. El gefilte fish son albóndigas de pescado; el cholent es un estofado de larga cocción preparado a base de carne, legumbre y cereales, como el trigo o la cebada. Es un plato típico del sabbat.

Esta definición parece ser, por un lado, crudamente sincera y, por otro, un tanto descreída. Las respuestas de muchos de los judíos barceloneses entrevistados nos demuestran que la línea divisoria entre el "nosotros" y el "otro", al menos en el campo alimentario, la dibujamos con nuestras tradiciones y costumbres familiares, y no tanto a partir de nuestra nacionalidad, cultura, religión o "raza". En realidad, gran parte de nuestro concepto sobre quiénes somos (y quiénes no somos) procede justamente de la infancia y, en este caso, de la comida y la manera de comer (ese comer juntos alrededor de una mesa) que se nos presenta cuando somos niños. Si es verdad lo que una vez dijo el poeta Rainer Maria Rilke de que "la verdadera patria de un hombre es su infancia", y tomamos en cuenta lo que Fischler nos dice sobre la formación del gusto a través de la cultura en la cual cada uno crece (Fischler, 1995), es innegable que existe un vínculo entre lo que se come en familia y la identidad cultural de un individuo.

Claro está que esta definición bastante abierta y un tanto difusa de la comida judía no es algo que compartan todos los judíos de Barcelona. No debe sorprender demasiado, pero los que están en contra de esta postura son más numerosos entre el sector religioso. Otro entrevistado, un señor askenazí, nacido en Cataluña y cuyos padres habían emigrado de Polonia a principios del siglo XX, nos habló de una distinción muy interesante entre "comida judía" y "la comida de judíos". Este entrevistado, que antiguamente fue parte activa de la CIB y que hoy es miembro de Jabad, afirma que para él la comida judía no existe fuera del ámbito de las fiestas judías. Sus ejemplos de platos con una particularidad judía eran cosas como el *hamantaschen*[94] para Purim, *kneidalach* y *charoset*[95] pa-

94. "Hamantaschen" (yidis) o "oznei haman" (hebreo) son unas galletas de forma triangular y rellenas de mermelada de fruta, pasta de ciruelas pasas o pasta de amapola. Se consumen

ra Pésaj, o el cuscús dulce particular al *Rosh ha'Shanah*[96] marroquí que su mujer, nacida en Melilla, prepara cada año para celebrar el nuevo año judío:

> "Para mí, hay una diferencia entre comida de judíos y comida judía. En mi opinión, la comida judía es la que te remite a momentos judíos. A mi entender, el gnocchi, que es la comida de todos los judíos de la comunidad de argentina..., pues es eso: gnocchi. O, sin ir más lejos, el *kreplach*[97] es el *kreplach*. No me remite a nada 'judío'. Por ejemplo, hay una comida que hacía mi madre..., cómo se llama..., las empanadas de pasta con patatas hervidas y cebolla refrita y hervida. ¡Los *pierogi*! Y luego se tomaban con yogur. Es una comida..., no para *Shavuot*[98], no. Es para todo el año. Eso era una comida de judíos del centro de Europa, pero para mí no es una comida judía, porque no me remite a ninguna fiesta. Me recuerda, yo qué sé, al miércoles 27 de enero. Es una comida de judíos, pero no es una comida judía. Los judíos del centro de Europa la comían, y, en Israel, los judíos askenazíes la comen. El *gefilte fish*[99] es otra cosa, porque es para el sábado o para las fiestas, y te remite a algo propiamente judío. Esa es la diferencia. La comida judía y la comida de judíos... Es como con la literatura judía. Un libro de Bashevis Singer es literatura judía porque habla de historias de judíos. Pero un libro de...,

en la fiesta de Purim, fiesta de disfraces que conmemora la salvación de los judíos bajo el mandato del rey persa Asuero (alrededor del año 450 a. C.).

95. Una pasta dulce, hecha a base de manzanas o dátiles, canela, nueces, nuez moscada y pasas o dátiles, dependiendo de la tradición sefardí o askenazí.

96. Esta expresión, en hebreo significa "cabeza del año". Es el año nuevo judío, celebrado en los meses de otoño, normalmente en septiembre (dependiendo del calendario judío).

97. Bola de masa hervida llena de carne picada o de puré de patatas; suele servirse en un caldo. El nombre viene del yidis. Es una comida típica askenazí, servida en el día a día, pero también en las fiestas de Purim, Rosh ha'Shanah, para romper el ayuno de Yom Kippur, y más.

98. La fiesta judía en que se conmemora la entrega de la Torá a Moisés y al pueblo judío en el monte Sinaí. También se celebra la fiesta agrícola del comienzo de la primavera. Se suelen tomar productos lácteos y platos y postres elaborados con quesos, leche y crema.

99. Albóndigas de pescado muy típicas de la tradición culinaria de los askenazíes, tanto que se ha convertido en el plato emblemático askenazí. Se comen sobre todo en la fiesta de Pésaj y, a veces, para el sabbat.

yo que sé, de Pasternak, pues no es literatura judía. Es un judío que escribe. Pues pasa lo mismo con la comida."

Entrevista, 08-042013-CG, hombre, catalán-polaco askenazí, 60 años, Barcelona

Otro entrevistado[100], jasídico ultraortodoxo, nativo de Buenos Aires, residente en Barcelona, miembro de Jabad, y *mashgiaj kashrut* para uno de los restaurantes kosher de Barcelona, también duda de la existencia de una sola comida judía, aunque no dé una única identidad alimentaria judía. Para él, la comida judía consiste en los "alimentos que se utilizan para recordar los distintos pasos del judaísmo". Argumenta que ya que los judíos han vivido en tantos lugares del mundo, siempre adaptando hábitos de la alimentación de su entorno, pues solo la comida que está directamente vinculada a momentos de la historia y la tradición judía religiosa puede considerarse como "comida judía". Es decir, tiene que ver con la Torá y los otros escritos sagrados. Para él, el mejor ejemplo de una comida judía es la *matza*[101], pues es un alimento que va más allá de su esencia material. Considera que la comida judía tiene sus raíces en el hecho de "cambiar, modificar algo material para que sea algo espiritual..., algo que tiene divinidad".

Así vemos que los judíos observantes de Barcelona tienen una conceptualización más estrecha de lo que es la comida judía, mientras los más progresistas (en lo religioso) se aferran a sus tradiciones familiares –y quizás a su nostalgia por cierta colectividad judía– a través de una visión ampliada de la identidad alimentaria. La experiencia sensorial de cocinar y comer suele convertirse en un canal en el cual encuentran su paraíso perdido, donde hallan

100. Entrevista, 18-052013-CG, argentino askenazí, 33 años, Barcelona.
101. Pan ácimo consumido durante la fiesta judía de Pésaj.

una melancolía que persigue a muchos judíos, practicantes o no, para toda su vida, y que, a menudo, se transforma en un impulso por recordar, reclamar y, finalmente, recrear su pasado. La comida ata a muchos judíos con su identidad.

El debate sobre qué es exactamente la comida judía, y acerca de hasta qué punto existe, se muestra con claridad en la discusión sobre el tema de los platos festivos. Los judíos barceloneses más conservadores y ortodoxos promueven la idea de que las comidas especiales para las fiestas judías, como los *hamantashen*, *matzá*, *latkes* y *sufgoniyot*[102], deberían tomarse solo en el día de la fiesta a la que corresponden. Otros judíos barceloneses, más progresistas en su interpretación de su identidad judía, mantienen que, aunque no sea tradicionalmente "correcto" comer un *hamantaschen* en cualquier época del año, si un judío quiere honrar su propio judaísmo así, comiendo la judía cuando "no toca", pues que así sea.

Por su parte, la población más practicante sostiene que, al comer estos alimentos especiales fuera de la fiesta asignada, estamos diluyendo el significado religioso y disminuyendo su peso sociocultural. Los judíos del sector progresista suelen argumentar que comer tales platos durante todo el año hace todo lo contrario: respalda y fortalece la cultura judía entre los que, de otra manera, puede que la abandonaran del todo. Según los judíos más reformistas y progresistas de Barcelona, la conceptualización de la comida judía también está estrechamente vinculada al proceso de diferenciar entre el "nosotros" y el "otro".

102. Los *latkes*, unas tortitas de patata, son una comida típica de tradición askenazí. Aunque son muy variados, la receta base consiste en patatas ralladas, huevo, poca cantidad de harina, cebolla, pimienta y sal. La mezcla viene frita en forma de tortita. En la fiesta de Janucá se come con compota de manzanas. Los *sufganiyot*, plural en hebreo para *sufganiyá*, son unos bollos rellenos de mermelada de fruta, típicamente de frambuesa o fresa, comidos en la fiesta de Janucá.

Este uso de la comida como indicador de pertenencia cultural, de la comida como el lápiz que dibuja la frontera entre este nosotros y el otro, aparece en varias de las entrevistas:

> "Comemos de manera semejante a la de nuestros compatriotas y vecinos, pero no del todo igual. Casi, pero no del todo."
>
> Entrevista, 17-052013-CG, argentina askenazí, 37 años, Barcelona

De más está decir que muchas de las diferencias entre las formas judías y no judías de comer en un grupo de vecinos se basan en las prácticas de *kashrut*.

El *kashrut* juega, sin duda, un papel clave en la identidad alimentaria judía. Pero dejando a un lado por un momento su peso religioso en sí, cabe destacar que muchos de los entrevistados –religiosos y laicos– expresaron la importancia que tiene para ellos en la creación y la preservación de una memoria colectiva. Esta idea de la comida judía como vínculo entre la memoria, la nostalgia y el deseo individual de mantener, reclamar e incluso recrear costumbres familiares se manifiesta como patrón persistente entre los judíos de Barcelona, independientemente del grado de religiosidad del entrevistado. Como veremos, suele estar plasmada, o bien en el cumplimiento del *kashrut*, o bien en la adherencia a sus vestigios en las recetas familiares.

Las diferencias en las formas de cocción, el uso de ingredientes y utensilios de la cocina que se basan en el *kashrut* se mantienen vivas incluso en las familias que no cumplen con él. A menudo, son estas las que marcan la línea entre el "nosotros" y "nuestros vecinos". Es decir, que aunque una familia no siga activamente las pautas del *kashrut*, sus normas (como la de no mezclar lácteos y cárnicos, o no usar carne de cerdo en la cocina) están tan enraizadas en las recetas judías que su antigua aplicación sigue llevándose a cabo en las recetas de familias seculares. Por lo tanto, el *kashrut* sigue jugando un papel importante en la identidad alimentaria de los judíos que lo cumplan. Y, aparte de los motivos religiosos, sigue en el escenario de la alimentación judía.

Tomemos el ejemplo de Mónica, una joven mexicana con orígenes sirios. Ella señala que la comida con la que creció era específicamente judía, en gran parte porque era diferente a la de sus vecinos, tanto los mexicanos como los sirios. No comía los platos mexicanos que llevaban cerdo, o los comía con otra carne o sucedáneo. Además, indica que una de las diferencias principales entre la comida siria judía y otros tipos de comida siria es justamente que en la comida siria judía no se mezclan ciertas comidas en el mismo plato, como hacen otros sirios, en particular respecto a los productos lácteos y la carne. Mónica nos cuenta que los sirios suelen acompañar los *kipeh*, una suerte de croqueta de carne picada, a menudo rebozada en bulgur o trigo, con una salsa de yogur. Sin embargo, tal mezcla nunca se veía en las mesas de su casa, ya que el *kashrut* lo prohíbe. Por lo tanto, su familia solía acompañar los *kipeh* con tahina (hecha con la crema de las semillas de sésamo), guacamole o alguna salsa picante típica de México. De ahí nació una forma nueva y distinta de comer, una que Mónica sigue cumpliendo hoy en día, aunque no observa las pautas del *kashrut*.

Este último caso nos puede recordar que, cuando hablamos de los judíos "inmigrantes" de Barcelona, nos referimos a una población que lleva consigo una historia migrante de múltiples capas. Casi cada judío barcelonés inmigrante que ha sido entrevistado tiene una historia no solo de su propia inmigración o de la de sus padres, sino también de sus abuelos y bisabuelos, y, en definitiva, de la del pueblo judío en general.

4. Migraciones judías latinoamericanas en Barcelona

El judío es un pueblo errante, en proceso de migración constante, un sin parar de movimiento, adaptación y readaptación. Este estado de migración eterna es algo que los judíos han asimilado en su identidad; algo que a ellos no les sorprende ni les extraña. En los casos de los judíos latinoamericanos en Barcelona, se puede ver este hojaldre de historias migratorias claramente.

Como ya se ha dicho, una de las poblaciones judías más importantes de la ciudad condal procede de Argentina. Sin embargo, también hay mexicanos, venezolanos, ecuatorianos, uruguayos, paraguayos, peruanos, chilenos... Y todos llegan a Barcelona con una identidad que se compone de una combinación de otras procedencias y culturas, quizás del este de Europa, del resto de España, del Medio Oriente o de los Balcanes. Y para analizar la identidad alimentaria de estas poblaciones latinoamericanas en Cataluña, se debe acudir a la historia de las migraciones anteriores.

Los judíos latinoamericanos de Barcelona no solo llevan consigo los sabores de sus países natales del sur de América, sino también los ingredientes, las hierbas y las especias, las papillas y los paladares de sus abuelos y bisabuelos. El historiador Jordi Tresserras, especialista en el patrimonio gastronómico sefardí y en el turismo cultural en Iberoamérica, nos explica que "según los datos del Congreso Judío Latinoamericano, los países con mayor comunidad judía son Argentina, México, Brasil y Uruguay, seguidos, en menor medida, de España, Panamá, y Venezuela... Las comunidades sefardíes suponen entre un diez y un quince por ciento en el ámbito iberoamericano" (Tresserras, 2008: 200). Tal afirmación parece dar por sentado que el resto de la población judía del ámbito iberoamericano es de tradición askenazí, pero también hemos de tener en cuenta a la población siria-judía; la mayor parte de sus miembros se asientan en Nueva York y en Ciudad de México D.F., aunque también hay muchos que viven en Centroamérica e Israel. A menudo, se tienden a clasificar estos sirios-judíos como sefardíes, cuando en realidad muchos de ellos nunca pasaron por la Sefarad y son más bien judíos *mizrajim*[103].

Aparte de un caso mexicano sirio-judío, también hemos de dirigir la mirada hacia la identidad alimentaria de algunos de los argentinos askenazíes que se han asentado en Barcelona. Todos los argentinos entrevistados son de origen askenazí, es decir, que proceden de países del este de Europa, la mayoría de ellos de regiones que antiguamente formaron parte de la Unión Soviética. Al ser así, los argentinos judíos que viven hoy en día en Barcelona tienden a identificarse con una alimentación tradicionalmente argentina basada en mucha carne, los asados tradicionales de Argentina, las empanadas, los platos con toques italianos, como la milanesa, etc. En cambio, cuando hablaban de la comida judía, se referían a platos del este de Europa, y no solo a los típicos asociados con el calendario festivo, como los *hamantaschen*, *kneidalach*, *krein*, *charoset*, *leikaj*[104], etc., sino también a comidas que no tienen nada que ver con las fiestas judías. Por ejemplo, algunos hablaron del *pastrami*, de los *bagels*, los *perogi*, panes de centeno con alcaravea, el uso tan extendido de la sal, la pimienta y, a veces, eneldo, caldos de pollo, arenque, salmón ahumado, etc. Para muchos de los entrevistados, estos platos no son en sí judíos, pero, aun así, su incorporación

103. Los judíos mizrajíes, a menudo erróneamente tenidos como sefardíes, son los judíos que vienen de los países del Medio Oriente.

104. Los *kneidalaj* son las bolitas de *matzá* que se comen en un caldo de verduras o de pollo. Es el plato típico askenazí de Pésaj, que se ha extendido hasta incluirse en el menú de otras fechas. El *krein* es una pasta de remolacha triturada, rábano picante y vinagre, que se come untada sobre la *matzá* en la fiesta de Pésaj. El *leikaj* es un bizcocho de miel, receta askenazí. Se come tradicionalmente en el Rosh ha'Shaná.

a la dieta de judíos askenazíes que ya no siguen y que en muchos casos nunca han seguido, es lo que los hace ser judíos. Que los judíos del este hayan traído estas comidas con ellos a sus nuevos hogares y las hayan preservado junto a sus tradiciones judías askenazíes, es lo que, en opinión de muchos de ellos, las convierte en comidas judías.

Cuando un inmigrante llega a su nuevo hogar en otro país, tiende a intentar mantener sus hábitos alimentarios. Se ha demostrado que la comida es una de las últimas cosas que los inmigrantes y sus sucesivas generaciones abandonan. Suelen mantener las costumbres alimentarias más tiempo que la lengua de su tierra natal (Contreras, 2011). No obstante, los inmigrantes siempre se ven obligados a adaptar sus recetas tradicionales al nuevo contexto geográfico y cultural en el que se encuentran. Aun con el *boom* de tiendas de productos extranjeros y la globalización de la comida, los productos que uno tiene a mano en Argentina o México nunca serán los mismos que los que puede encontrar en un mercado de Barcelona. Y cuando un producto que nos recuerda a casa está al alcance de nuestras manos, su precio no es siempre accesible. De ahí surgen las adaptaciones e híbridos de recetas. En el caso de la comida askenazí de Argentina en España, se puede ver el interesante proceso del cambio de los ingredientes y, por lo tanto, de las recetas. Tomemos como ejemplo la de *leikaj* de una mujer argentina askenazí que lleva unos veinte años en Barcelona. Nos explica que, según la receta original de sus abuelas polacas, había que poner almendras. Sin embargo, cuando ella vivía en Buenos Aires, siempre utilizaba nueces (resultaban más económicas, pues las almendras son menos comunes y mucho más caras en Buenos Aires). En cambio, cuando ella llegó a Barcelona, se alegró al ver que podría volver a la receta "auténtica" de sus antepasados, ya que en España las almendras son menos caras. El mismo plato puede pasar por varias etapas de cambios y ajustes impulsados por las distintas olas migratorias que componen una sola historia familiar. Dentro de la infinita historia migratoria, vemos que, con el paso del tiempo, una única receta "tradicional" puede cambiar varias veces e incluso volver a su esencia original. Sin embargo, en ocasiones, cambia y nunca da marcha atrás.

La creación de nuevos paradigmas gastronómicos cuyo origen es la migración también se ve claramente en el caso de Mónica, la mexicana siria-judía que nos habló de su particular mezcla de comida siria-mexicana. Su historia es especial por la dedicación y la pasión con la que se ha volcado en el ámbito cultural-gastronómico. Sin embargo, no es algo único que sus experiencias alimentarias procedan de toda una cultura rica en mezclas, debida a esa constante migración del pueblo judío.

Mónica ha llevado la tradición de mezclar la comida siria de sus ancestros con la comida mexicana de su tierra natal a la comunidad de Barcelona. Ha abierto la puerta de su cultura alimentaria (que le resulta inseparable de su identidad alimentaria) a la gente de Barcelona y a sus turistas. Lo hace con su propia organización, *Sahtén a la Mexicana*, y con EatWith[105]. *Sahtén a la Mexicana* nació en febrero del 2013, en Barcelona, como fruto de la pasión de Mónica por la comida y la manera de comer. Ella misma explica que: "se trata de una combinación única, fruto de las migraciones de principios siglo XX entre el viejo y el nuevo continente: la fusión entre la cocina judeo-damasqueña y la mexicana. Esta combinación, acaecida en suelo mexicano, tuvo como precursoras a

105. "Comunidad global de *food-lovers*", originalmente fundada en Israel y que ahora se ha extendido por varios países europeos. A través de ella, cocineros *amateurs* y aficionados a la cocina en general pueden ofrecer sus platos a clientes en su propia casa. Esto establece una nueva alternativa a los restaurantes, así como una manera distinta de viajar y descubrir la cultura de los locales a través de la comida.

las abuelas, madres e hijas judías oriundas de Damasco" (*Sahtén a la Mexicana*, 2013).

Mónica trabaja como cocinera en estos dos proyectos. Ha montado un restaurante de comida judeo-damasqueña y mexicana, en casa, con su pareja española, y también hace de cocinera a domicilio. Lleva su mezcla cultural y culinaria a las mesas de los gastronómicamente curiosos de Barcelona. Aparte de algunos de los restaurantes kosher de la ciudad condal, que mezclan culturas culinarias sefardíes e israelíes con tendencias gastronómicas españolas, la iniciativa de Mónica es uno de los pocos ejemplos de la fusión de la cultura gastronómica barcelonesa y la cultura culinaria de los judíos. Aunque quizá no todos se den cuenta cuando comen en casa de Mónica, están saboreando la "mezcla identitaria", que es lo que muchos judíos destacan de su cultura. Cuando le preguntaron de qué modo su identidad judía estaba en todo este proyecto, Mónica explica que: "Mi vida judía siempre ha estado permeada por la comida y por el hecho de sentarse alrededor de una mesa. Compartir alimentos siempre ha sido un acto social donde tenemos la oportunidad de conocernos mejor, de intimar... ¿Por qué viene eso del judaísmo? Porque, para mí, mi identidad judía radica en mi familia, y comer o sentarse a una mesa comenzó en familia" (Buzali, 2014).

Para muchos de los judíos latinoamericanos entrevistados, y en particular para los menos practicantes, la identidad judía alimentaria no tiene que ver exclusivamente con el papel actual del judaísmo, sino con cómo crecieron. Volvemos otra vez a la familia. La asociación entre esta y el judaísmo resulta un vínculo clave y casi indestructible. Quizá sea porque cuando uno crece con el concepto de que el hogar no tiene que ver con un lugar físico, que la casa no es la construcción en la que vives, sino la sensación y la identidad que habita dentro de uno mismo, se aprende que es imposible dejar tu casa atrás, que la llevas dentro de ti vayas donde vayas. Tal vez los judíos, como un pueblo de diáspora, sienten más intensamente este concepto de la casa que llevas contigo. ¿Y qué mejor manera de hacerlo que con los sabores y aromas de su cocina? Como Fischler comenta: "los hombres marcan su pertinencia a una cultura o a un grupo cualquiera por la afirmación de su especificidad alimentaria o, lo que es lo mismo, por la definición de su alteridad, de la diferencia frente a los otros" (Fischler, 1995: 68). En el caso de no pocos judíos, el uso de la comida como marcador cultural de quién eres y cuál es tu casa es aún mayor, porque sienten una identificación más fuerte con una cultura y menos con una nacionalidad o con la tierra donde viven.

Así que, al fin y al cabo, ¿qué hacemos con toda esta discusión de lo que es, lo que no es, lo que puede ser, lo que un día fue y lo que un día será la comida judía, con lo que es y no es su identidad?

Una característica importante del judaísmo es el constante e infinito análisis, ya sea de un texto, de una situación, del uso de la palabra, de la comida, etc. Quizás el mismo debate sobre lo que es la identidad alimentaria judía, la búsqueda de respuestas, de alguna solidez en el espejismo de la identidad..., tal vez esa búsqueda sea precisamente lo que constituye en sí la identidad alimentaria judía; una identidad más que nada simbólica. La búsqueda de una identidad se convierte en la identidad en sí. La identidad alimentaria judía de Barcelona se basa en esta búsqueda y en el apego a ciertos platos específicos y comidas que, tal vez, representen un "judaísmo alimentario".

La escritora e historiadora Maria Balinska, especialista en la historia de los bagels[106], escribe que: "se trata de volver a la forma

106. El bagel es un pan típico de la cultura judía del este de Europa. Se caracteriza por su forma redonda anillada con un agujero en medio. Se hierve antes de hornearlo, lo cual le da su corteza dura y lisa, así como su miga blanda y densa.

del bagel y las capas de significado que se pueden encontrar en el círculo hueco, sin principio ni fin, y en el agujero que, como reflexionó el poeta yiddish, convierte en íntimos tanto el vacío como la eternidad" (Balinska, 2008: 194). El vacío, que es el agujero en medio del *bagel*, forma parte irrevocable de su esencia, es, en gran parte, lo que lo define. El pueblo judío, como muchos otros pueblos de diáspora y que están acostumbrados a emigrar, tiene en su esencia una suerte de vacío, una perfectamente redondeada y completa falta de principio y fin. Se puede decir que hay un vacío en donde otros pueblos hallan la tierra y las fronteras como indicadores culturales. La imposibilidad de definir la identidad alimentaria judía en Barcelona como algo fijo y a la vez la rotundidad perfecta de la búsqueda interminable e infinita de esta definición es exactamente lo que la define.

Los judíos de Barcelona (los religiosos y no religiosos, los practicantes y no practicantes, los askenazíes, los sefardíes, los argentinos, los rusos, los turcos, los uruguayos, los norteamericanos, los israelíes, los sirios, los mexicanos, los venezolanos, los griegos, los italianos, los jóvenes, los mayores, los de la derecha, los de la izquierda, las mujeres y los hombres) tienen mucho en común, pero también chocan con sus diferencias culturales. Sin embargo, un aspecto que los une es que su identidad alimentaria está más vinculada a la búsqueda que se realiza a través de la comida que a la misma comida que toman. Es una búsqueda que pretende encontrar cierta identificación y una sensación de pertenencia, una memoria colectiva y la preservación de su propio judaísmo (sea como sea su interpretación). La búsqueda interminable se convierte en el mismo objeto buscado. La falta de una identidad única y unida se convierte en esa misma identidad. No es que la identidad alimentaria judía no exista, sino todo el contrario. La "nada" que yace en el centro de esta identidad es, en sí, un "todo".

Hoy en día, en Barcelona, la identidad judía desde un punto de vista de los alimentos no es una sola cosa, sino una mezcla que proviene de la interacción histórica y contemporánea de un sinfín de migraciones múltiples, de una nostalgia insaciable, de una diversidad expansiva y todavía en crecimiento. La cultura judía alimentaria adapta otras comidas que no son precisamente "suyas" mezcladas con los platos específicamente judíos en el sentido religioso; da cabida a una comida que parece ser un simple híbrido de varias comidas del mundo, pero que tiene en su centro la preservación de una memoria colectiva judía: el *kipeh* con guacamole, el *gefilte fish* con rábano picante y los *sufgoniyot* de Nocilla no son simplemente mestizajes alimentarios, sino comidas que encarnan la diversidad y la nostalgia de la identidad judía en Barcelona.

Bibliografía

Armengol, M. (2013). "Jueus a Catalunya: des de la seva presència mil·lenària a la conversió forçada". *Sàpiens* (abril, pág. 24-36).

Bahloul, J. (2012). "Post-Colonial Taste Among Contemporary French Immigrants: Sephardic Westernized Palates in the Late 20th Century." University of Indiana, Centre for Diaspora and Transnational Studies, University of Toronto. *Foodways: Diasporic Diners, Transnational Tables, and Culinary Connections*. Toronto.

Balinska, M. (2008). *The Bagel: The Surprising History of a Modest Bread* New Haven: Yale University Press.

Barnaí, J. (1993). "La comunidad judía de Salónica (1430-1943)". En: H. Méchoulan (ed.). *Los judíos de España* (pág. 390-393). Madrid: Editorial Trotta.

Behar, R. (2004). "While Waiting for the Ferry to Cuba: Adio Kerida and the Goodbye That Isn't a Farewell". En: F. Markowitz; A. H. Stefansson (ed.). *Homecomings: Unsettling Paths of Return* (pág. 199-210). Nueva York: Lexington Books.

Bergeaud-Blackler, F. (2007). "New Challanges for Islamic Ritual Slaughter: A European Perspective". *Journal of Ethnic and Migration Studies* (agosto, vol. 33, núm. 6, pág. 965-980).

Berthelot, M. (2001). *Memorías judías (Barcelona 1914-1954). Historia oral de la Comunidad Israelita de Barcelona.* Barcelona: Riopiedras Ediciones.

Buzali, M. Sahtén a la mexicana.

Caro Baroja, J. (1961). *Los judíos en la España moderna y contemporánea* (tomo III, parte V). Madrid: Ediciones Arion.

Chomski, D. (2009). *Cocina judía para celebrar la vida: Comidas de fiesta según la Cabalá y la tradición.* Gijón: Ediciones Trea.

Cohen, R. (2003). *Los placeres de mi cocina judía en la tradición sefardí.* Barcelona: Parsifal Ediciones.

Contreras, J. (1992). "Alimentación y cultura: reflexiones desde la antropología". Santiago de Chile: Universidad de Chile. *Revista Chilena de la Antropología* (núm. 11, pág. 95-111).

Contreras, J. (2007). "Alimentación y religión". Observatorio de la alimentación. Parque científico de Barcelona, Universidad de Barcelona. *HUMANITAS, Humanidades médicas.* (Tema del mes on-line, junio, 2007, núm. 7, pág. 1-22).

Crenn, C.; Hassoun, J.-P.; Medina, F. X. (2013). "Introduction: Repenser et réimaginer l'acte alimentaire en situations de migration". (Dosier): Migrations, practiques alimentaires et rapports sociaux. *Anthropology of Food* (núm. 7, diciembre 2010).

Delgado, M. (1999). *Anonimat i ciutadania Dret a la indiferència en contextos urbans. Revista catalana de sociología* (núm. 10, diciembre, pág. 9-22). Barcelona: Associació Catalana de Sociologia.

Delicias Kosher Restaurant

Derrida, J. (2008). *"Differance", The Routledge Critical and Cultural Theory Reader.* (pág. 126-148). N. Badmington; J. Thomas (ed.). Londres: Routledge Taylor & Francis Group.

Douglas, M. (1966). *Purity and Danger: An Analysis of Concepts of Pollution and Taboo.* Nueva York: Routledge and Kegan Paul Ltd.

Elazar, D. J. (s/d). "Can Sephardic Judaism be Reconstructed?". *Jerusalem Center for Public Affairs.*

Farkas, N. Z. (dic., 2011). "Without Flour There Is No Torah". *The Jew and the Carrot.*

Faure, L. (dic., 2010). "Sens et enjeux d'un interdit alimentaire dans le judaisme: L'exemple de couples juifs ashkénazes à Londres". Migrations, pratiques alimentaires et rapports sociaux. *Anthropology of Food* (núm. 7). Disponible en:. Acceso el 20 de enero del 2013.

Fernandez-Martorell, M. (1984). *Estudio antropológico. Una comunidad judía.* Barcelona: Mitre.

Fernández-Martorell, M. (1998). "Usos del comer." *Confluencias* (vol. 2, ním. 1., pág. 41-44).

Fischer, J. (2009). "Halal, Haram, or What? Creating Muslim Space in London.". En: J. Pink (ed.). *Muslim Societies in the Age of Mass Consumption: Politics, Culture and Identity between the Local and the Global* (pág. 3-22). Newcastle: Cambridge Scholars Press.

Fischler, C. (1995). *El (h)omnívoro: El gusto, la cocina y el cuerpo* (trad. Mario Merino). Barcelona: Anagrama.

Gur, J. (2007). *The Book of New Israeli Food: A Culinary Journey.* Israel: Al Haschulchan Gastronomic Media, Ltd.

Harris, M. (1985). *Bueno para comer* (trad. Joaquín Calvo Basarán y Gonzalo Gil Catalina). Madrid: Alianza Editorial.

Hubert, A. (2000). "Cuisine et politique: le plat national existe-t-il?" *Revue des Sciences Sociales* (núm. 27, *Révolution dans les cuisines*, pág. 8-11).

Jabad Barcelona. "Sobre Jabad".

Kabalat shabat BARCELONA style

KLBD Worldwide Kosher Certification. "¿Cuáles son los principios del kosher?".

Lévi-Strauss, C. (1985). *Les structures élémentaires de la parenté.* París: PUF, 1949 (trad. esp., Barcelona: Planeta-Agostini).

Livneh, A. (2013). "Estudiar historia judía: un verdadero conocimiento y apreciación de nuestra herencia". *Revista del Colegio Hatikva* (núm. 1, pág. 18).

Macbeth, H.; MacClancy, J. (ed.) (2004). *Researching Food Habits: Methods and Problems.* Oxford: Berghahn Books.

Martín Lisbona, J. A. (1996). "La especificidad de las migraciones judías de Marruecos a España (1956-1970)". *Atlas de la inmigración magrebí en España* (pág. 74-75). Madrid: Ed. Taller de estudios internacionales mediterráneos, Universidad Autónoma de Madrid.

Martínez-Ariño, J. (2012). "Identidades y vivencias judías en la Cataluña contemporánea: una realidad diversa y cambiante". *Quaderns de l'Institut Català d'Antropología* (vol. 2, núm. 17, pág. 73-85).

Martínez-Ariño, J. (2011). "Pràctiques funeràries i construcció de l'identitat de les comunitats jueves contemporànies de Barcelona". *Revista Catalana de Sociologia* (núm. 27, pág. 61-75).

Mata-Codesal, D. (dic., 2010). "Eating Abroad, Remembering at Home: Three Foodscapes of Ecuadorian Migration in New York, London, and Santander. Migrations, pratiques alimentaires et rapports sociaux". *Anthropology of Food* (núm. 7).

Méchoulan, H. (ed.) (1993). *Los judíos de España.* Madrid: Editorial Trotta.

Medina, F. X. (1996). "Introducción: Alimentación, dieta y comportamientos alimentarios en el contexto mediterráneo." F. X. Medina (ed.). *La alimentación mediterránea: historia, cultura, nutrición* (pág. 33-44). Barcelona: Icaria.

Medina, F. X. (2002). "Ser vasco y comer vasco en Barcelona". En: M. Gracia (ed.). *Somos lo que comemos: Estudios de alimentación y cultura en España.* Ariel.

Medina, F. X. (2004). "'Tell Me What You Eat and You Will Tell Me Who You Are', Methodological Notes on the Interaction Between Researcher and Informants in the Anthropology of Food.". En: H. Macbeth; J. MacClancy (ed.). *Researching Food Habits: Methods and Problems.* Oxford: Berghahn.

Morin, E. (1993). "Prólogo". En: H. Méchoulan (ed.). *Los judíos de España* (pág. 9-14). Madrid: Editorial Trotta.

Millán, A. (2002). "Malo para comer, bueno para pensar. Crisis en la cadena socioalimentaria". En: M. Gracia (ed.). *Somos lo que comemos: Estudios de alimentación y cultura en España.* Editorial Ariel.

Most, A. *The Farmer's in the Shul: Diaspora and Jewish Pastoralism in North America.* Toronto: Centre for Diaspora and Transnational Studies, University of Toronto.

Musafia Iles, R. (2011). *Mi cocina Ashkefard: las mejores recetas de la cocina judía.* Málaga: Gráficas Europa.

Pelaia, A (ag., 2007). "What's so Jewish about Bagels?". *The Jew and the Carrot.*

Podselver, L. (1998). "La alimentación en los textos de la tradición judía". *Confluencias* (vol. 2, núm. 1, pág. 28-31).

Restaurante Kosher Club.

Ribes Campos, C. (s/d). *La entrevista como técnica nuclear de la observación participante.* Barcelona: Universitat Oberta de Catalunya.

Roden, C. (1997). *The Book of Jewish Food: An Odyssey from Samarkand and Vilna to the Present Day.* Harmondsworth, England: Penguin Books Ltd.

Rosten, L. (2003). *The New Joys of Yiddish.* Nueva York: Three Rivers Press.

Sachar, H. M. (1995). *Adiós España: historia de los sefardíes.* Barcelona: Thassàlia.

Shalom Kosher Restaurant.

Shternshis, A. (2012). "Lard on Challah: Food and Soviet Jewish Identity". *Foodways: Diasporic Diners, Transnational Tables, and Culinary Connections.* Toronto: Centre for Diaspora and Transnational Studies, University of Toronto.

Silverstein, P. A. (2010). "The Fantasy and Violence of Religious Imagination: Islamophobia and Anti-Semitism in France and North Africa." En: A. Shryock (ed.). *Islamophobia/Islamophilia* (pág. 141-171). Bloomington, Indiana: Indiana University Press.

Soler, J. (2004). "Las razones de la Biblia: reglas alimentarias hebreas.". En: M. Montanari; J. L. Flandrin (ed.). *Historia de la alimentación* (pág. 82-94). Gijón: Trea.

Soler, J. (2006). *Sacrifices et interdits alimentaires dans la Bible: Aux origines du Dieu unique.* París: Hachette Littératures.

Solomin, R. M. "Sephardic, Ashkenazic, Mizrahi Jews-Jewish Ethnic Diversity Jewish culture: The true melting pot". *My Jewish Learning.*

Stern, L. (2004). *How To Keep Kosher: A Comprehensive Guide To Understanding Jewish Dietary Laws.* Nueva York: Harper Collins.

Sutton, David E. (2001). *Remembrance of Repasts: An Anthropology of Food and Memory*. Nueva York: Berg.

Tresserras, J. (2008). "El patrimonio gastronómico sefardí y el turismo cultural en el contexto iberoamericano y del Caribe". En: M. Álvarez; F. X. Medina (ed.). *Identidades en el plato: El patrimonio cultural alimentario entre Europa y América* (pág. 191-205). Barcelona: Icaria.

Unterman, A. (2010). *Historical Dictionary of the Jews. Historical Dictionaries of Peoples and Cultures* (vol. 9). Scarecrow Press.

URJ, Union for Reform Judaism (s/d). "What is Reform Judaism?".

WUPJ (s/d). "About the World Union for Progressive Judaism". *The World Union of Progressive Judaism*.

Made in United States
North Haven, CT
18 October 2026

20584220R00168